高等职业教育“十四五”规划教材
中国特色高水平高职专业建设计划成果
现代农业装备应用技术专业群系列教材

农机液压系统检修

李海金　管丛江　郭　健　主编

中国农业大学出版社
·北京·

内 容 简 介

本书从农业生产实际应用的角度介绍了液压的基础知识，液压元件的工作原理、结构特点、使用和维护，液压基本回路及其在典型设备上的应用，农机液压系统的使用、维护、常见故障及其排除方法等内容。

本书的编写以培养技术技能型人才为目标，自始至终遵循职业教育的定向性、实用性和先进性原则，弱化理论公式推导，突出应用能力和综合素质的培养，注重教、学、做相结合。

本书可作为高等职业院校、成人高校、民办高校及本科院校农业机械类、近机械类专业的教材，也可作为相关专业工程技术人员的参考用书。

图书在版编目(CIP)数据

农机液压系统检修 / 李海金，管丛江，郭健主编. 北京 ：中国农业大学出版社，2025. 7. -- ISBN 978-7-5655-3500-0

Ⅰ. S220.7

中国国家版本馆 CIP 数据核字第 20257D3D10 号

书　名 农机液压系统检修

作　者 李海金　管丛江　郭　健　主编

策划编辑 杨俊梅　郭建鑫　张秀环　　**责任编辑** 杨俊梅

封面设计 李尘工作室

出版发行 中国农业大学出版社

社　址 北京市海淀区圆明园西路 2 号　　**邮政编码** 100193

电　话 发行部 010-62733489,1190　　读者服务部 010-62732336

编辑部 010-62732617,2618　　出 版 部 010-62733440

网　址 http://www.caupress.cn　　**E-mail** cbsszs@cau.edu.cn

经　销 新华书店

印　刷 北京溢漾印刷有限公司

版　次 2025 年 8 月第 1 版　　2025 年 8 月第 1 次印刷

规　格 185 mm×260 mm　　16 开本　　13.25 印张　　326 千字

定　价 40.00 元

编 审 人 员

主　编　李海金　（黑龙江农业工程职业学院）
　　　　管丛江　（黑龙江农业工程职业学院）
　　　　郭　健　（新疆石河子职业技术学院）

副主编　李建兴　（宁波城市职业技术学院）
　　　　李海娟　（安徽工贸职业技术学院）
　　　　汪振凤　（黑龙江农业工程职业学院）

参　编　张德友　（宁波城市职业技术学院）
　　　　吕　彬　（黑龙江农业工程职业学院）
　　　　张凤波　（克东县农业机械化技术推广中心）
　　　　刘星辰　（黑龙江农业工程职业学院）

主　审　周立元　（海南经贸职业技术学院）

前　　言

党的二十大报告明确指出："加快建设农业强国，扎实推动乡村产业、人才、文化、生态、组织振兴。"在此背景下，本书紧密围绕国家"十四五"现代农业发展的需求，以培养适应农业机械化转型升级的高素质技术技能型人才为目标，全面贯彻党的二十大关于职业教育"产教融合、科教融汇"的战略部署，历时2年完成编写。

面对农业机械智能化、绿色化发展趋势，传统液压技术面临三大挑战：一是新型智能液压系统（如电液比例控制）的快速迭代对人才能力提出新的要求；二是农机液压系统故障导致的粮食损耗问题亟待解决；三是职业教育"岗课赛证"综合育人模式改革亟须新型教材支撑。本书立足"三个面向"：一是面向新质生产力，即融入新型液压控制元件等新技术应用场景；二是面向乡村振兴主战场，即聚焦联合收获机、拖拉机等主要农机装备液压系统的使用与维护；三是面向职业教育改革，即落实党的二十大关于"职普融通、产教融合"的要求，开发"理论-实训-认证"的一体化教学体系。

本书具有三个特色：一是彰显职业教育改革的新要求，对接现行标准GB/T 786.1—2021，全部液压图形符号均按此标准进行绘制，且由企业技术人员参与本书的编写；二是构建产教融合的新范式，开发"三真"教学资源，即有真实农机液压故障案例，有真实液压元件实物图，有真实工程标准；三是书中的结构图清晰直观，特别是液压油等工作介质在图中都被表示出来，而且还增加了部分液压元件的实物图，便于读者理解书中的知识点和技能点。

本书共有12个项目，构建"基础理论→元件维护→系统应用能力"递进的培养链。本书大致可分为3个板块：

理论筑基（项目一至项目三）：解析液压传动原理与流体力学基础。

元件精修（项目四至项目七）：涵盖液压泵、液压缸等四大类元件的检修，嵌入企业真实维修工单。

系统运维（项目八至项目十二）：解析拖拉机液压悬挂、联合收获机液压操纵等典型系统，对接全国职业技能大赛的比赛内容。

本书由李海金、管丛江、郭健担任主编并统稿，由李建兴、李海娟、汪振凤担任副主编，编写分工如下：黑龙江农业工程职业学院李海金编写项目一、项目三；黑龙江农业工程职业学院管丛江编写项目十一、项目十二；新疆石河子职业技术学院郭健编写项目四；宁波城市职业技术学院李建兴编写项目九；安徽工贸职业技术学院李海娟编写项目六；黑龙江农业工程职业学院汪振凤编写项目八；宁波城市职业技术学院张德友编写项目十；黑龙江农业工程职业学院吕彬编写项目五；克东县农业机械化技术推广中心张凤波编写项目二；黑龙江农业工程职业学院刘星辰编写项目七。本书由海南经贸职业技术学院周立元担任主审。

本书可作为高等职业院校、成人高校、民办高校及本科院校农业机械类、近机械类专业的教材，也可作为相关专业工程技术人员的参考用书。

在本书编写过程中，凯斯纽荷兰工业（哈尔滨）机械有限公司的盛克柱，哈尔滨北垦农机有限公司的王晓会，浙江意中智能科技有限公司的岳巍、赫永新、于海涛、庚跃先等企业技术人员提供了部分资料，并给予了指导和帮助。在此 ，编者向在本书编写过程中给予支持和帮助的所有同志表示感谢！

由于编者水平有限，书中难免会有错误和不足之处，恳请广大读者批评指正，以便将来进一步修改和完善。

编　　者
2025 年 3 月

目　　录

项目一　液压传动

一部完整的机器一般由原动机、工作机构和传动装置等组成。原动机（如内燃机、电动机等）是整个机器的动力来源；工作机构是机器完成任务的直接工作部分（如挖掘机的铲头、车床的车刀、压力机的压头等）；传动装置是一个中间环节，其作用是把原动机（如内燃机）输出的动力传送给工作机构，以满足工作机构对输出的力、速度和位置的不同要求。传动就是传递动力，按照传动件（或工作介质）的不同，传动有多种方式，如机械传动、电力传动、气压传动、液体传动以及它们的组合——复合传动等。

机械传动是一种通过轴、齿轮、齿条、蜗轮蜗杆、皮带、链条和杠杆等机械零件直接传递动力并进行控制的传动方式。它是发明最早且应用最为普遍的传动方式之一。

电力传动是一种利用电力设备调节各种参数来传递动力并进行控制的传动方式。

气压传动是一种以压缩空气为工作介质，进行能量传递和控制的传动方式。

液体传动是一种以液体为工作介质，进行能量传递和控制的传动方式。根据能量传递形式的不同，液体传动又分为液力传动和液压传动。液力传动是利用液体动能进行能量转换的传动方式，如液力偶合器和液力变矩器。液压传动是利用液体压力能进行能量转换的传动方式。在机械上采用液压传动技术可以简化机器的结构，减轻机器的质量，减少材料的消耗，降低制造成本，减轻劳动强度，提高工作效率和工作的可靠性。

任务一　液压传动的工作原理及系统组成

一、液压传动的工作原理

人们常常使用一种小巧的起重工具——液压千斤顶，它是一个简单的液压传动系统。图 1-1 所示为液压千斤顶工作原理示意图。工作时，当将手柄 8 向上扳动时，连杆带动小柱塞 7 向上移动，小液压缸下腔形成真空，储存在油箱 2 内的油液经过油道 c 和单向阀 6 吸入此腔；当手柄 8 被压下时，小柱塞向下移动，小液压缸下腔的油液经油道 b 和单向阀 3 被压入大液压缸下腔（此时单向阀 6 关闭），迫使大柱塞 1 上升，顶起重物。通过不断上下往复地扳动手柄，就能不断地把油箱 2 中的油液压入大液压缸下腔，使大活塞顶着重物慢慢上升。单向阀 3 的作用是保证进入大液压缸的油液不会倒流，从而使重物保持在上升位置。若要使重物下降，可拧开放油螺塞 5，使大液压缸内的油液经油道 a 和单向阀 4 回到油箱 2 中，使大柱塞下降，控制放油口的开度大小，这样就可以控制重物下降的速度。小液压缸的主要作用是通过不断地完成吸油和压油的动作，将人所做的功转换为油液的液压能，实际上它是一个手动柱塞泵。而大液压缸的作用则是将油液的液压能转化为顶升重物的机械能，它相当于一个柱塞式液压缸。

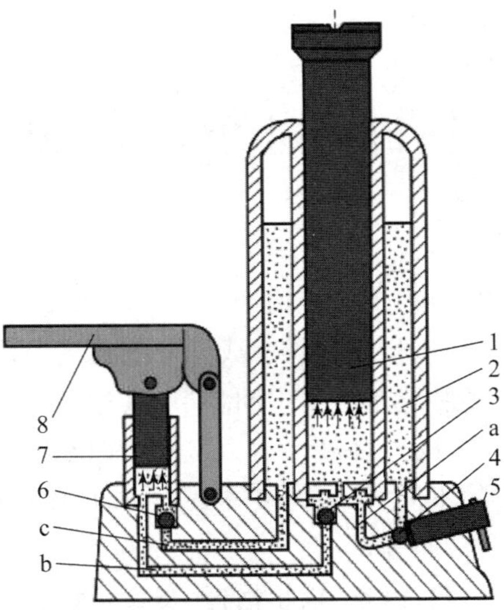

1—大柱塞；2—油箱；3、4、6—单向阀；5—放油螺塞；7—小柱塞；8—手柄；a、b、c—油道

图 1-1 液压千斤顶工作原理示意图

由上述液压千斤顶的工作过程可以看出，液压千斤顶的正常工作需要满足三个条件：一是必须具有液体(液压油)；二是处于密封容器内的液体由于工作容积的变化而能够流动；三是液体具有压力。流动并具有一定压力的液体能做功，具有压力能。

通过对液压千斤顶工作过程的分析，我们对液压传动的基本工作原理有了初步的了解。所谓液压传动，就是指在密封容积内，利用液体的压力能来传递动力和运动的一种传动方式。它先将机械能转换为便于输送的液体压力能，再将液体压力能转换为机械能对外做功。

二、液压传动系统的组成

图 1-2 所示为拖拉机液压传动系统示意图。液压传动系统一般由以下五部分组成：

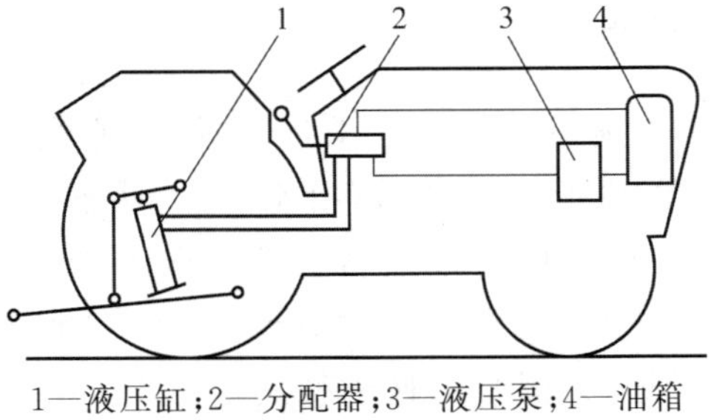

1—液压缸；2—分配器；3—液压泵；4—油箱

图 1-2 拖拉机液压传动系统示意图

(一)动力元件

动力元件是指液压泵，它是将原动机输入的机械能转换成油液压力能的能量转换装置，其作用是为液压传动系统提供压力油，是液压传动系统的动力源。

(二)执行元件

执行元件是指液压缸或液压马达，它是将油液压力能转换为机械能的能量转换装置，其作用是在压力油的推动下输出力和速度(或转矩和转速)，以驱动工作机构。

(三)控制元件

控制元件是指各种液压阀,如换向阀、节流阀、溢流阀等,其作用是用于控制或调节液压系统中油液的流动方向、压力和流量,以保证液压执行元件和工作机构完成指定的工作。控制元件在农机上一般被称为分配器。

(四)辅助元件

辅助元件是指油箱、蓄能器、油管、管接头、过滤器、压力表等,这些元件起贮油、蓄能、输油、连接、过滤、测量压力等作用,对保证液压系统的正常工作有着重要的作用。图 1-2 中的油箱 4 就是辅助元件。

(五)工作介质

工作介质是指传动液体,通常被称为液压油,它在液压传动系统中主要起传递动力和信号的作用。

液压传动系统中的能量转换和传递情况如图 1-3 所示。

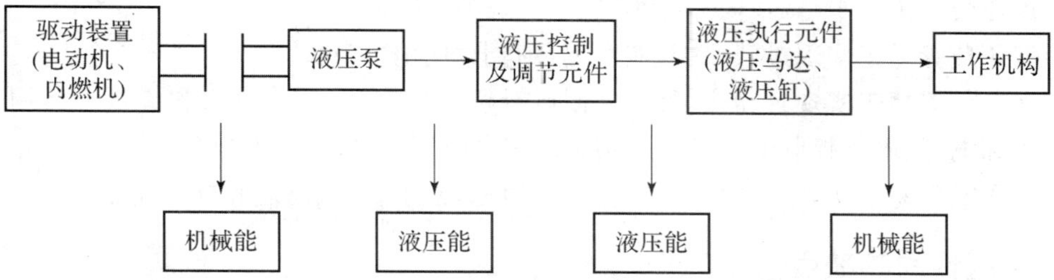

图 1-3　液压传动系统中的能量转换和传递情况

三、液压传动系统的图形符号

在图 1-2 中,组成液压传动系统的各个元件是用结构示意图画出来的。但在工程实际中,除某些特殊情况外,一般都是用简单的图形符号来绘制液压传动系统原理图。对于图 1-2 所示的液压传动系统,其系统原理图如果用 GB/T 786.1—2021 所规定的液压图形符号绘制就变为图 1-4。图 1-4 中的符号只表示元件的功能、操作(控制)方法及外部连接口,不表示元件的具体结构和参数,也不表示连接口的实际位置和元件的安装位置。在绘制液压元件的图形符号时,除非特别说明,否则图中所示状态均表示元件的静止位置或零位置,并且除特别注明的符号或有方向性的元件符号外,它们在图中可根据具体情况作水平或垂直绘制。使用这些图形符号后,可使液压传动系统图简单明了,便于绘制。当有些液压元件无法用图形符号表达或在国家标准中未列入时,可根据标准中规定的符号绘制规则和所给出的符号进行派生。当无法通过国家标准直接引用或派生时,或有必要特别说明系统中某一元(辅)件的结构和工作原理时,可用局部结构简图、结构或半结构示意图表示。在用图形符号来绘制液压传动系统原理图时,符号的大

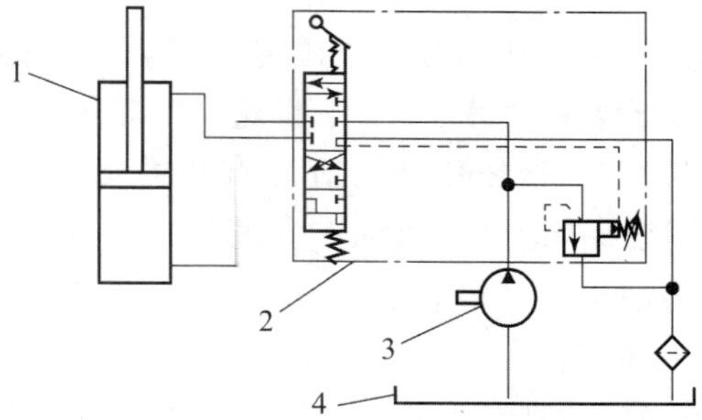

1—液压缸;2—分配器;3—液压泵;4—油箱

图 1-4　拖拉机液压传动系统原理图

小应以清晰美观为原则；绘制时，可根据图纸幅面的大小酌情进行处理，但应保持图形本身的比例。

任务二　液压传动的特点与应用

一、液压传动的优点

液压传动被广泛地应用于各行各业中，这是因为它与其他传动方式相比有以下优点：

(1)在同等体积下，液压装置能产生更大的动力。也就是说，在同等功率下，液压装置的体积小、质量轻、结构紧凑。当液压传动采用高压时，能输出很大的力或力矩，可实现低速大吨位传动，这是其他传动方式所不具备的突出优点。

(2)液压装置容易做到对速度的无级调节，调速范围大，而且对速度的调节可以在工作过程中进行。

(3)液压装置工作平稳，换向冲击小，便于实现频繁换向。

(4)液压装置易于实现过载保护，能实现自润滑，使用寿命长。

(5)液压装置易于实现自动化，可以方便地对液体的流动方向、压力和流量进行调节和控制，并易于和电气、电子控制或气动控制结合起来，实现复杂的运动和操作。

(6)液压元件易于实现系列化、标准化和通用化，便于设计、制造和推广使用。

二、液压传动的缺点

(1)液压传动中液体的泄漏和可压缩性使这种传动方式无法保证严格的传动比，因此在对传动比要求比较严格的情况下不宜使用液压传动系统。

(2)液压传动中的能量损失(泄漏损失、溢流损失、节流损失、摩擦损失等)较大，传动效率相对低，不宜远距离传递动力。

(3)液压传动对油温的变化比较敏感，不宜在较高或较低的温度下工作。

(4)为减少泄漏，对液压元件的制造和装配精度要求较高，因此液压元件及液压设备的造价较高。

(5)当液压传动系统出现故障时，不易找出故障原因。

三、液压传动的应用

液压传动相对于机械传动来说是一门新学科，但相对于计算机等新技术来说，它又是一门较老的技术。从 17 世纪中叶帕斯卡提出静压传动原理、18 世纪末英国制成第一台水压机算起，液压传动已有几百年的历史。由于早期还没有成熟的液压传动技术和液压元件，液压传动没有得到广泛的应用。随着科学技术的不断发展，各行各业对传动技术有了更高的要求，特别是第二次世界大战后，液压传动才被广泛地应用起来。液压传动的主要应用如下：

(1)一般工业用液压系统：塑料加工机械(注塑机)、压力机械(锻压机)、重型机械(废钢压块机)、机床(全自动六角车床、平面磨床)等；

(2)行走机械用液压系统：工程机械(挖掘机)、起重机械(汽车吊)、建筑机械(打桩机)、农

业机械(联合收获机)、汽车(转向器、减振器)等;

(3)钢铁工业用液压系统:冶金机械(轧钢机)、提升装置(升降机)、轧辊调整装置等;

(4)土木工程用液压系统:防洪闸门及堤坝装置(浪潮防护挡板)、河床升降装置、桥梁操纵机构和矿山机械(凿岩机)等;

(5)发电厂用液压系统:涡轮机(调速装置)等;

(6)特殊技术用液压系统:巨型天线控制装置、测量浮标、飞机起落架的收放装置及方向舵控制装置、升降旋转舞台等;

(7)船舶用液压系统:甲板起重机械(绞车)、船头门、舱壁阀、船尾推进器等;

(8)军事工业用液压系统:火炮操纵装置、舰船减摇装置、飞行仿真器等。

目前,液压传动技术在实现高压、高速、大功率、高效率、低噪声、长寿命、高度集成化等方面都取得了很大的进展。同时,它可以与微电子技术密切配合,能在尽可能小的空间内传递出尽可能大的功率并加以准确的控制,从而使它在各行各业中发挥出了巨大的作用。

训练　在实车(或实验台)上找液压元件

一、训练目的

(1)对液压传动有感性的认识,激发学习兴趣;

(2)深入理解液压传动的工作原理;

(3)认识各种液压元件;

(4)能分清各种液压元件归属于哪个组成部分,并掌握液压系统各组成部分的作用。

二、训练设备和工具

有液压传动的拖拉机、联合收获机或液压实验台。

三、训练内容与注意事项

(一)教师操作演示,学生观察

教师操作机器或液压实验台,学生观察机器或液压实验台的动力是如何传递的,深入理解液压传动的工作原理。

(二)认识元件

在机器或实验台中找出原动机、工作机构以及二者之间的液压传动装置;找出液压传动装置中的所有液压元件,说出元件名称,指出其作用,并说明其归属于液压系统的哪个部分。在此过程中,学生可以操作机器或实验台,但必须在教师的指导下进行。

(三)注意事项

(1)液压系统的压力不要调得太高,能进行操作演示即可;

(2)在教师操作演示时,学生不要离得太近,以免发生危险。

四、讨论

能否将所观察机器的液压传动换成其他传动方式?为什么?

思考练习题

1. 液体传动有哪两种形式？它们的主要区别是什么？
2. 何谓液压传动？液压传动所用的工作介质是什么？
3. 液压传动系统由哪几部分组成？各组成部分的作用是什么？
4. 液压传动的主要优缺点是什么？

项目二　液压油的使用与更换

现代液压系统大多采用矿物油作为工作介质，液压传动的工作介质统称为液压油。

任务一　液压油认知

液压油是液压传动与控制系统中用于传递动力和信号的液体工作介质。除了传递动力和信号外，它还起着润滑、冷却、保护(防锈)、密封、清洁、减振等作用。液压油对液压系统就像血液对人体一样重要。合理选择、使用、维护、保管液压油是保证液压设备工作的可靠性、耐久性和工作性能的关键，也是减少液压设备故障的有力措施。因此，必须正确掌握液压油的各种性质，合理地使用液压油，从而减少液压系统的故障。

一、液压油的性质

(一)密度

对于均质的液体来说，单位体积所具有的质量叫作密度，即

$$\rho=\frac{m}{V} \tag{2-1}$$

式中，m—液压油的质量，kg；

V—液压油的体积，m^3。

液压油的密度随温度的升高而减小，随压力的升高而增大。但是在一般的工作条件下，温度和压力引起的密度变化很小，可近似认为液压油的密度是不变的。

(二)可压缩性

液体受压力作用而发生体积变化的性质称为液体的可压缩性。液压油可压缩性的大小可用体积压缩系数 k 表示，其定义为单位压力变化时液压油体积的相对变化量，即

$$k=-(\Delta V/V_0)/\Delta p \tag{2-2}$$

式中，V_0—增压前液压油的体积，m^3；

ΔV—液压油体积的变化量，m^3；

Δp—压力的变化量，N/m^2。

k 的倒数 K，即 $K=\frac{1}{k}$，称为液压油的体积模量，表示液压油抵抗压缩的能力。很显然，体积模量的单位与压力的单位相同。

液压油抵抗压缩的能力是很强的，因而一般情况下可认为液压油是不可压缩的，只有在超高压系统或研究液压系统的动态性能时，才考虑液压油的可压缩性。

(三)黏性

1. 黏性的概念

液体在外力作用下流动(或有流动趋势)时,分子间的内聚力要阻止分子的相对运动而产生一种内摩擦力,这种性质叫作液体的黏性。液体只有在流动(或有流动趋势)时才会呈现黏性,静止液体是不呈现黏性的。黏性只能阻碍、延缓液体内部的相对运动,但不能消除这种运动。

2. 衡量黏性大小的指标

黏性的大小用黏度表示。黏度是表征油液流动时内摩擦力大小的系数。若液压系统选用的液压油的黏度太大,则液压元件中运动副之间的摩擦力就会增加,从而使机械效率降低;反之,则会使其容积效率降低。

3. 液压油黏度的表达方法和计算

液压油常用的黏度有三种,即动力黏度、运动黏度和相对黏度。

(1)动力黏度:是用液体流动时所产生的内摩擦力大小表示的黏度,也称为绝对黏度。其物理意义是:面积各为 1 cm^2、相距 1 cm 的两层液体,以 1 cm/s 的速度相对运动,此时所产生的内摩擦力称为动力黏度,用 μ 表示。在法定计算单位中,动力黏度的单位为帕·秒(Pa·s)。

(2)运动黏度:是液体的动力黏度与其密度的比值,用 ν 表示,即

$$\nu=\frac{\mu}{\rho} \tag{2-3}$$

ν 的法定计量单位是 m^2/s,但工程上常用厘斯(cSt)表示,1 cSt=1 mm^2/s。两种单位的换算关系是 1 $m^2/s=10^6$ cSt。

工程中常用运动黏度的均值来标志液体的黏度。液压油的牌号是按液压油在 40 ℃时运动黏度的平均值来标定的。例如,32 号液压油是指这种液压油在 40 ℃时运动黏度的平均值为 32 cSt。我国液压油的旧牌号则是采用 50 ℃时运动黏度的平均值来表示的。

(3)相对黏度:又称条件黏度,它是采用特定的黏度计在规定的条件下测出来的黏度。由于测量仪器和条件的不同,各国相对黏度的含义也不一样,中国、德国等国家采用的是恩氏黏度。

恩氏黏度的测定方法是将 200 mL 被测油液放在一个特定的容器(恩氏黏度计)里,加热至温度 t 后,由容器底部一个直径为 2.8 mm 的孔流出,测量出油液流尽所需的时间 $t_{油}$,与流出同体积的 20 ℃蒸馏水所需的时间 $t_{水}$ 相比,其比值就是该油液在温度 t 时的恩氏黏度,用符号$°E_t$ 表示,即

$$°E_t=\frac{t_{油}}{t_{水}} \tag{2-4}$$

恩氏黏度与运动黏度的换算关系式为

$$\nu_t=7.31°E_t-\frac{6.31}{°E_t}\times10^{-6} \tag{2-5}$$

式中,$°E_t$—温度为 t 时油液的恩氏黏度;

ν_t—温度为 t 时油液的运动黏度,m^2/s。

4. 影响黏度的因素

黏度是液压油的重要属性,它与温度和压力有关。在液压传动常用的温度和压力范围内,压力变化产生的影响很小,因而通常压力对黏度的影响可忽略不计。液压油的黏度对温度的

变化十分敏感，当温度升高时，液体分子间的内聚力减小，其黏度下降，这一特性称为黏温特性。不同种类的液压油有不同的黏温特性，液压油的黏温特性常用黏度指数来度量。黏度指数越高，说明黏度随温度的变化越小，液压油的黏温特性越好。通常在各种液压油的质量标准中都会给出黏度指数。一般要求液压油的黏度指数应在 90 以上，优异的应在 100 以上。

(四)其他性质

除了以上讲的三种性质外，液压油还有一些其他性质，如稳定性、抗乳化性、抗泡沫性、防锈性、润滑性等，也对它的选择和使用有一定的影响。这些性质的含义可参阅其他有关资料，在此不作介绍。

二、液压油的种类

液压传动及控制系统所用工作介质的种类很多。根据液压油的组成和主要特性，ISO 国际标准化组织于 1999 年编制和发布了 ISO 6743-4:1999《润滑剂、工业用油和相关产品(L 类)的分类　第 2 部分：H 组(液压系统)》。我国于 2003 年等效采用上述标准制定了 GB/T 7631.2—2003，因此我国液压油品种符号与世界大多数国家的表示方法相同，即“类别-品种-牌号”，如 L-HM32，其中的“L”表示润滑剂类，“HM”表示液压油的品种为抗磨液压油，“32”表示黏度等级(液压油牌号)。GB/T 7631.2—2003 与 GB/T 7631.2—1987 的主要区别是增加了环境可接受的液压液 HETG、HEPG、HEES、HEPR，取消了对环境和健康有害的难燃液压液 HFDS 和 HFDT。

在 GB/T 7631.2—2003 中，将液压油分为流体静压系统用油和流体动力系统用油。流体静压系统用油包括四部分，即矿油型和合成烃型液压油(HH、HL、HM、HR、HV、HS)、液压导轨系统用油(HG)、环境可接受的液压液(HETG、HEPG、HEES、HEPR)、难燃液压液(HFAE、HFAS、HFB、HFC、HFDR、HFDU)，共 17 个品种。流体动力系统用油包括自动传动系统用油(HA)及偶合器和变矩器用油(HN)两部分，共两个品种。流体静压系统用油的主要品种、特性和用途见表 2-1。

表 2-1　流体静压系统用油的主要品种、特性和用途

类型	名称	ISO 代号	特性和用途
矿油型和合成烃型液压油	基础液压油	L-HH	HH 液压油是一种无机的精制矿油，比全损耗系统用油 L-AN(机械油)的质量高。这种油品虽被列入分类中，但液压系统不宜使用，我国不设此类油品，也无产品标准
	普通液压油	L-HL	HL 液压油是将精制深度较高的中性油作为基础油，向其中加入抗氧、防锈和抗泡沫添加剂配制而成的，适用于机床等设备的低压润滑系统。目前我国 L-HL 油品种设有 15、22、32、46、68、100 共六个黏度等级，产品只设一等品
	抗磨液压油	L-HM	HM 液压油在防锈、抗氧液压油的基础上改善了抗磨损性能发展而成的抗磨液压油。它采用深度精制和脱蜡的 HVIS 中性油为基础油，加入抗氧剂、抗磨剂、防锈剂、金属钝化剂、抗泡沫剂等配制而成，可满足中、高压液压系统油泵等部件的抗磨性要求，适用于使用性能要求高的进口大型液压设备。一等品设有 15、22、32、46、68、100、150 共七个黏度等级，优等品设有 15、22、32、46、68 共五个黏度等级

续表 2-1

类型	名称	ISO 代号	特性和用途
矿油型和合成烃型液压油	低温抗磨液压油	L-HR	HR 液压油是在普通液压油的基础上改善了黏温特性而形成的液压油。它是在普通液压油中加入黏度指数改进剂，以优化黏温特性，兼具防锈和抗氧化性能。HR 液压油专为中、低压液压系统设计，在环境温度变化大的情况下表现出色。HR 液压油没有具体的等级划分，因为它主要是根据特定的应用场景和性能要求来定义的，且其需求量较小
	低温液压油	L-HV	HV 液压油是具有良好黏温特性的抗磨液压油。该油以深度精制的矿物油为基础油，并添加高性能的黏度指数改进剂和降凝剂，具有低倾点、高黏度指数(＞130)和良好的低温黏度，同时还具备抗磨液压油的特性，以及良好的低温特性和剪切安定性。该产品适用于寒区(－30 ℃以上)、作业环境温度变化较大的室外中、高压液压系统的机械设备。HV 的产品质量等级分为优等品和一等品，优等品设有 10、15、22、32、46、68、100 共七个黏度等级，一等品设有 10、15、22、32、46、68、100、150 共八个黏度等级
	无特定难燃性的合成液	L-HS	HS 液压油是具有更良好低温特性的抗磨液压油。该油是以合成烃油、加氢油或半合成烃油为基础油，同样添加高性能的黏度指数改进剂和降凝剂，具备更低的倾点、更高的黏度指数(＞130)和更优良的低温黏度，同时具有抗磨液压油应具备的一切性能和良好的低温特性及剪切安定性。该产品适用于严寒区(－40 ℃以上)、环境温度变化较大的室外作业中、高压液压系统的机械设备。HS 液压油的质量等级分为优等品和一等品，均设有 10、15、22、32、46 共五个黏度等级
液压导轨系统用油	液压导轨油	L-HG	HG 液压油是在 L-HM 液压油的基础上添加抗黏滑剂(油性剂或减摩剂)构成的一类液压油，适用于液压及导轨为一个油路系统的精密机床，可使机床在低速下将振动或间断滑动(黏-滑)减为最小。HG 液压油有 32、68 共两个黏度等级，只有一等品
环境可接受的液压液	甘油三酸酯	L-HETG	每个品种的基础液的最小含量应不少于 70%(质量分数)，一般用于对环保要求较高的液压系统(可移动式)。由于液压油可能溢出或泄漏(非燃烧)，一些国家立法禁止在环境敏感地区，如森林、水源、矿山等使用非生物降解润滑油，尤其在公共土木工程机械的液压设备中要求使用可生物降解液压油，这类液压油是今后的一个发展趋势
	聚乙二醇	L-HEPG	
	合成酯	L-HEES	
	聚 α 烯烃和相关烃类产品	L-HEPR	
难燃液压液	水包油型乳化液	L-HFAE	HFAE 液压液是一种乳化型高水基液，通常含水量大于 80%(质量分数)，其低温性、黏温性和润滑性差，但难燃性好，价格便宜，适用于煤矿液压支柱液压传动系统以及其他不要求回收废液和有良好的润滑性，但有良好难燃性要求的机械设备的低压液压传动系统

续表 2-1

类型	名称	ISO 代号	特性和用途
难燃液压液	化学水溶液	L-HFAS	HFAS 是一种含有化学品添加剂的高水基液，通常含水量大于 80%（质量分数）。其低温性、黏温性和润滑性差，但难燃性好，价格便宜，适用于需要难燃液的低压液压传动系统或金属加工设备
	油包水乳化液	L-HFB	HFB 既具有矿油型液压油的抗磨、防锈性能，又具有抗燃性，适用于有抗燃要求的中压系统。通常含油量大于 60%（质量分数），其余为水和添加剂。其低温性、难燃性比磷酸酯无水合成液差，适用于冶金、煤矿等行业的高温和易燃场合的中、高压液压传动系统
	含聚合物水溶液	L-HFC	HFC 是含乙二醇或其他聚合物的水溶液，通常含水量大于 35%（质量分数）。其低温性、黏温性和对橡胶的适应性好，难燃性好，但比磷酸酯无水合成液差，适用于冶金和煤矿等行业的低、中压液压传动系统
	磷酸酯无水合成液	L-HFDR	HFDR 是以无水的各种磷酸酯为基础，加入各种添加剂制成的，其难燃性好，但黏温性和低温性较差，使用的温度范围宽，对大多数金属不会产生腐蚀作用，但能溶解许多非金属材料，因此必须选择合适的密封材料。此外，这种液体虽有毒，但也能满足规定的生物可降解性和毒性要求，适用于冶金、火力发电、燃气轮机等在高温、高压下操作的液压传动系统
	其他成分的无水合成液	L-HFDU	HFDU 适用于有抗燃要求的液压系统

任务二　液压油的选择、使用与维护

一、液压油的选择

正确、合理地选择液压油，对保证液压系统正常工作、延长液压系统和液压元件的使用寿命以及提高液压系统的工作可靠性等都有重要的影响。

对液压油的选择，应先根据液压系统的工作环境和工作条件来选择合适的液压油类型，然后再选择液压油的黏度。

（一）选择液压油的类型

在选择液压油的类型时，最主要的是考虑液压系统的工作环境和工作条件。如果液压系统靠近 300 ℃以上高温的表面热源或有明火的场所，就要选择难燃型液压油。如果液压油的用量大，建议选用乳化型液压油；如果液压油的用量小，建议选用合成型液压油。如果选用矿油型液压油，首选的是专用液压油；当客观条件受到限制时或对于简单的液压系统，也可选用普通液压油或汽轮机油。

（二）选择液压油的黏度

对液压系统所使用的液压油来说，最先要考虑的是黏度。黏度太大，液流的压力损失和发热多，会使液压系统的效率降低；黏度太小，泄漏量增大，也会使液压系统的效率降低。因此，应选择能使液压系统正常、高效和可靠工作的油液黏度。

在液压系统中，液压泵的工作条件最为严格。它不但压力大，转速和温度高，而且液压油被泵吸入和压出时要受到剪切作用，所以一般根据液压泵的要求来确定液压油的黏度。同时，油温对油液黏度的影响极大，过高的油温不仅可以改变油液的黏度，而且还会使常温下稳定的油液变得带有腐蚀性，分解出不利于使用的成分，或过量汽化而使液压泵吸空，无法正常工作。因此，应根据具体情况控制油温，使泵和系统在油液的最佳黏度范围内工作。对各种不同的液压泵，在不同的工作压力、工作温度下，其油液的黏度范围及推荐用油见表 2-2。

表 2-2　液压泵油液的黏度范围及推荐用油

名称	黏度范围/cSt		工作压力/MPa	工作温度/℃	推荐用油
	允许	最佳			
叶片泵(1 200 r/min)	16～220	26～54	7.0	5～40	L-HL32,L-HL46
				40～80	L-HL46,L-HL68
叶片泵(1 800 r/min)	20～220	25～54	14.0 以上	5～40	L-HL32,L-HL46
				40～80	L-HL46,L-HL68
齿轮泵	4～220	25～54	12.5 以下	5～40	L-HL32,L-HL46
				40～80	L-HL46,L-HL68
			10.0～20.0	5～40	L-HL46,L-HL68
				40～80	L-HM46,L-HM68
			16.0～32.0	5～40	L-HM32,L-HM68
				40～80	L-HM46,L-HM68
径向柱塞泵	10～65	16～48	14.0～35.0	5～40	L-HM32,L-HM46
				40～80	L-HM46,L-HM68
轴向柱塞泵	4～76	16～47	35.0 以上	5～40	L-HM32,L-HM68
				40～80	L-HM68,L-HM100
螺杆泵	19～49		10.5 以上	5～40	L-HL32,L-HL46

二、液压油的使用与维护

(一)液压油的工作温度范围

不同品种液压油的工作温度范围见表 2-3。

表 2-3　不同品种液压油的工作温度范围

液压油	连续工作状态/℃	最高温度/℃
水包油型乳化液	4～50	65
油包水乳化液	4～65	65

续表 2-3

液压油	连续工作状态/℃	最高温度/℃
水-乙二醇溶液	－18～65	70
矿油型液压油	低温～80	120～140
磷酸酯无水合成液	－7～82	150

(二)液压油的污染控制

液压油的污染是造成系统故障的主要原因。对液压油造成污染的物质有固体颗粒物、水、空气及有害化学物质,其中最主要的是固体颗粒物。污染源及污染控制措施见表 2-4。

表 2-4　污染源及污染控制措施

污染源		控制措施
固有污染物	液压元件加工装配时残留的污染物	元件在装配前要进行彻底的清洗,使其达到规定的清洁度;受污染的元件在装入系统前应对其进行清洁
	管件、油箱中残留的污染物及锈蚀物	系统组装前要对管件和油箱进行清洗(包括酸洗和表面处理),使其达到规定的清洁度
	系统组装过程中残留的污染物	系统组装后进行循环清洗,使其达到规定的清洁度
外界侵入的污染物	更换和补充油液时侵入	对新油进行过滤净化处理
	经油箱呼吸孔侵入	采用密闭式油箱(或带有挠性隔离器的油箱),安装空气滤清器和干燥器
	经油缸活塞杆侵入	采用可靠的活塞杆进行防尘密封,加强对密封的维护
	维护和检修时侵入	保持工作环境和工具的清洁;彻底清除与工作油液不相容的清洗液或脱脂剂;维修后进行循环过滤,清洗整个系统
	水侵入	对油液进行除水处理(干燥过滤)
	空气侵入	排放空气,防止油箱内油液中的气泡吸入泵内(当油箱内油量不足时),提高各元件接合处的密封性
内部生成的污染物	元件磨损产物(磨粒)	定期检查、清洗或更换油液过滤器,过滤净化、滤除尺寸与元件关键运动副油膜厚度相当的颗粒污染物,防止磨损的链式反应
	油液氧化产物	清除油液中的水、空气和金属微粒;控制油温,抑制油液氧化;定期检查及更换液压油

(三)液压油的更换

常用的换油方法有三种:固定周期换油法、现场鉴定换油法、综合分析换油法。

1. 固定周期换油法

这种方法是根据设备、工况及油品的不同,规定液压油的使用时间为半年、一年,或者采用工作 1 000～2 000 h 后更换液压油的方法。这种方法虽然在实际工作中被广泛应用,但不科学,不能及时发现液压油的异常污染,也不能良好地保护液压系统,更谈不上合理地使用液压油资源。

2. 现场鉴定换油法

这种方法是把被鉴定的液压油装入透明的玻璃容器中与新油进行比较,做外观检查,通过直觉判断其被污染的程度,或者在现场用 pH 试纸进行硝酸侵蚀实验,以确定被鉴定的液压油是否需要更换。这种方法需要操作者具有一定的实际工作经验。

3. 综合分析换油法

这种方法是定期取样化验,测定必要的理化性能,以便连续监视液压油劣化变质的情况,然后根据实际情况确定何时换油的方法。这种方法有科学依据,因而准确、可靠,符合换油原则,但是需要一定的设备和化验仪器,操作技术比较复杂,化验结果有一定的滞后性,且必须交至油料公司化验。国际上已普遍采用这种方法。

训练　更换液压油

一、训练目的

(1)能够用感官合理地判断液压油的品质;

(2)能够规范地更换液压油;

(3)能够正确地处理废油。

二、训练设备和工具

(1)设备:有液压传动系统的机器、手摇式加油机(或滤油车)。

(2)工具:常用的钳工工具。

(3)其他:油桶、新液压油、去脂擦布(医用纱布)、棉纱等。

三、训练内容

(1)看机器铭牌,查机器的名称与型号。

(2)看机器使用说明书,查液压油的牌号及用量,准备好所需的液压油。

(3)更换液压油,具体操作如下:

①准备好废油桶、扳手、棉纱等用品及用具。

②将机器停放在平整的场地上,启动机器,运转 15 min 左右,观察液压油的温度,当处于正常工作温度范围时停机。

③用棉纱等清除液压油箱放油螺塞上的油污。

④将废油桶置于放油螺塞的正下方,用扳手拧开放油螺塞,将油箱中的液压油放出,并取

出滤芯。把液压泵和液压油箱之间的管路从泵的接口处拆开，放出管路里的油液。

⑤用冲洗液清洗液压油箱和管路；清除放油螺塞磁铁上所吸附的铁屑等污物；用去脂擦布把液压油箱内部擦净，如果用去脂擦布很难把液压油箱擦净，可将面粉和到能拉伸的程度时将其分成三份，用面团分三次粘干净液压油箱，尤其是液压油箱的边角处和滤芯筒。

⑥重新放入新的滤芯；将液压油箱与泵的管路连接好，必要时更换管接头处的O形密封圈（简称O形圈）；更换放油螺塞的密封圈，重新拧紧放油螺塞。

⑦用去脂擦布将液压油箱的加油口擦拭干净，用手摇式加油机（或滤油机）将干净的液压油加入液压油箱中。当液压油箱的液面高度处于油尺或油量表的最大刻度与最小刻度之间时，说明油量合适。

⑧拧紧液压油箱盖，排除液压系统的空气。

⑨清点工具，清扫场地，按环保要求处理废油。

四、讨论

(1)为什么要将机器停放在平整的场地上换油？

(2)加油前，为什么要擦拭加油口？

(3)放油前，为什么让机器运转一段时间？

(4)加油完毕后，为什么要排除液压系统中的空气？

(5)按照上述换油方法，能否将液压系统中的油液全部放净？这样做会有什么后果？如何解决？

思考练习题

一、填空题

1.在液压系统中，液压油用于传递__________和信号，并且起到__________、冷却和防锈等作用。

2.常用的液体黏度有三种，即__________、__________和__________。

3.液压油的牌号是用它在温度为__________℃时的__________黏度的平均值来表示的。

4.液压油的黏度对温度的变化十分敏感。温度升高，黏度显著__________，这种变化将直接影响液压油的正常使用。液压油的这种性质被称为液压油的__________。

5.对液压油的选择，最先应根据液压系统的__________和__________来选择合适的液压油类型，然后再选择液压油的__________。

二、问答题

液压油的选用应从哪几个方面予以考虑？

三、计算题

20 ℃时200 mL蒸馏水从恩氏黏度计中流尽的时间为51 s，如果200 mL某液压油在40 ℃时从恩氏黏度计中流尽的时间为232 s，且已知该液压油的密度为900 kg/m^3，求该液压油的恩氏黏度、运动黏度和动力黏度各是多少，并判断该液压油的牌号。

项目三　流量与压力的测量

液压传动中的两个重要参数，即流量和压力，是分析和排除液压系统故障的重要参数。

任务一　流量的测量

一、基本概念

（一）理想液体

在研究液体流动时，必须考虑黏性和可压缩性的影响，但液体的黏性和可压缩性问题非常复杂。为了方便分析和计算，分析时可以先假设液体没有黏性且不可压缩，然后再考虑黏性和可压缩性的影响，并通过实验验证的方法对已证明的结论进行补充或修正，使之更加符合实际液体流动时的情况。一般把既无黏性又不可压缩的假想液体称为理想液体。

（二）稳定流动

液体流动时，如果液体中任一点处的压力、速度和密度都不随时间的变化而变化，则液体的这种流动称为稳定流动（又称恒定流动或定常流动）；反之，则称为非稳定流动。

（三）通流截面

液体在管道中流动时，垂直于液体流动方向的截面称为通流截面（又称过流断面）。

（四）流量

单位时间内流过某一通流截面的液体体积称为体积流量，简称流量。流量用 q 表示，法定单位为 m^3/s，工程上常用的单位为 L/min。二者的换算关系为 $1\ m^3/s=6\times10^4$ L/min。由流量定义有 $q=V/t$。式中，V—液体的体积；t—时间。

（五）平均流速

由于受流动液体黏性的作用，通流截面上液体各点的流速不相等，计算流量比较困难。为了方便起见，引入平均流速的概念，即假设通流截面上各点的流速均匀分布，液体以此流速流过通流截面的流量等于以实际流速流过的流量。若以 v 表示平均流速，以 A 表示通流截面的面积，则流量为 $q=vA$，由此得出通流截面上的平均流速为 $v=q/A$。在实际工程中，人们关心的往往是整个液体在某特定空间或特定区域内的平均运动情况，因此平均流速 v 有实际应用价值。例如，当液压缸工作时，活塞的运动速度就等于缸体内液体的平均流速，由此可以根据上式建立起活塞运动速度 v、液压缸的有效面积 A 和流量 q 三者之间的关系。当液压缸的有效面积 A 不变时，活塞运动速度 v 取决于输入液压缸的流量 q。

二、液流连续性方程

连续性方程是质量守恒定律在流体力学中的一种具体表现形式。如图 3-1 所示，当液体在具有不同横截面的任意形状的管道中作定常流动时，可任取1、2两个不同的通流截面，其面积分别为A_1和A_2，在这两个截面处的液体密度和平均流速分别为ρ_1、v_1和ρ_2、v_2。根据质量守恒定律，在单位时间内流过这两个截面的液体质量相等，即

$$\rho_1 v_1 A_1 = \rho_2 v_2 A_2$$

当忽略液体的可压缩性时，即$\rho_1 = \rho_2$，则有

$$v_1 A_1 = v_2 A_2$$

由此可得

$$q_1 = q_2 \text{ 或 } q = vA = \text{const}(\text{常数}) \tag{3-1}$$

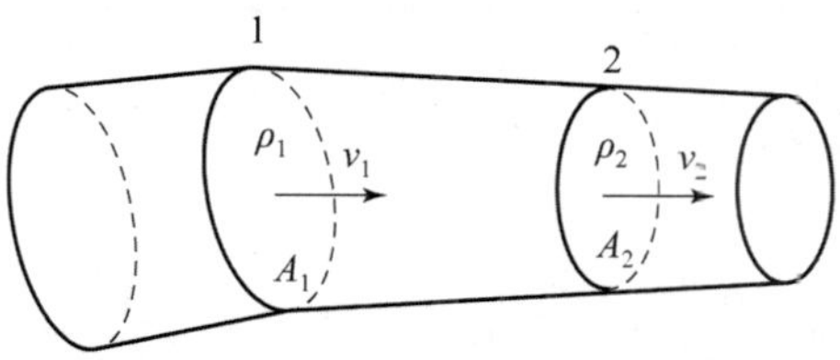

图 3-1　液流连续性原理

这就是液体在管道中作定常流动的连续性方程。它说明液体在管道中作定常流动时，流过各通流截面的体积流量是相等的（即液流是连续的）。因此，管道中流动液体的流速和通流截面的面积成反比。

三、孔口流量

液压传动中常利用阀的孔口来控制流量和压力，因而了解孔口的流量-压力特性对于正确使用和改进液压系统、正确分析液压元件的性能都是非常必要的。

孔口可分为三种：当小孔的长径比$l/d \leqslant 0.5$时，称为薄壁孔口；当$l/d > 4$时，称为细长孔口；当$0.5 < l/d \leqslant 4$时，称为厚壁孔口（或短孔）。

经研究发现，通过孔口的流量与孔口截面的面积、孔口前后的压力差以及由孔口形状决定的特性系数有关。液体流经小孔时的通用流量公式为

$$q = KA\Delta p^m \tag{3-2}$$

式中，A—孔口截面的面积，m^2；

Δp—孔口前后的压力差，Pa；

m—由孔口形状决定的指数，且$0.5 \leqslant m \leqslant 1$（当孔口为薄壁孔口时，$m=0.5$；当孔口为细长孔口时，$m=1$）；

K—由孔口的形状及液体的性质决定的系数。当孔口为薄壁孔口时，$K = C_d\sqrt{2/\rho}$。其中，C_d—孔口流量系数；ρ—液体的密度。当孔口为细长孔口时，$K = d^2/32\mu L$。其中，d—孔口的直径；μ—液体的动力黏度；L—孔口的长度。

从以上对公式(3-2)各量的说明中可以看出，液体流经细长孔口的流量q与孔口前后的压力差Δp呈线性关系，且与液体的动力黏度μ有关，因此流量受温度、压力差的影响较大。液体流经薄壁孔口的流量q与孔口前后的压力差Δp的平方根及孔口面积A成正比关系，而与

黏度无关,因此流量受温度、压力差的影响较小,而且流程短,不易堵塞。因而在流体传动与控制中,薄壁孔口(或近似薄壁孔口)得到了广泛的应用。

四、缝隙流量

在液压系统中,由于元件连接部分密封不好和配合表面间隙的存在,油液流经这些缝隙时就会产生泄漏现象,造成流量损失。

缝隙的高度相对于它的长度和宽度而言小很多,一般在几微米到几十微米之间,因此缝隙中的流动受固体壁面的影响很大,其流动状态一般为层流。对缝隙的流量公式不再进行推导,其公式见表 3-1。

表 3-1　液体流经缝隙时的流量公式

类型	计算公式	缝隙的示意图
平行平板缝隙流量	$q=\frac{bh^3}{12\mu l}\Delta p\pm\frac{v_0}{2}bh$	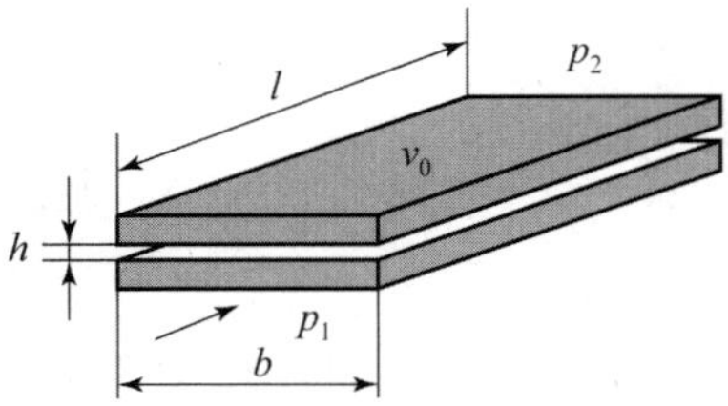
同心环形缝隙流量	$q=\frac{\pi dh^3}{12\mu l}\Delta p\pm\frac{\pi dhv_0}{2}$	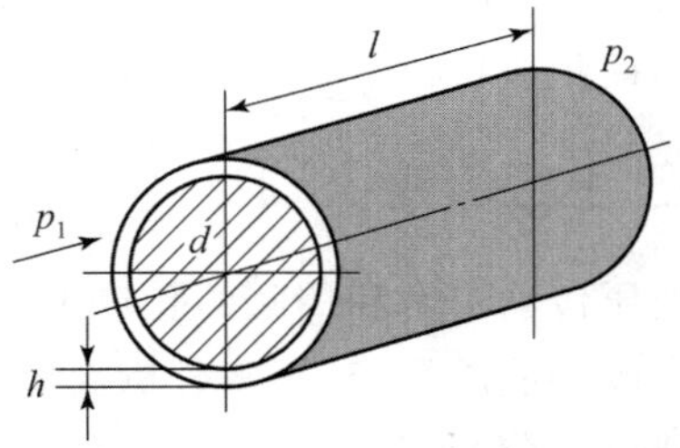
偏心环形缝隙流量	$q=\frac{\pi dh^3}{12\mu l}\Delta p(1+1.5\varepsilon^2)\pm\frac{\pi dhv_0}{2}$	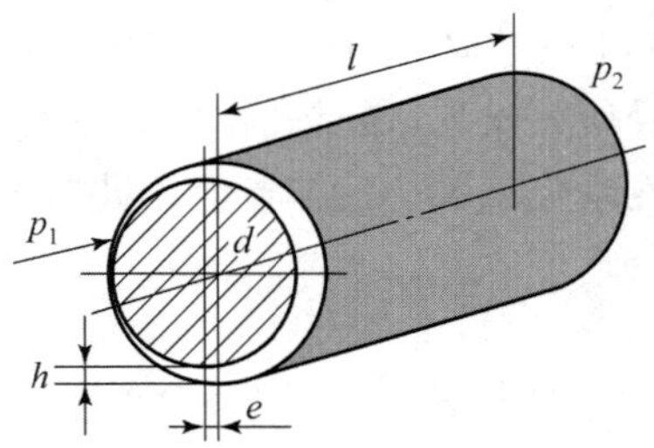

表 3-1 的公式中各符号的意义如下:

q—通过缝隙的流量,L/min;

b—缝隙的宽度,m;

h—缝隙的高度,m;

Δp—缝隙前后的压力差,Pa,$\Delta p=p_1-p_2$;

μ—油液的动力黏度,Pa·s;

l—缝隙的长度,m;

d—环形缝隙的外圆直径,m;

v_0—相对运动速度，m/s；

ε—缝隙的相对偏心率，即内圆柱中心与外圆柱中心之间的偏心距离 e 与缝隙 h 的比值，即 $\varepsilon=e/h$。

对于表 3-1 公式中的"±"的确定方法如下：当两元件相对运动形成的流量方向和压力差形成的流量方向相同时取"+"，方向相反时取"−"。

从表 3-1 的公式中可以看出：

(1)缝隙流量(泄漏量)对缝隙高度 h 最敏感，与其三次方成正比，因此必须在确保能进行较好的相对运动的前提下严格控制缝隙量，以减少泄漏量。这就是对液压元件配合精度要求高的原因。

(2)当偏心环形缝隙的相对偏心率达到最大值，即 $\varepsilon=e/h=1$ 时，偏心环形缝隙流量的增加值为同心环形缝隙流量的 2.5 倍。由此可见，保持阀件的配合同轴度十分重要。

五、流量的测量方法

流量是液压系统中的重要参数，对液压系统的正常运行具有重要的影响。测得液压系统中相关部位的流量，对排除液压系统的故障有重要的意义。

目前使用的流量计有上百种，现在液压领域广泛应用的是容积式椭圆齿轮流量计，其特点是精度高、量程宽，一般用于测量黏度较高的液体介质。当被测介质中含有脏污物颗粒时，上游需要装设过滤器，以避免卡死或早期磨损；当测量含有气体的液体时，必须装设气体分离器，以保证测量的准确性。椭圆齿轮流量计常用的测量口径为 10～150 mm，对仪表前后直管的长度没有严格要求。测量流量时需要将椭圆齿轮流量计串接在管路中，因此使用该仪器测量流量不是很方便，要停机接入后才能进行测量。

基于超声波检测原理开发的非接触流量监测技术现已比较成熟，国内外有多种此类仪器可供选用，如超声波流量计。超声波流量计在测量流量时不与被测油液接触，而是从管壁外感知流量信号。这种仪器最大的优点是可以实现在线监测，即可以在不停机的情况下进行流量监测。这正是液压系统检测和现场故障诊断最需要的，也是今后的发展方向。

任务二　压力的测量

一、压力的概念及其特性

(一)力及其单位

物体间的相互作用叫作力。力的法定单位是牛顿，简称牛(N)。液体上的作用力可分为质量力和表面力。质量力作用于液体质点上，如重力和惯性力等；表面力作用于液体表面上，如法向力和切向力等。工作机构作用在液压缸上的力又称为负载。

(二)压力的概念

油液中的压力主要是由油液自重和油液表面的外力作用产生的。在液压传动中，前者与后者相比，数值很小，一般不予考虑。因此，本书以后所说的油液的压力就是指油液表面受外力作用(大气压力除外)产生的压力。

密封容器内的液体受到外力挤压，内部就会产生压力。通常把液体在单位面积上所受的垂直于表面的作用力称作压力，在物理学中它被称为压强，但在液压传动中则被称为压力，用符号 p 表示，即

$$p=\frac{\boldsymbol{F}}{A} \tag{3-3}$$

式中，p—受外力作用产生的压力，Pa；

$\boldsymbol{F}$—外力对液面的作用力，N；

A—承压面积，m^2。

压力的法定计量单位为帕（Pa，N/m^2），工程上常用兆帕（MPa）。它们的换算关系是 1 MPa=10^6 Pa。以前使用过的和有些部门惯用的一些压力单位还有 bar（巴）、at（即 kgf/cm^2）、标准大气压（atm）、水柱高（mmH_2O）或汞柱高（mmHg）等。各种压力单位之间的换算关系见表 3-2。

表 3-2 各种压力单位之间的换算关系

Pa	bar	kgf/cm^2	at	atm	mmH_2O	mmHg
1×10^5	1	1.019 720	1.019 720	0.986 923	$1.019\,720\times10$	$7.500\,620\times10^2$

(三)静止油液中压力的特性

(1)油液压力的作用方向总是垂直指向承压表面。

(2)在静止油液中，任意一点所受到的压力在各个方向上都相等。这是因为，根据物体的平衡条件，倘若任意一点所受到的各个方向的压力不相等，那么油液就不能静止。由此可知，静止液体总是处于受压状态，并且其内部的任何质点都受平衡压力的作用。

二、压力的表示方法

压力的表示方法有绝对压力和相对压力两种。以绝对真空为基准所表示的压力，称为绝对压力；以大气压力作为基准所表示的压力，称为相对压力。绝大多数压力表的外部受大气压力的作用，所以压力表指示的压力是相对压力。在液压技术中所提到的压力，如果不进行特别说明，均为相对压力。

绝对压力与相对压力的关系为

相对压力＝绝对压力－大气压力

当绝对压力小于大气压力时，绝对压力比大气压力小的那部分数值叫作真空度，即

真空度＝大气压力－绝对压力

绝对压力、相对压力和真空度之间的相对关系如图 3-2 所示。由图 3-2 可知，以大气压力为基准计算压力时，基准以上为正值，是表压力；基准以下为负值，其绝对值就是真空度。

三、压力的传递

对于在密闭容器内的液体，当外加压力发生变化时，只要液体仍保持原来的静止状态不变，则液体内任意一点的压力都将发生同样大小的变化。这就是说，在密闭容器内，施加于静

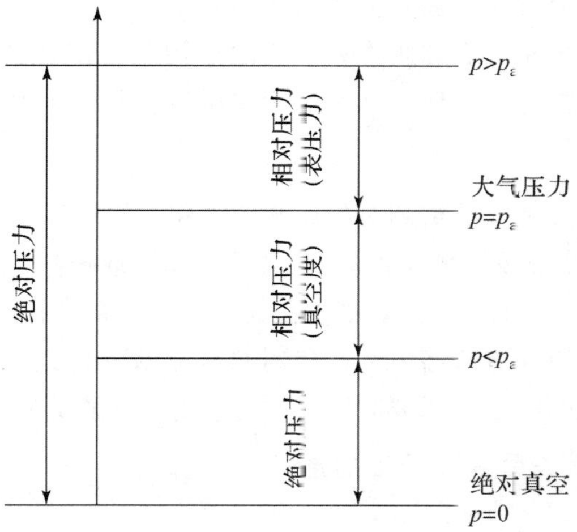

图 3-2　绝对压力、相对压力和真空度之间的相对关系

止液体上的压力将同时等值地传递到液体各点上。这就是静压传递原理，也称帕斯卡原理。

例 2-1　如图 3-3 所示，两个液压缸相互连通，已知大缸的内径 $D=100$ mm，小缸的内径 $d=20$ mm，大活塞上放置的物体所产生的重力为 $\boldsymbol{F}_2=50\ 000$ N。试求在小活塞上施加多大的力($\boldsymbol{F}_1$)才能使大活塞顶起重物？

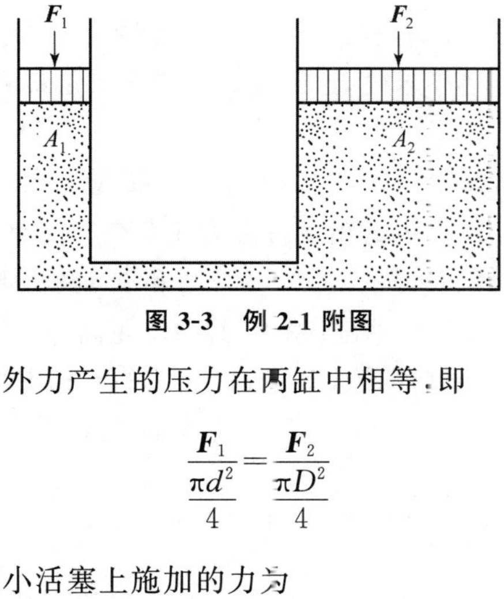

图 3-3　例 2-1 附图

解：根据帕斯卡原理，由外力产生的压力在两缸中相等，即

$$\frac{\boldsymbol{F}_1}{\frac{\pi d^2}{4}}=\frac{\boldsymbol{F}_2}{\frac{\pi D^2}{4}}$$

因此，要顶起重物，应在小活塞上施加的力为

$$\boldsymbol{F}_1=\frac{d^2}{D^2}\boldsymbol{F}_2=\frac{20^2\ \text{mm}^2}{100^2\ \text{mm}^2}\times 50\ 000\ \text{N}=2\ 000\ \text{N}$$

这也说明了压力决定于负载这一概念。作用在大活塞上的外负载 $\boldsymbol{F}_2$ 越大，施加于小活塞上的力 $\boldsymbol{F}_1$ 也越大，则在密闭容器内的压力 p 也就越高。但压力只增高到能克服负载的程度为止，若负载恒定不变，则压力不再增高。由此说明了液压千斤顶等液压起重机械的工作原理，它体现了液压装置的力放大作用。

四、压力的测量方法

液压系统中各工作点的压力通常用压力表进行测量。液压系统中最常用的压力表是弹簧弯管式压力表。压力表应通过压力表开关接入压力管道，以防止因系统压力突变或压力脉动而损坏压力表。弹簧弯管式压力表和压力表开关的结构及工作原理在项目七中有详细介绍，这里不进行详细讲解。下面介绍如何用弹簧弯管式压力表测量压力。

(一)测压点的选择

所选的测压点应能真实地反映被测对象压力的变化。取压口的位置应尽可能地方便引压管和压力表的安装与维护。另外，测量液体介质的压力时，取压口应在管道下部，以免气体进入引压管。现在已有不少设备的液压系统事先在其一些表征系统状态的关键点上接入压力表，既可监控系统的运行状态，又可在设备发生故障时直接显示所测的数值。有的设备则事先在一些系统状态的关键点上接入测试头，需要时即可方便地接入测试仪表，以便快速地诊断故障。

(二)弹簧弯管式压力表量程和精度的选择

1. 量程的选择

目前，国产的压力表有统一的量程系统，即 1.0 kPa、1.6 kPa、2.5 kPa、4.0 kPa、6.0 kPa，以及它们的 $10n$ 倍(n 为整数，其值可为正，也可为负)。

对于弹簧弯管式压力表，为了保证弹性元件在弹性变形的安全范围内可靠地工作，防止过压造成弹性元件的损坏，影响仪表的使用寿命，压力表的量程必须留有足够的余地。

一般在被测压力比较平稳的情况下，最大被测压力值应不超过仪表满量程的 3/4；在被测压力波动较大的情况下，最大被测压力值应不超过仪表满量程的 2/3；为了保证测量的准确性，最小被测压力值应不低于仪表满量程的 1/3。当被测压力的变化范围较大，最大、最小被测压力值可能不能同时满足上述要求时，选择仪表时应先满足最大被测压力值的条件。

2. 精度的选择

压力表的精度用精度等级来衡量，压力表的精度等级是以允许误差占压力表量程(测量范围)的百分率来表示的。通常，压力表的精度可分为 5.0 级、3.0 级、1.5 级、1.0 级、0.5 级、0.1 级等，允许误差分别为 5%、3%、1.5%、1.0%、0.5%和 0.1%。例如，量程为 10 MPa 的 1.5 级压力表的允许误差为±0.15 MPa。数值越小，其精度越高。

压力表的精度主要由生产允许的最大误差决定。如果选用 0～1.6 MPa 量程的压力表，生产允许的最大误差为±0.03 MPa，则所选用压力表的精度应不大于

$$\pm\frac{0.03\times10^{6}}{(1.6-0)\times10^{6}}\times100\%=\pm1.875\%$$

即应选用 1.5 级精度的压力表。1.5 级精度、0～1.6 MPa 测量范围的压力表的测量误差不会大于±0.024 MPa，因此可满足生产对测量精度的要求。选择压力表精度时，与选用其他测量仪表一样，应坚持节约的原则，只要测量精度能满足生产要求，就不必选用高精尖的压力表。工业应用多选用精度为 1.5 级的压力表，而且该等级的压力表足够准确。普通计量校表一般用精度为 0.5 级的压力表。如果是上一级计量校表，如进行量值传递，则需要精度为 0.1 级的压力表。

(三)引压管的选择

引压管是指连接取压口和压力表液压油入口的油管，其作用是将被测压力传递到压力表。

引压管的内径一般为 6～10 mm，长度不得超过 50～60 m，若不得不远距离敷设时，则要使用远传式压力表。

引压管的敷设应保证压力传递的精确性和快速响应。当引压管水平敷设时,要保持一定的倾斜度,以避免引压管中积存液体(或气体),并有利于这些积液(或气体)的排出。当被测介质为液体时,引压管向仪表方向倾斜,倾斜度应大于等于1∶12。

五、静止液体在固体壁面上的作用力

当静止液体和固体壁面相接触时,固体壁面上各点在某一方向上所受静压作用力的总和,就是液体在该方向上作用于固体壁面的力。

当固体壁面为一个平面时,如果不计重力作用,平面上各点处的静压力大小相等。作用在固体壁面上的力 $\boldsymbol{F}$ 等于静压力 p 与承压面积 A 的乘积,即 $\boldsymbol{F}=pA$,其作用力方向垂直于壁面。

当固体壁面为一个曲面时,曲面上的液压作用力在某 x 方向上的总作用力 $\boldsymbol{F}$ 等于液体压力 p 和曲面在该方向投影面积 A_x 的乘积,即 $\boldsymbol{F}=pA_x$。

如图3-4所示,与锥阀接触的液体压力为 p,锥面与阀口接触处的直径为 d,液体在轴线方向对锥面的作用力 $\boldsymbol{F}$ 就等于液体压力 p 与受压锥面在轴线方向投影面积的乘积,即 $\boldsymbol{F}=p\pi d^2/4$。

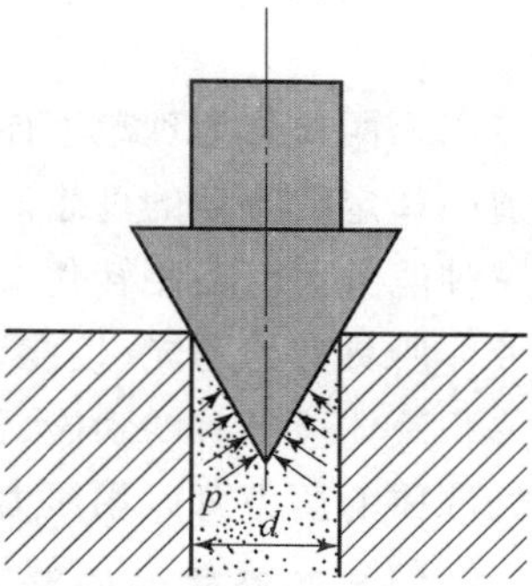

图3-4 液体对锥面的作用力

六、伯努利方程

伯努利方程是能量守恒定律在流体力学中的一种具体表现形式。为了研究方便,先讨论理想液体的伯努利方程,然后再对它进行修正,最后给出实际液体的伯努利方程。

(一)理想液体的伯努利方程

设理想液体在如图3-5所示的管道中作定常流动。任取一段通流截面1—1和2—2之间的液流作为研究对象,设两个通流截面的中心到基准面之间的高度分别为 h_1 和 h_2,两个通流截面的面积分别为 A_1 和 A_2,压力分别为 p_1 和 p_2。由于是理想液体,可认为在通流截面上的液体流速是均匀分布的,因此可设两个通流截面的流速分别为 v_1 和 v_2。假设经过很短的时间 Δt 后,1—1和2—2之间的液体移动到1′—1′和2′—2′之间的位置。

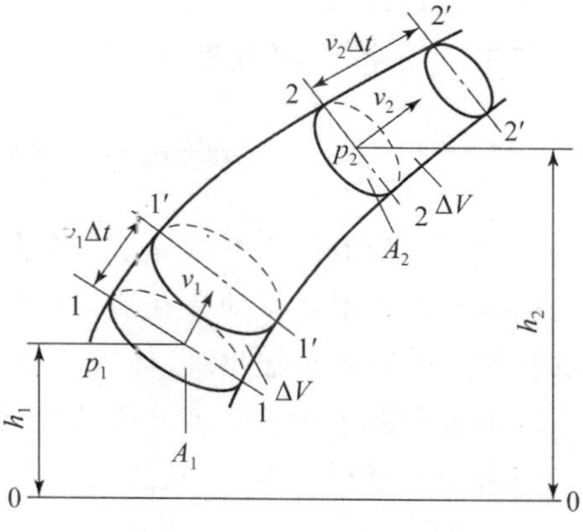

图3-5 理想液体伯努利方程推导示意图

液体在两个通流截面处所具有的能量见表3-3。

表3-3 液体在两个通流截面处所具有的能量

能量	通流截面1—1	通流截面2—2
动能	$\frac{1}{2}mv_1^2$	$\frac{1}{2}mv_2^2$
位能	mgh_1	mgh_2
压力能	$p_1A_1\Delta tv_1=p_1\Delta V=p_1m/\rho$	$p_2A_2\Delta tv_2=p_2\Delta V=p_2m/\rho$

根据能量守恒定律，得

$$\frac{1}{2}mv_1^2+mgh_1+p_1m/\rho=\frac{1}{2}mv_2^2+mgh_2+p_2m/\rho \tag{3-4}$$

将上式简化后得

$$\frac{1}{2}v_1^2+gh_1+p_1/\rho=\frac{1}{2}v_2^2+gh_2+p_2/\rho \tag{3-5a}$$

$$\frac{1}{2}\rho v_1^2+\rho gh_1+p_1=\frac{1}{2}\rho v_2^2+\rho gh_2+p_2 \tag{3-5b}$$

以上两式称为理想液体的伯努利方程，也称为理想液体的能量方程，其物理意义是在密闭管道中作定常流动的理想液体具有压力能、位能和动能三种形式的能量。在液体流动过程中，这三种能量可以互相转化，但各通流截面上的三种能量之和为恒定值。式(3-5a)是以单位质量液体所具有的动能、位能、压力能的形式来表达的理想液体的伯努利方程；式(3-5b)是以单位体积液体所具有的动能、位能、压力能的形式来表达的理想液体的伯努利方程。液压系统内各处液体的压力可以用压力表很方便地测量出来，因此式(3-5b)也很常用。

(二)实际液体的伯努利方程

实际液体在管道中流动时，由于存在黏性，会产生内摩擦力，消耗能量；同时，管道局部形状和尺寸的骤然变化会使液体产生扰动，也消耗能量。因此，实际液体流动时有能量损失，这里可设单位体积液体在两个通流截面间流动的能量损失为 Δp。

此外，由于实际液体在管道通流截面上的流速分布是不均匀的，在用平均流速代替实际流速计算动能时，必然会产生误差。为了修正这个误差，需引入动能修正系数 α。

因此，实际液体的伯努利方程为

$$p_1+\rho gh_1+\frac{1}{2}\rho\alpha_1v_1^2=p_2+\rho gh_2+\frac{1}{2}\rho\alpha_2v_2^2+\Delta p \tag{3-6}$$

对于式中动能修正系数 α_1、α_2 的值，当液体为紊流时，取 $\alpha=1$；当液体为层流时，取 $\alpha=2$。

伯努利方程揭示了液体在流动过程中的能量变化规律。它指出，对于流动的液体来说，如果没有能量的输入和输出，液体内的总能量是不变的。它是流体力学中一个重要的基本方程。它不仅是进行液压传动系统分析的基础，而且还可以用于多种液压问题的研究和计算。

在应用伯努利方程时，应注意：h 和 p 是指通流截面上同一点的两个参数。

七、压力损失

在液压管路中，能量损失表现为液体的压力损失，这样的压力损失可分为两种：一种是沿程压力损失，另一种是局部压力损失。

(一)沿程压力损失

液体在等径直管中流动时因黏性摩擦而产生的压力损失，称为沿程压力损失。经理论推导和实验证明，沿程压力损失 Δp_λ 可用以下公式计算：

$$\Delta p_\lambda=\lambda\frac{l\rho v^2}{2d} \tag{3-7}$$

式中，λ—沿程阻力系数；

l—油管长度，m；

d—油管内径，m；

ρ—液体的密度，kg/m^3；

v—液体的平均流速，m/s。

（二）局部压力损失

液体流经管道的弯头、接头、突变截面以及阀口、滤网等局部装置时，流动方向和流速发生变化，在这些地方形成旋涡、气穴，并发生强烈的撞击现象，由此而造成的压力损失被称为局部压力损失。当液体流过上述各种局部装置时，流动状况极为复杂，影响因素较多，局部压力损失值不易从理论上进行分析计算。因此，局部压力损失的阻力系数一般要依靠实验来确定。局部压力损失 Δp_ξ 的计算公式为

$$\Delta p_\xi=\xi\frac{\rho v^2}{2} \tag{3-8}$$

式中，ξ—局部阻力系数，各种局部装置结构的 ξ 值可查有关手册。

（三）管路系统的总压力损失

整个管路系统的总压力损失应为所有沿程压力损失和所有局部压力损失之和，即

$$\sum\Delta p=\sum\Delta p_\lambda+\sum\Delta p_\xi=\sum\lambda\frac{l}{d}\frac{\rho v^2}{2}+\sum\xi\frac{\rho v^2}{2} \tag{3-9}$$

在液压传动系统中，绝大多数的压力损失转变为热能，造成系统温度升高，泄漏量增大，影响系统的工作性能。因此，在设计和改造液压系统时，压力损失越小越好。从计算压力损失的公式中可以看出，降低流速、缩短管道长度、减少管道截面突变、提高管道内壁的加工质量等，都可以使压力损失减小。其中，流速的影响最大，因此液体在管路中的流速不应过高。但流速太低，也会使管路和阀类元件的尺寸加大，并使成本增加，因此要综合考虑确定液体在管道中的流速。

通过以上分析可知，减小管路系统压力损失的主要措施如下：

（1）尽量缩短管道的长度，减少管道弯曲和截面的突变；

（2）提高管道内壁的光滑程度；

（3）管道应有足够大的通流截面面积，并把液流的速度限制在适当的范围内；

（4）液压油的黏度选择要适当。

八、液压冲击和气穴现象

在液压系统中，液压冲击与气穴现象都会给液压系统的正常工作带来不利影响，因此需要了解这些现象产生的原因及造成的危害，并采取相应的措施尽量避免或降低其危害性。

（一）液压冲击

在液压系统中，由于某种原因，液体压力在一瞬间会突然升高，形成很高的压力峰值，这种现象叫作液压冲击。

产生液压冲击时，系统的压力峰值往往比正常工作压力高好几倍。这样高的压力不仅会引起设备振动和噪声，影响工作质量，而且还会损坏液压元件、密封装置和管道，有时还会使系

统中的某些液压元件(如顺序阀、压力继电器等)产生误动作,导致设备事故。

1. 液压冲击产生的原因

(1)当液流通道迅速关闭或液流迅速换向,使液流速度的大小或方向发生突然变化时,因液流的惯性引起液压冲击;

(2)当高速运动的工作部件突然制动或换向时,因工作部件的惯性引起液压冲击;

(3)某些液压元件动作不灵敏,使系统压力升高引起液压冲击。

2. 减少和避免液压冲击应采取的措施

(1)延长阀门关闭和运动部件制动、换向的时间;

(2)限制管中油液的流速及运动部件的速度;

(3)用橡胶软管或在冲击源处设置蓄能器,以吸收液压冲击的能量;

(4)在容易出现液压冲击的地方设置缓冲装置或安装限制压力峰值的安全阀。

(二)气穴现象

1. 气穴现象产生的机理和危害

液压油中总是含有一定量的空气。常温时,矿油型液压油在一个大气压下含有6%～12%的溶解空气。当液压油的压力低于液压油在该温度下的空气分离压时,溶于油中的空气就会迅速地从油中分离出来形成气泡;当液压油的压力降至该温度下的饱和蒸气压以下时,油液本身迅速汽化,即油从液态变为气态,产生大量油的蒸气气泡。这些气泡混杂在油液中,使原来充满管道和液压元件中的油液呈现不连续状态,将这种现象称为气穴现象,又称为空穴现象。

当上述原因产生的大量气泡随着液流流到压力较高的部位时,因气泡承受不了高压而破裂,产生局部的液压冲击,发出噪声并引起振动。当附着在金属表面的气泡破裂时,它所产生的局部高温和高压会使金属剥落、表面粗糙,或出现海绵状小洞穴,这种现象称为气蚀。

2. 减少和防止气穴现象应采取的措施

要减少和防止气穴现象,就要防止液压系统中的压力过度降低,一般应采取如下措施:

(1)减小阀孔前后的压力差,一般应使液压油在阀前与阀后的压力比小于3.5。

(2)正确选择和使用液压泵,如降低泵的吸油高度;采用较大的吸油管直径并少用弯头;过滤器的容量要大,并及时进行过滤器清洗;对自吸能力较差的泵采用辅助泵供油。

(3)各元件的连接处要密封可靠,防止空气进入。

(4)提高零件的抗气蚀能力,即增加零件的强度,采用抗腐蚀能力强的金属材料,减小零件的表面粗糙度。

思考练习题

一、填空题

1. 在液压传动中,把液体在单位面积上所受的内法向力简称为__________,在物理学中它被称为__________,其法定计量单位是__________。

2. 液体压力有两种表示方法,即__________和__________。在液压技术中,如不进行特别说明,所提到的压力均是指__________。

3. 在密闭容器内,施加于静止液体上的压力可以使__________传递到液体内的各点。这就是静压传递原理，或称为帕斯卡原理。

4. 当固体壁面为一个曲面时，曲面上液压作用力在某 x 方向上的总作用力 $\boldsymbol{F}$ 等于液体压力 p 和曲面在该方向__________的乘积。

5. 液体在管道中作定常流动时，流过各断面的__________是相等的（液流是连续的）。因此在管道中流动的液体，其流速和__________成反比。

6. 从计算压力损失的公式中可以看出，减小__________、缩短管道__________、减少管道截面__________、提高管道内壁的__________等，都可使压力损失减小。

7. 缝隙流量（泄漏量）对__________最敏感，与其三次方成正比，因此必须在确保能进行较好的相对运动的前提下严格控制缝隙量，以减少泄漏量。这也就说明为什么对液压元件的__________要求高。

8. 当偏心环形缝隙的偏心率达到最大值，即 $\varepsilon=e/h=1$ 时，偏心环形缝隙的流量增加为同心环形缝隙的__________倍。由此可见，保持阀件配合__________的重要性。

9. 在液压传动中，__________与__________现象都会给液压系统的正常工作带来不利影响，因此需要了解这些现象产生的原因及造成的危害，并采取相应的措施尽量避免或降低其危害性。

二、问答题

1. 试说明小孔流量公式 $q=KA\Delta p^m$ 中各项参数的含义。

2. 当液体在水平放置的变径管内流动时，为什么管道直径越细的部位压力越小？

3. 当液压系统中液压缸的有效面积一定时，其内部工作压力的大小由什么参数决定？活塞的运动速度由什么参数决定？

三、计算题

1. 如图 3-6 所示，液压千斤顶的小柱塞直径 $d=10$ mm，行程 $S=25$ mm，大柱塞直径 $D=50$ mm，重物产生的力 $\boldsymbol{F}_2=50\ 000$ N，手压杠杆比 $L:l=500:25$，试求：

(1) 此时密封容积中的液体压力是多少？

(2) 杠杆端施加的力 $\boldsymbol{F}_1$ 为多少时，才能举起重物？

(3) 杠杆上下动作一次，重物的上升高度是多少？

2. 如图 3-7 所示，液压缸直径 $D=150$ mm，活塞直径 $d=100$ mm，负载 $\boldsymbol{F}=50$ N。若不计液压油自重及活塞或缸体的质量，试求图示两种情况下液压缸内的液体压力。

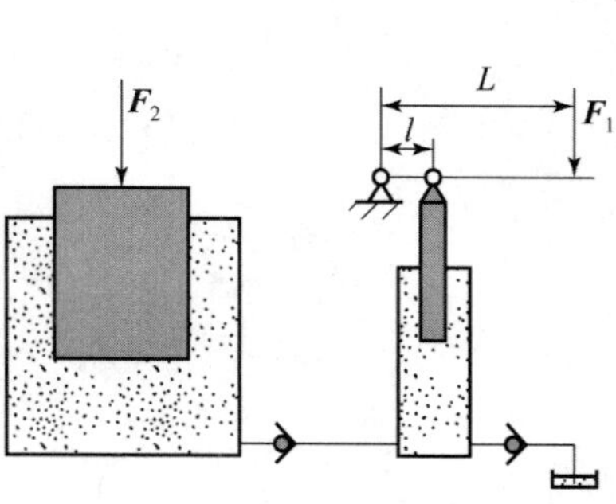

图 3-6　液压千斤顶结构示意图

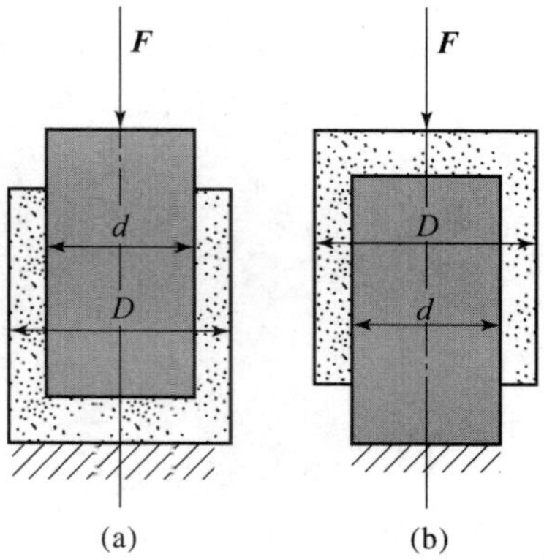

图 3-7　液压缸受力示意图

3. 如图 3-8 所示，液压泵的流量 $q=25$ L/min，吸油管直径 $d=25$ mm，泵口比油箱液面高出 400 mm。设液压油的运动黏度为 $\nu=20\ \text{mm}^2/\text{s}$，密度为 $\rho=900\ \text{kg/m}^3$。如果只考虑吸油管中的沿程压力损失，试求液压泵进油口处的真空度。

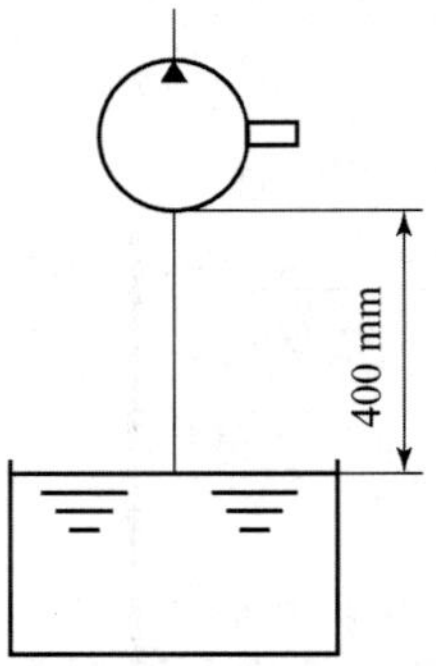

图 3-8　液压泵泵口与油箱液面距离示意图

项目四　液压泵检修

任务一　液　压　泵

液压泵由原动机驱动，把输入的机械能转换为油液的压力能，向液压系统输送足够量的压力油，从而推动执行元件对外做功。液压泵是液压系统的动力元件，是液压系统的心脏。

一、液压泵的工作原理

图 4-1 所示为单柱塞液压泵的工作原理。柱塞 2 安装在泵体 3 内，并在弹簧的作用下始终与偏心轮 1 接触。当偏心轮 1 由原动机带动旋转时，柱塞 2 在泵体 3 内往复运动，使密封腔 6 的容积发生变化。当柱塞向右运动时，密封容积增大，形成局部真空，油箱中的油液在大气压力的作用下通过单向阀 4 流入泵体内，单向阀 5 关闭，以防止系统油液回流，这时液压泵吸油。当柱塞向左运动时，密封容积减小，油液受挤压，经单向阀 5 压入系统，单向阀 4 关闭，以避免油液流回油箱，这时液压泵压油。若偏心轮不停地旋转，泵就不断地吸油和压油。

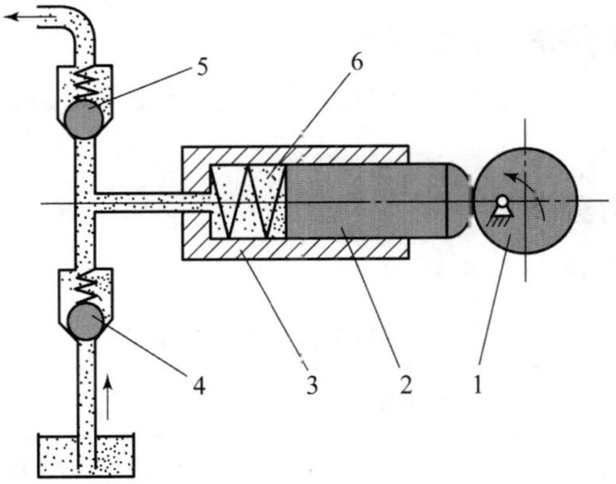

1—偏心轮；2—柱塞；3—泵体；4、5—单向阀；6—密封腔

图 4-1　单柱塞液压泵的工作原理

由此可见，液压泵是通过密封容积的变化来实现吸油和压油的，其排油量的大小取决于密封腔的容积变化量，因此称其为容积式泵。液压传动系统中使用的液压泵都是容积式泵。为了使液压泵能不断地吸油和压油，需满足下列三个条件：

(1)必须具有由运动部件和非运动部件所围成的密封容积。

(2)密封容积的大小能随运动部件的运动做周期性的变化，容积由小变大形成真空——吸入油，容积由大变小使压力增加——压出油，这样周而复始地工作。

(3)必须有与密封容积的变化相协调的配油机构。配油机构可保证当密封容积由小变大时，只与吸油腔(管)相通；当密封容积由大变小时，只与压油腔(管)相通。常见的配油机构有盘配油机构、轴配油机构和阀配油机构三类。图 4-1 中单柱塞液压泵的两个单向阀 4 和 5 就是起配油作用的，为阀配油机构。

液压系统中所使用的液压泵(齿轮泵、叶片泵、柱塞泵等)要正常工作，必须满足以上三个条件。

二、液压泵的分类

液压泵的分类方式有多种，按不同的分类标准，液压传动中常用的液压泵类型如下：

(一)按液压泵的结构分类

按结构的不同，液压泵可分为两大类，具体分类如图 4-2 所示。

- 液压泵
  - 旋转式液压泵
    - 齿轮泵
      - 外啮合式
      - 内啮合式
    - 叶片泵
      - 单作用式
      - 双作用式
    - 柱塞泵
      - 轴向式
      - 径向式
    - 螺杆泵
  - 往复式液压泵

图 4-2 按液压泵的结构分类

(二)按液压泵输出的排量能否调节分类

按输出的排量能否调节，液压泵可分为定量液压泵(排量不可调节)和变量液压泵(排量可调节)两类。

(三)按液压泵的压力分类

按压力的不同，液压泵可分为五类，见表 4-1。

表 4-1 按液压泵的压力分类

液压泵类型	低压泵	中压泵	中高压泵	高压泵	超高压泵
压力/MPa	0～2.5	2.5～8.0	8.0～16.0	16.0～32.0	大于 32.0

三、液压泵的性能参数

(一)液压泵的压力

1. 工作压力 p_p

液压泵的工作压力是指泵工作时输出油液的实际压力，即液压泵出油口处的压力值，也称为系统压力。其大小由外界负载决定，与泵的流量无关。当负载增加时，液压泵的压力升高；当负载减少时，液压泵的压力降低。

2. 额定压力 p_n

液压泵的额定压力是指在保证泵的容积效率、使用寿命和额定转速的前提下，液压泵连续运转时允许使用的压力限定值,也就是在正常工作的条件下,按试验标准的规定能连续运转的最高压力。它是根据泵的强度、寿命、效率等使用条件而规定的正常工作压力的上限,超过此压力值就是过载。泵的铭牌上标出的压力值即为额定压力。

(二)液压泵的排量 V

液压泵泵轴每转一周,由其密封容积几何尺寸的变化计算而得到的排出液体的体积,称为液压泵的排量。

(三)液压泵的流量

1. 理论流量 q_t

液压泵的理论流量是指在不考虑泄漏的情况下,泵在单位时间内由其密封容积的几何尺寸变化计算而得到的排出液体的体积。理论流量与工作压力无关,它等于排量 V 与其转速 n 的乘积,即

$$q_t = Vn \tag{4-1}$$

2. 实际流量 q_p

液压泵的实际流量是指泵工作时实际排出的流量,等于理论流量 q_t 减去泄漏、压缩等损失的流量 Δq,即

$$q_p = q_t - \Delta q \tag{4-2}$$

3. 额定流量 q_n

液压泵的额定流量是泵在额定压力和额定转速下输出的实际流量。由于液压泵存在泄漏,液压泵的实际流量和额定流量都小于理论流量。

(四)液压泵的功率

1. 输入功率 P_i

驱动泵的机械功率叫作泵的输入功率。

$$P_i = 2\pi n \boldsymbol{T}_i \tag{4-3}$$

式中,$\boldsymbol{T}_i$—泵轴上的实际输入转矩;

n—泵轴的转速。

2. 输出功率 P_o

泵输出的液压功率叫作泵的输出功率。

$$P_o = p_p q_p \tag{4-4}$$

(五)液压泵的效率

1. 机械效率 η_m

由于泵内有各种摩擦损失(机械摩擦、液体摩擦),泵的实际输入转矩 $\boldsymbol{T}_i$ 总是大于其理论转矩 $\boldsymbol{T}_t$。理论转矩与实际转矩的比值称为机械效率,用 η_m 表示:

$$\eta_m = \frac{\boldsymbol{T}_t}{\boldsymbol{T}_i} \tag{4-5}$$

由于泵的理论机械功率应无损耗地全部转变为泵的理论液压功率，则有

$$2\pi n \boldsymbol{T}_t = p_p V n$$

$$\boldsymbol{T}_t = \frac{p_p V}{2\pi} \tag{4-6}$$

将式(4-6)代入式(4-5)得

$$\eta_m = \frac{p_p V}{2\pi \boldsymbol{T}_i} \tag{4-7}$$

2. 容积效率 η_V

由于泵存在泄漏，泵的实际流量 q_p 总是小于其理论流量 q_t，其容积效率 η_V 为

$$\eta_V = \frac{q_p}{q_t} \tag{4-8}$$

3. 总效率 η

由于泵在能量转换时有能量损失(机械摩擦损失、泄漏流量损失)，泵的输出功率 P_o 总是小于泵的输入功率 P_i，其总效率 η 为

$$\eta = \frac{P_o}{P_i} \tag{4-9}$$

将式(4-3)和式(4-4)代入得

$$\eta = \frac{p_p q_p}{2\pi n \boldsymbol{T}_i} = \frac{p_p V}{2\pi \boldsymbol{T}_i} \times \frac{q_p}{Vn} = \eta_m \eta_V \tag{4-10}$$

泵的总效率等于机械效率和容积效率的乘积。常见液压泵的容积效率和总效率见表4-2。

表 4-2　常见液压泵的容积效率和总效率

效率类型	泵的类型		
	齿轮泵	叶片泵	柱塞泵
容积效率	0.70～0.90	0.80～0.95	0.85～0.98
总效率	0.60～0.80	0.75～0.85	0.75～0.90

例 4-1　液压泵的输出油压 $p=10$ MPa，转速 $n=1\ 450$ r/min，排量 $V=46.2$ mL/r，容积效率 $\eta_V=0.95$，总效率 $\eta=0.90$。分别求液压泵的输出功率和驱动泵的电动机功率。

解　(1)求液压泵的输出功率：

液压泵输出的实际流量：

$$q_p = q_t \eta_V = 46.2 \times 10^{-6} \times \frac{1\ 450}{60} \times 0.95\ \mathrm{m^3/s} = 1.06 \times 10^{-3}\ \mathrm{m^3/s}$$

液压泵的输出功率：

$$P_o = p_p q_p = 10 \times 10^6 \times 1.06 \times 10^{-3}\ \mathrm{W} = 1.06 \times 10^4\ \mathrm{W}$$

(2)求电动机的功率：

电动机功率即泵的输入功率：

$$P_i=\frac{P_o}{\eta}=\frac{1.06\times10^4}{0.90}\ \mathrm{W}=1.18\times10^4\ \mathrm{W}$$

任务二 齿轮泵检修

齿轮泵在现代液压技术中是产量和使用量最大的泵类元件，它是以成对齿轮啮合传动的方式进行工作的一种定量液压泵。齿轮泵的流量脉动大，多用于对精度要求不高的传动系统。按结构形式的不同，齿轮泵分为外啮合式和内啮合式，其中外啮合式齿轮泵的应用较为广泛。低压齿轮泵广泛应用于机床（磨床、珩磨机等）的传动系统、各种补油润滑及冷却装置中。中、高压齿轮泵主要应用于工程机械、轧钢设备、农业机械和航天技术中。

一、齿轮泵的特点

齿轮泵的主要优点是结构简单，制造方便，体积小，质量轻，转速高，自吸性能好，对油的污染不敏感，工作可靠，寿命长，便于维护修理以及价格低廉等；主要缺点是流量和压力脉动较大，噪声较大（只有内啮合式齿轮泵的噪声较小），排量不可调。

二、外啮合式齿轮泵

（一）外啮合式齿轮泵的工作原理

外啮合式齿轮泵一般由泵体、齿轮和泵盖等部分构成。如图 4-3 所示，将一对齿数相同的外啮合式齿轮装在泵体内，齿轮的两侧由泵盖（图中未画出）盖住，泵体、泵盖和齿轮之间形成了密封腔 P、T、A 等。当齿轮由原动机通过轴或皮带带动按图示方向转动时，在进油口处的密封腔 T 由于相互啮合的轮齿逐渐脱开而增大，形成局部真空，大气压力将油箱中的油液经吸油管压入密封腔 T——吸油腔内，将齿槽充满，进行“吸油”；随着齿轮的旋转，齿槽中的油液被封闭在轮齿和泵体之间的一个密封腔 A 内，并被带到密封腔 P——压油腔中，在压油腔中由于轮齿逐渐进入啮合状态，密封腔的容积不断减小，迫使油液流出泵外并进入系统中，进行“压油”。齿轮不断地旋转，泵就连续完成吸、压油的过程。齿轮泵的吸油腔和压油腔由啮合点处的齿面接触线分隔开，因此在齿轮泵中不需要设置专门的配油机构。

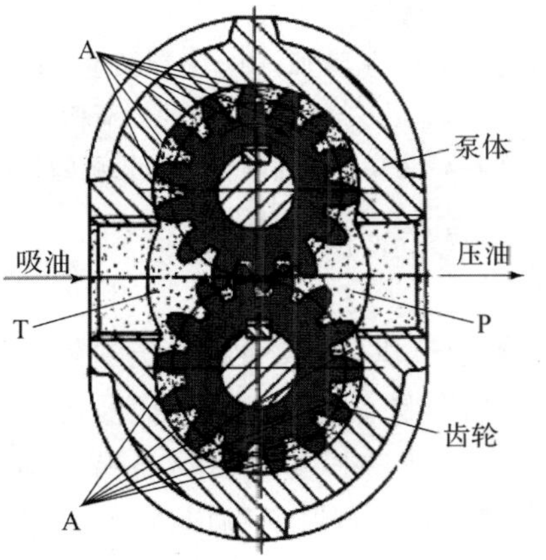

A、P、T—密封腔

图 4-3 外啮合式齿轮泵的工作原理

(二)外啮合式齿轮泵的排量和流量脉动

外啮合式齿轮泵的排量 V 相当于两个齿轮齿槽的容积之和，其大小不可调节，因此外啮合式齿轮泵是定量泵。

外啮合式齿轮泵的齿轮在旋转过程中，对应于轮齿的不同位置，齿槽空间的变化率不同，这就造成齿轮泵的流量脉动。流量脉动引起压力脉动，随之产生振动与噪声(内啮合式齿轮泵的流量脉动率要小得多)，所以高精度机械不宜采用外啮合式齿轮泵。

(三)外啮合式齿轮泵的结构特点

CB-B 型齿轮泵是外啮合式齿轮泵，其结构如图 4-4 所示，它是三片式结构。主动轴 7 上装有主动齿轮，从动轴 9 上装有从动齿轮。用定位销 8 和螺钉 2 把泵体 4 和后泵盖 5 与前泵盖 1 装在一起，形成齿轮泵的密封腔。泵体两端面开有封油卸荷槽 d，可防止油液外泄和减轻螺钉的拉力；油孔 a、b、c 可使泄漏到油封和润滑轴承处的油液流回吸油口。

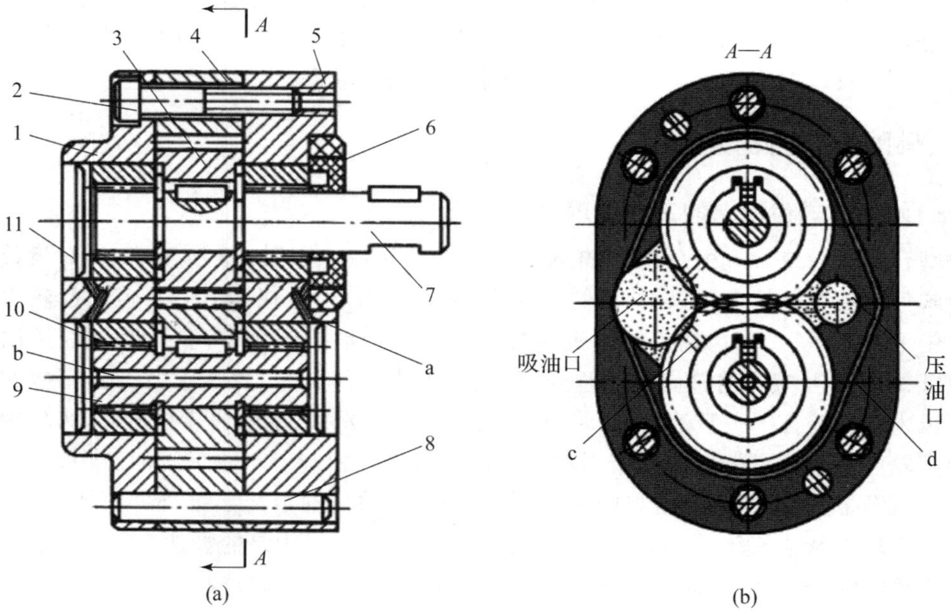

1—前泵盖；2—螺钉；3—齿轮；4—泵体；5—后泵盖；6—油封；7—主动轴；
8—定位销；9—从动轴；10—滚针轴承；11—堵头；
a、b、c—油孔；d—封油卸荷槽

图 4-4　CB-B 型外啮合式齿轮泵的结构

外啮合式齿轮泵在结构上要解决以下几个问题：

1. 困油现象

为了使外啮合式齿轮泵能够连续供油，吸油腔和压油腔必须分隔开，因而在一对轮齿即将脱开前，后面一对轮齿就要进入啮合状态，以保证吸、压油腔不相通，即要求啮合齿轮的重叠系数大于 1。这样同时有两对轮齿(图 4-5 中 A、B 区域各有一对轮齿)处于啮合状态，此时留在齿槽中的油液就被困在由这两对轮齿啮合线所围成(齿轮两端面由泵盖封住)的封闭空间(容积为 V)内，如图 4-5(a)所示，$V=V_A+V_B$，这处封闭空间被称为困油区；随着齿轮继续旋转，困油区容积逐渐变小，当两个啮合点处于节点两侧的对称位置时，困油区容积最小，如图 4-5(b)

所示；齿轮再继续旋转，困油区容积又变大，如图 4-5(c)所示；困油区容积的全部变化过程如图 4-5(d)所示。当困油区容积减小时，被困油液因受到挤压而使压力急剧上升，并从缝隙中被挤出，导致油液发热，轴承等机件也受到附加的不平衡负载的作用；困油区容积变小后又增大，会造成局部真空，使溶于油液中的气体分离出来，产生气穴，引起噪声、振动和气蚀，这就是齿轮泵的困油现象。

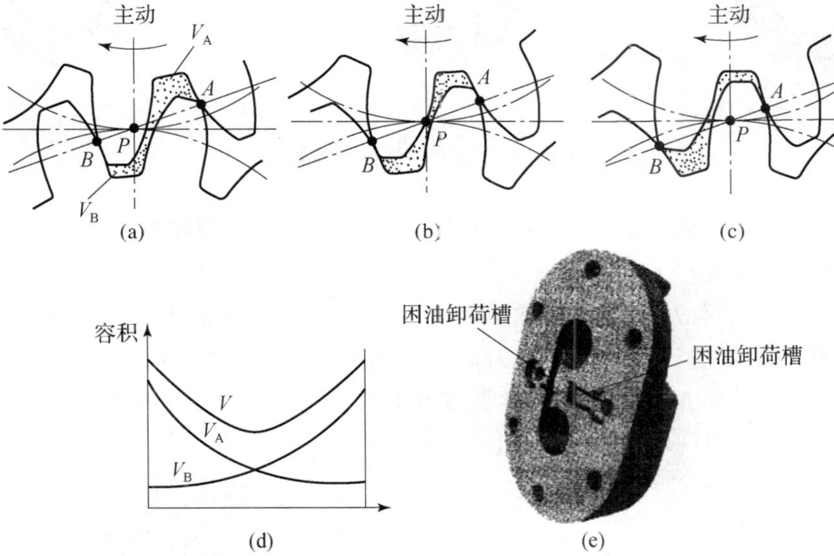

V_A—A 困油区容积；V_B—B 困油区容积

图 4-5　齿轮泵的困油现象及其消除措施

由于困油现象的存在，齿轮泵工作时会产生噪声，容积效率降低。这种现象会影响流量的均匀性和工作的平衡性，并且会降低泵的使用寿命。为减轻困油现象的危害，常在与轮齿啮合部位两侧面接触的零件上开卸荷槽。

对于低压齿轮泵，一般是在泵盖上开卸荷槽，如图 4-5(e)所示，使困油区在其容积由大变小时，通过卸荷槽与压油腔相连通，避免压力急剧上升；困油区在其容积由小变大时，通过卸荷槽与吸油腔相连通，避免形成真空。两个卸荷槽间需保持合适的距离，以便吸、压油腔在任何时候都不连通，避免增加泵的泄漏量。实测证明，如果将齿轮泵盖上两个卸荷槽的位置向吸油腔偏移一小段距离，则偏移后的效果比对称分布更好。

对于中高压齿轮泵，与轮齿啮合部位两侧面接触的零件有的是侧板，如图 4-6(a)所示；有的是分体式轴套，如图 4-6(b)所示；有的是整体式轴套，如图 4-6(c)所示。为了解决困油的问题，需要在这些零件上开卸荷槽。矩形卸荷槽形状简单，加工容易，基本上能满足使困油卸荷的使用要求，但是封闭油腔与泵的吸、压油腔之间的通道仍不够通畅，困油现象造成的压力脉动还部分存在，而采用图 4-6 所示的几种异形困油卸荷槽则能使困油及时、顺利地导出，对改善齿轮泵的工作、较彻底地解除困油现象更有利。除图 4-6 所示的几种异形困油卸荷槽外，还有其他形式的困油卸荷槽，这里不再一一列举。

2. 径向作用力不平衡

当齿轮泵工作时，液压油作用在齿轮外缘上的压力是不均匀的，如图 4-7 所示，从吸油腔到压油腔，压力沿齿轮旋转方向逐齿递增，齿轮受到的径向合力不为零，即径向作用力不平衡。

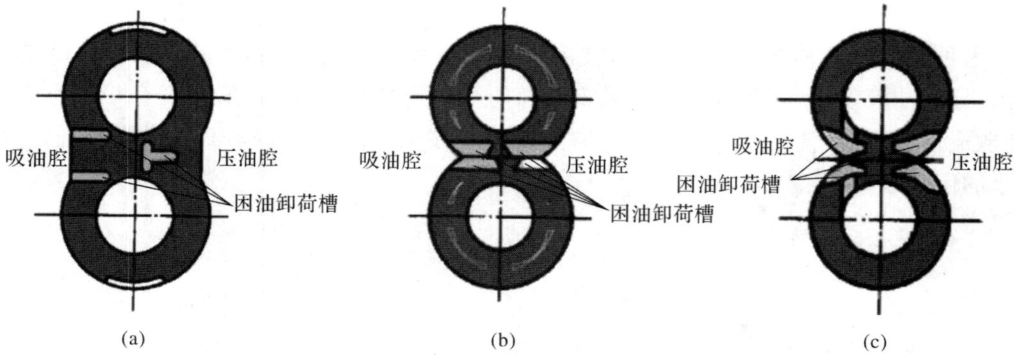

图 4-6 几种异形困油卸荷槽

工作压力越高，径向不平衡力越大，严重时能使泵轴弯曲，导致齿顶接触泵体，产生磨损，同时也会降低轴承的使用寿命。

为了减轻径向不平衡力的影响，有些齿轮泵采用开径向力平衡槽（图 4-8）的办法来达到使径向力相互抵消的目的，但这将使泵的高、低压区更加靠近，泄漏量增大，容积效率降低。CB-B 型齿轮泵则采用缩小压油口的办法，通过减少液压力对齿顶部分的作用面积来减小径向不平衡力，所以泵的压油口孔径比吸油口孔径要小。

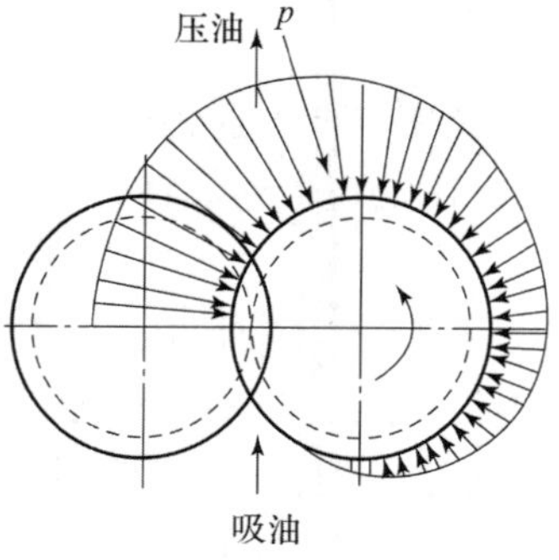

图 4-7 齿轮泵的径向不平衡力图

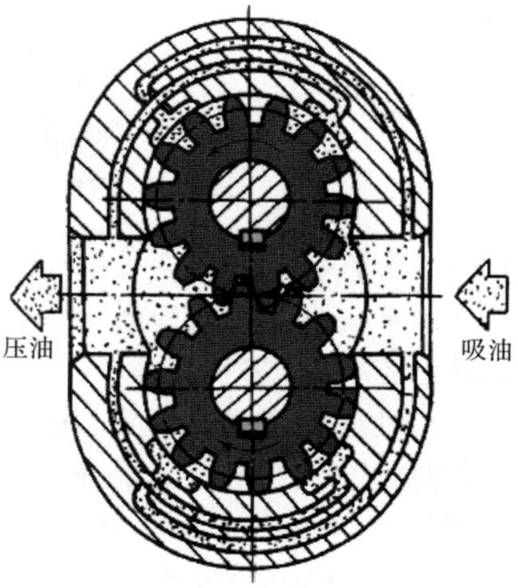

图 4-8 齿轮泵径向力平衡槽

3. 泄漏

外啮合式齿轮泵的泄漏包括内泄漏和外泄漏。齿轮泵压油腔内的一部分高压油没有从压油口流出，而是从缝隙流回到吸油腔内，这种泄漏是在齿轮泵内部发生的，称为内泄漏；齿轮泵内另有一部分高压油从缝隙流到齿轮泵的外部，称为外泄漏。内泄漏是看不见的，外泄漏则用肉眼能观察到。

外啮合式齿轮泵的内泄漏有三种途径：一是通过齿轮啮合线处的间隙（齿侧间隙）泄漏；二是通过泵体内孔和齿顶间的径向间隙（齿顶间隙）泄漏；三是通过齿轮两端面和与其接触件（泵盖、轴套或侧板）间的间隙（端面间隙）泄漏。在这三种间隙中，端面间隙的泄漏量最大，占75%～80%。要减少内泄漏，先要减少端面间隙的泄漏量。要减少端面间隙的泄漏量，就要减小端面间隙，但随着齿轮端面与泵盖的磨损，端面间隙会不断变大。因此，为了提高齿轮泵的压力和容积效率，需要从结构上采取措施，对端面间隙进行补偿。一般采用齿轮端面间隙自动补偿的办法来解决这个问题。通常采用的自动补偿端面间隙的装置有浮动轴套、浮动侧板、挠性侧板三种，分别如图 4-9(a)、图 4-9(b)、图 4-9(c)所示，其原理都是利用特制的通道，把泵内压油腔的压力油引到轴套或侧板外侧，并作用在一定形状和大小的端面（用密封圈分隔构成）上，产生液压作用力，使轴套或侧板始终紧贴在齿轮端面上，自动补偿因端面磨损而产生的间隙。压力越高，间隙越小，从而达到提高工作压力的目的。低压齿轮泵没有自动补偿端面间隙的装置，因此其容积效率较低，输出压力也不高。

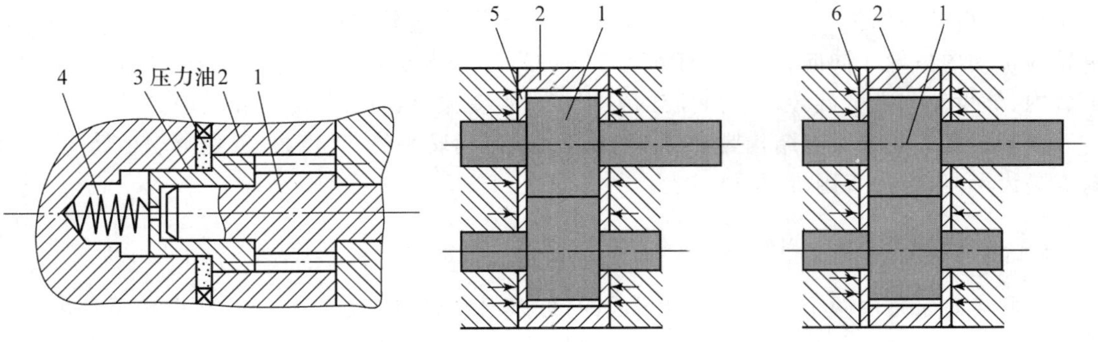

(a)　　(b)　　(c)

1—齿轮；2—泵体；3—浮动轴套；4—弹簧；5—浮动侧板；6—挠性侧板

图 4-9　端面间隙补偿装置结构示意图

外啮合式齿轮泵的外泄漏一般有两种途径：一是通过泵盖与泵体的间隙泄漏；二是通过泵盖与泵输入轴之间的间隙泄漏。泵盖与泵体的间隙泄漏主要是通过在泵盖与泵体间装密封垫或密封圈来解决。有时为了密封效果更好，还抹密封胶，也有在泵体端面上开封油卸荷槽的（图 4-4 中的“d”）。泵盖与泵输入轴之间的间隙泄漏一般是在泵盖内装入油封（图 4-4 中的“6”）来解决，注意油封不能承受高压，油封封住的泄漏油一定要被引回吸油腔内。

三、内啮合式齿轮泵

内啮合式齿轮泵有渐开线齿形和摆线齿形两种形式，其结构示意图如图 4-10 所示。

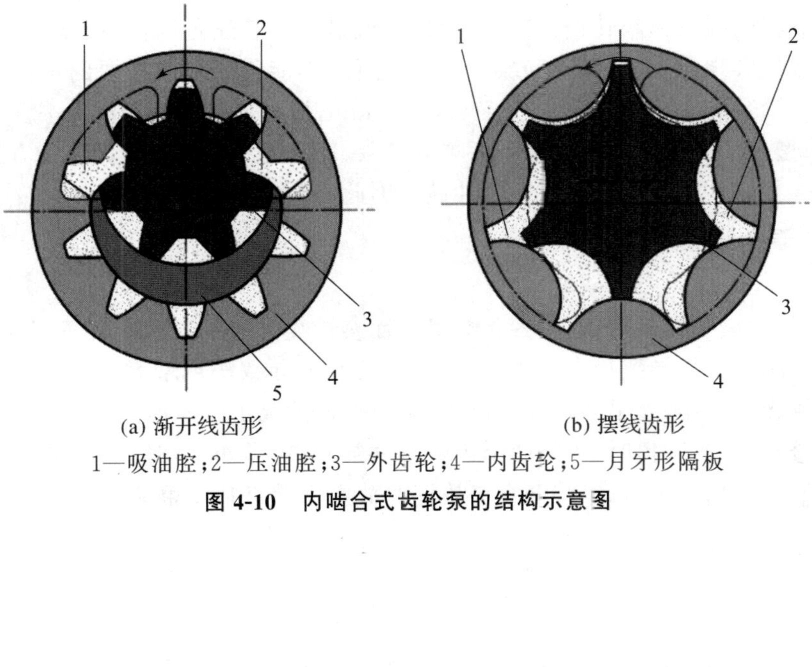

(a) 渐开线齿形　　(b) 摆线齿形

1—吸油腔；2—压油腔；3—外齿轮；4—内齿轮；5—月牙形隔板

图 4-10　内啮合式齿轮泵的结构示意图

(一)渐开线齿形内啮合式齿轮泵

该泵由外齿轮 3、内齿轮 4、月牙形隔板 5 等组成。当外齿轮 3 为主动轮时,带动内齿轮 4 绕各自的中心同方向旋转,左半部轮齿退出啮合状态,容积增大,形成真空,进行吸油。进入齿槽的油被带到压油腔,右半部轮齿进入啮合状态,容积减小,从压油口压油。在外齿轮 3 和内齿轮 4 之间要装一块月牙形隔板 5,以便将吸、压油腔隔开。

(二)摆线齿形内啮合式齿轮泵

该泵又称摆线转子泵,主要零件是内啮合式的外齿轮 3(也叫内转子)和内齿轮 4(也叫外转子)。外齿轮 3 的齿数比内齿轮 4 的齿数少一个,两个齿轮之间有一个偏心距。工作时,外齿轮 3 带动内齿轮 4 同向旋转,所有外齿轮 3 的齿都进入啮合状态,形成几个独立的密封腔。随着内、外齿轮的啮合旋转,各密封腔的容积将发生变化,从而进行吸油和压油。

内啮合式齿轮泵具有结构紧凑、尺寸小、质量轻、运转平稳、噪声小、流量脉动小等优点;其缺点是齿形复杂,加工困难,价格较贵。

四、双联齿轮泵

双联齿轮泵是由两个单级齿轮泵组成的,可以组合获得多种流量。双联齿轮泵是由一个大排量、低压力齿轮泵和一个小排量、高压力齿轮泵组成的,包括前盖、壳体和泵体,在壳体上装有单向阀,前盖上装有溢流阀。当双联齿轮泵的工作压力小于溢流阀的开启压力时,两个齿轮泵同时输出液压油;当其工作压力高于溢流阀的开启压力时,只有小排量齿轮泵输出高压液压油,从而减少功率损耗。双联齿轮泵能达到给液压系统分别供油的目的,以节约能源,还可以根据需要组成多联齿轮泵。双联齿轮泵结构简单,组合随意,工作可靠,维护方便,对冲击负荷的适应性好,适用于工程、建筑、起重、矿山等机械行业。

五、齿轮泵的使用与维修

(一)齿轮泵的使用

(1)齿轮泵的吸油高度一般不得大于 500 mm。

(2)齿轮泵应通过挠性联轴器直接与电动机连接,一般不可刚性连接或通过齿轮副及皮带轮机构进行连接,以免单边传力或受力,造成齿轮泵泵轴弯曲、单边磨损和泵轴油封失效。

(3)应限制齿轮泵的极限转速,转速不能过高或过低。转速过高,油液来不及填满整个齿间空隙,会造成气穴现象,产生振动和噪声;转速过低,不能使泵形成必要的真空,造成吸油不畅。目前国产齿轮泵的驱动转速为 300～1 450 r/min,详见齿轮泵使用说明书。

(4)CB-B 型齿轮泵和其他齿轮泵多为单方向泵,使用时只能往一个固定的方向旋转,反向则不能吸油,并往往使泵轴的油封被翻转冲破。因此,使用时要特别注意。

(二)齿轮泵的维修

1. 齿轮

在齿轮泵使用较长时间后,齿轮各相对滑动面会产生磨损和拉伤。端面的磨损导致轴向间隙增大,齿顶圆的磨损导致径向间隙增大,齿形的磨损导致噪声增大。磨损拉伤不严重时,可稍加研磨、抛光后再用;如果磨损拉伤严重,则需根据情况予以修理或更换。

(1)端面修理:轻微磨损时,可将两个齿轮同时放在 0# 砂布上,然后再放在金相砂纸上进行擦磨抛光;磨损拉伤严重时,可将两个齿轮同时放在平面磨床上磨去少许,再用金相砂纸抛光。此时泵体也应磨去同样的尺寸。两个齿轮的厚度差应在 0.005 mm 以内，齿轮端面与孔的垂直度、两个齿轮轴线的平行度都应控制在 0.005 mm 以内。

(2)齿顶圆修理：齿轮泵的齿轮在径向不平衡力 $\boldsymbol{F}$ 的作用下，一般会出现磨损。齿顶圆被磨损后，对低压齿轮泵的容积效率(齿顶泄漏)影响不大，但对于高中压齿轮泵而言，则应考虑电镀外圆或更换齿轮。

(3)齿形修理：用细砂布(或油石)去除拉伤或已磨成多棱形的部位的毛刺，再将齿轮啮合面(装在后盖上，卸掉前盖泵体)调换方位适当对研，清洗后可继续再用。但对能用肉眼观察到的严重磨损件，应予以更换。

2. 泵体

泵体的磨损主要出现在内腔与齿轮齿顶圆相接触的端面，且多发生在吸油侧。如果泵体属于对称型，可将泵体翻转 180°后安装再用；如果泵体属于非对称型，则需采用电镀青铜合金工艺或刷镀的方法修整泵体内腔孔的磨损部位。

3. 前后盖

前后盖的磨损和拉伤主要是指装配后，与齿轮相对滑动的接触端面的磨损和拉伤。如果磨损和拉伤不严重，可研磨端面进行修复；如果磨损和拉伤严重，可在平面磨床上磨去端面上的沟痕。

4. 泵轴(长、短轴)

齿轮泵泵轴的失效形式主要是与滚针轴承相接触处容易磨损，少量泵轴产生折断。如果磨损轻微，可进行抛光修复(并更换新的滚针轴承)；如果磨损严重或被折断，则需用镀铬工艺进行修复或重新加工。

外啮合式齿轮泵常见故障的产生原因和排除方法见表 4-3。

表 4-3　外啮合式齿轮泵常见故障的产生原因和排除方法

故障现象	产生原因	排除方法
不吸油或输油量不足及压力不能提高	电动机转向错误	纠正电动机的转向
	吸油管或过滤器堵塞	疏通管道，清洗过滤器，更换新油
	端面间隙或径向间隙过大	修复、更换有关零件
	各连接处因泄漏而引起空气混入	紧固各连接处螺钉，避免泄漏，严防空气混入
	油液黏度太大或油液温升太高	应根据温升变化选用油液
噪声严重及压力波动	吸油管及过滤器部分堵塞或入口过滤器容量小	除去脏物，使吸油管畅通，或改用容量合适的过滤器
	从吸油管或轴密封处吸入空气，或者油中有气泡	在连接部位或密封处加点油，如果噪声降低，可拧紧接头处的螺钉或更换密封圈，油管口应在液面以下，与吸油管要有一定的距离
	泵和联轴器不同轴或被擦伤	调整同轴度，排除擦伤
	齿轮本身精度不高	更换齿轮或对研修整
	齿轮泵骨架或油封损坏，或装轴承时骨架或油封内的弹簧脱落	检查骨架油封，损坏时要予以更换，以免吸入空气

续表 4-3

故障现象	产生原因	排除方法
液压泵旋转不灵活或咬死	端面间隙及径向间隙过小	修配有关零件
	装配不良，盖板与轴的同轴度超差，长轴的弹簧固紧脚太长，滚针套的质量太差	根据要求重新进行装配
	泵轴与电动机轴联轴器的同轴度不符合要求	调整，使同轴度误差不超过 0.2 mm
	油液中的杂质被吸入泵体内	严防周围的灰尘、铁屑及冷却水等进入油池，保持油液洁净

任务三　柱塞泵检修

柱塞泵依靠柱塞在缸体内的往复运动，使密封腔的容积产生变化来实现吸油和压油。其主要构件柱塞与缸体的工作部分均为圆柱表面，因此加工方便，配合精度高，密封性能好。同时，柱塞泵的主要零件处于受压状态，这使材料的强度性能得到充分利用，因此柱塞泵常被做成高压泵。而且，只要改变柱塞的工作行程就能改变泵的排量，易于实现单向或双向变量。所以，柱塞泵具有压力高、结构紧凑、效率高及流量调节方便等优点。柱塞泵的缺点是结构较为复杂，有些零件对材料及加工工艺的要求较高，因此在各类容积式泵中，柱塞泵的价格最高。柱塞泵常用于需要高压大流量和需要调节流量的液压传动系统中，如龙门刨床、拉床、液压机、起重机械等设备的液压系统。

柱塞泵按柱塞排列方向的不同，分为轴向柱塞泵和径向柱塞泵。轴向柱塞泵按其结构特点又分为斜盘式和斜轴式两类。

一、斜盘式轴向柱塞泵

(一)斜盘式轴向柱塞泵的工作原理

斜盘式轴向柱塞泵的工作原理如图 4-11 所示。泵的传动轴中心线与缸体中心线重合，因此又称为直轴式轴向柱塞泵。它主要由斜盘 1、柱塞 2、缸体 3、配油盘 4 等组成。缸体 3 上均匀分布了若干轴向柱塞孔，孔内装有柱塞，柱塞与缸体轴线平行。斜盘与缸体间形成一个 γ 角。缸体由轴带动旋转，斜盘和配油盘固定不动。在底部弹簧的作用下，柱塞头部始终紧贴斜盘。当缸体按图示方向旋转时，受斜盘和弹簧的共同作用，柱塞产生往复运动，各柱塞与缸体间密封腔的容积便发生增大或缩小的变化，通过配油盘上的窗口进行吸油和压油。当缸孔自最低位置向上方转动时，柱塞向左运动，柱塞端部和缸体间密封腔的容积增大，通过配油盘的吸油窗口 a 吸油；当缸孔自最高位置向下方转动时，柱塞被斜盘逐步压入缸体中，柱塞端部和缸体间密封腔的容积减小，通过配油盘的压油窗口 b 压油。缸体每转一周，每个柱塞各完成一次吸油和压油；缸体连续旋转，柱塞则不断地吸油和压油。

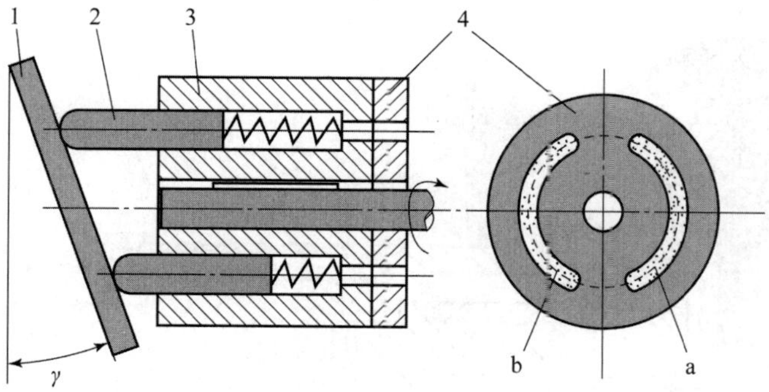

1—斜盘;2—柱塞;3—缸体;4—配油盘;
a—吸油窗口;b—压油窗口

图 4-11 斜盘式轴向柱塞泵的工作原理

(二)斜盘式轴向柱塞泵的排量和流量脉动

如果改变斜盘 1 倾角 γ 的大小,就能改变柱塞 2 的行程,这也就改变了轴向柱塞泵的排量。如果改变斜盘 1 倾角的方向,就能改变吸、压油的方向,这时斜盘式轴向柱塞承就成为双向轴向柱塞泵。

实际上,由于柱塞在缸体孔中的运动不是恒速的,因而输出流量是有脉动的。当柱塞数较多且为奇数时,脉动较小,因此常用柱塞泵的柱塞个数一般为 7、9 或者 11。

(三)斜盘式轴向柱塞泵的结构特点

图 4-12 所示为 SCY14-1B 型轴向柱塞泵的结构,它由两部分组成:右边的主体部分(可再分为前泵体部分、中间泵体部分)和左边的变量部分。缸体 5 安装在中间泵体 1 和前泵体 7 内,由传动轴 8 通过花键带动旋转。在缸体内的缸孔中分别装有柱塞 9,柱塞的球形头部装在滑履 12 的孔内,并可进行相对滑动。弹簧 3 通过内套 2、钢珠 13 和回程盘 14 将滑履 12 紧紧地压在斜盘 15 上,同时弹簧 3 又通过外套 10 将缸体 5 压向配油盘 6。当缸体由传动轴带动旋转时,柱塞相对于缸体做往复运动,于是容积发生变化,这时油液可通过缸孔底部月牙形的通油孔、配油盘 6 上的配油窗口和前泵体 7 的进、出油孔等完成吸、压油工作。

斜盘式轴向柱塞泵的结构特点如下:

1. 滑履结构

在图 4-11 中,各柱塞以球形头部直接接触斜盘而滑动,柱塞头部与斜盘之间为点接触,因此被称为点接触式轴向柱塞泵。当泵工作时,柱塞头部的接触应力大,极易磨损,因此一般轴向柱塞泵都在柱塞头部装有滑履。如图 4-13 所示,改点接触为面接触,并且各相对运动的表面之间通过滑履上的小孔引入压力油,实现可靠的润滑,这大大降低了相对运动的零件表面的磨损,有利于泵在高压下工作。

2. 弹簧机构

要想使柱塞泵正常工作,柱塞头部的滑履必须始终紧贴斜盘。图 4-11 中采用在每个柱塞底部加设一个弹簧的方法。但在这种结构中,随着柱塞的往复运动,弹簧易于疲劳损坏。图 4-13中改用一个中心弹簧 6,通过回程盘 3 将滑履压向斜盘,从而使泵具有较好的自吸能力。这种结构中的弹簧只受静载荷,不易疲劳损坏。

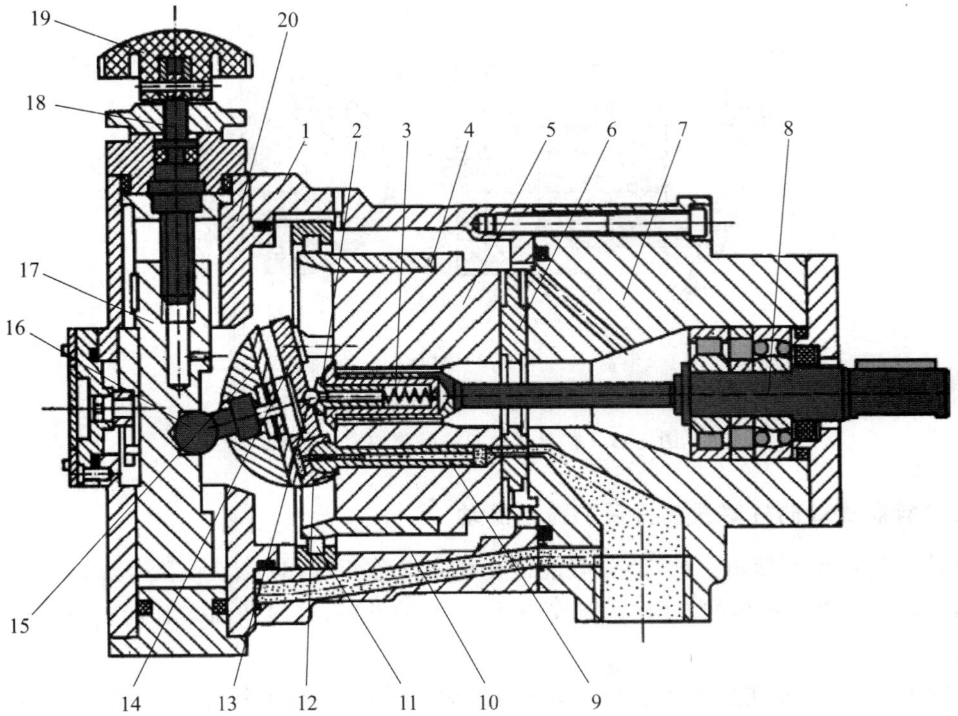

1—中间泵体；2—内套；3—弹簧；4—钢套；5—缸体；6—配油盘；7—前泵体；
8—传动轴；9—柱塞；10—外套；11—轴承；12—滑履；13—钢珠；14—回程盘；
15—斜盘；16—轴销；17—变量活塞；18—丝杆；19—手轮；20—变量机构壳体

图 4-12　SCY14-1B 型轴向柱塞泵的结构

3. 缸体端面间隙的自动补偿

由图 4-13 可知，使缸体紧压配油盘端面的作用力，除中心弹簧 6 的推力外，还有柱塞孔底部台阶面上所受的液压力，此液压力比弹簧力大得多，而且随泵工作压力的增大而增大。由于缸体始终受力紧贴着配油盘，端面间隙得到了自动补偿，提高了泵的容积效率。

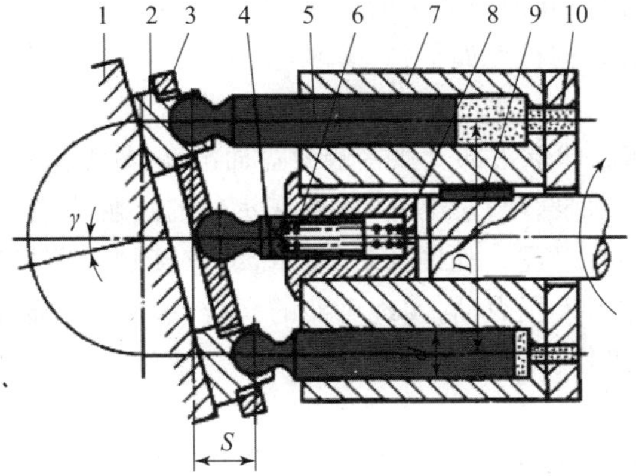

1—斜盘；2—滑履；3—回程盘；4、8—套筒；5—柱塞；6—中心弹簧；
7—回转缸体；9—传动轴；10—配油盘

图 4-13　改进后的轴向柱塞泵的局部结构

4. 变量机构

在变量轴向柱塞泵中设有专门的变量机构，用于改变斜盘倾角 γ 的大小，以调节泵的排量。轴向柱塞泵的变量方式有多种，其变量机构的结构形式也是多种多样的。

图 4-12 中变量机构的变量方式为手动，该变量机构设置在泵的左侧。转动手轮 19，丝杆 18 随之转动，在导键的作用下，变量活塞 17 便上下移动，通过轴销 16 使支承在变量机构壳体 20 上的斜盘 15 绕其中心转动，从而改变了斜盘倾角 γ。手动变量机构结构简单，但手的操作力较大，通常只能在停机或泵压较低的情况下实现变量。

图 4-14 所示为轴向柱塞泵的伺服变量机构，其工作原理为：泵输出的压力油由通道经单向阀 a 进入变量机构壳体 5 的下腔 b，液压力作用在变量活塞 4 的下端。当与伺服阀的阀芯 1 相连接的拉杆不动时(图示状态)，变量活塞 4 的上腔 e 处于封闭状态，变量活塞不动，斜盘 3 在某一相应的位置上。当使拉杆向下移动时，推动阀芯 1 一起向下移动，b 腔的压力油经通道 c 进入上腔 e。由于变量活塞上端的有效面积大于下端的有效面积，向下的液压力大于向上的液压力，变量活塞 4 也随之向下移动，直到将通道 c 的油口封闭为止。

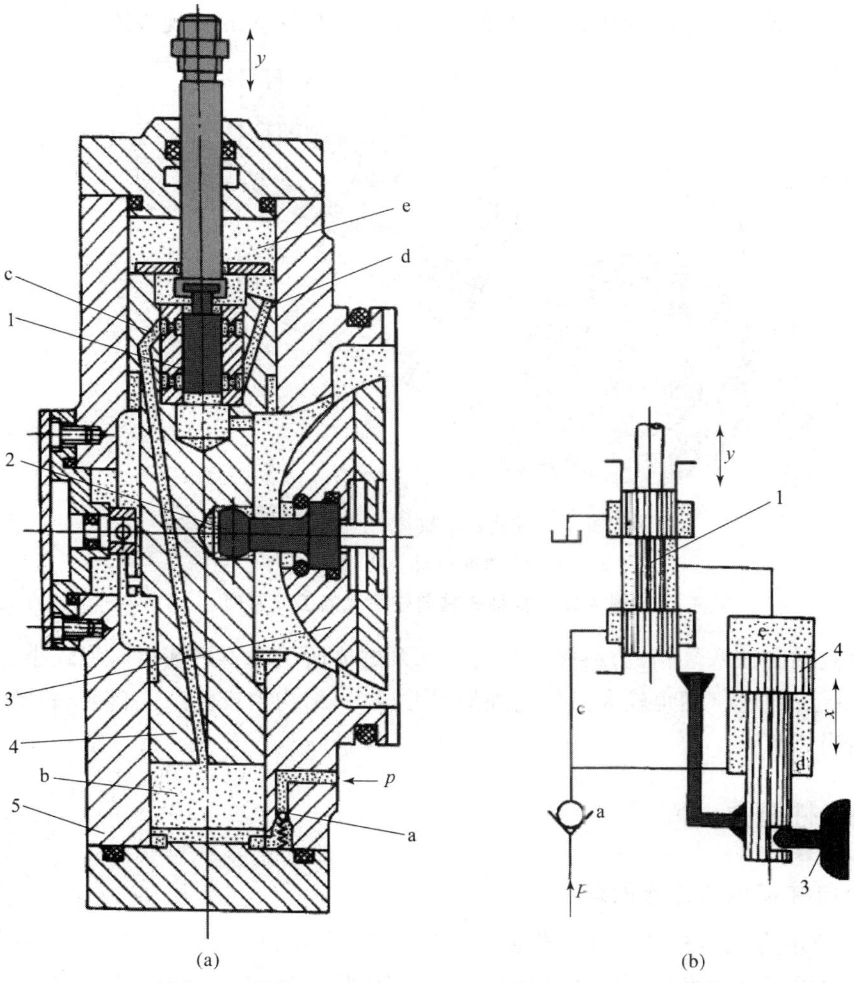

1—阀芯；2—轴销；3—斜盘；4—变量活塞；5—变量机构壳体；

a—单向阀；b—壳体下腔；c—通道；d—卸压通道；e—变量活塞的上腔

图 4-14 轴向柱塞泵的伺服变量机构

变量活塞的移动量等于拉杆的移动量。当变量活塞向下移动时，通过轴销带动斜盘3摆动，斜盘的倾斜角增加，泵的输出流量也随之增加；当拉杆带动伺服阀的阀芯向上移动时，阀芯将卸压通道d打开，上腔e通过卸压通道d接通油箱而进行卸压，变量活塞向上移动，直到阀芯将卸压通道关闭为止，它的移动量也等于拉杆的移动量。这时斜盘也被带动作相应的摆动，使倾斜角减小，泵的流量也随之相应地减小。由此可知，伺服变量机构是通过操纵液压伺服阀的动作，利用泵输出的压力油推动变量活塞来实现变量的，因此加在拉杆上的力很小，控制灵敏。拉杆可用手动方式或机械方式进行操作，斜盘可以倾斜±18°，在工作过程中泵的吸、压油方向可以变换，因而这种泵就成为双向变量液压泵。

二、斜轴式轴向柱塞泵

图4-15所示为斜轴式轴向柱塞泵的工作原理。传动轴5相对于缸体3有一个倾角γ，柱塞2与传动轴圆盘之间通过相互铰接的连杆4相连。当传动轴5沿图示方向旋转时，连杆4就带动柱塞2和缸体3一起转动，柱塞2同时也在孔内做往复运动，使柱塞孔底部密封腔的容积不断地发生增大和缩小的变化，通过配油盘1上的窗口a和b实现吸油和压油。

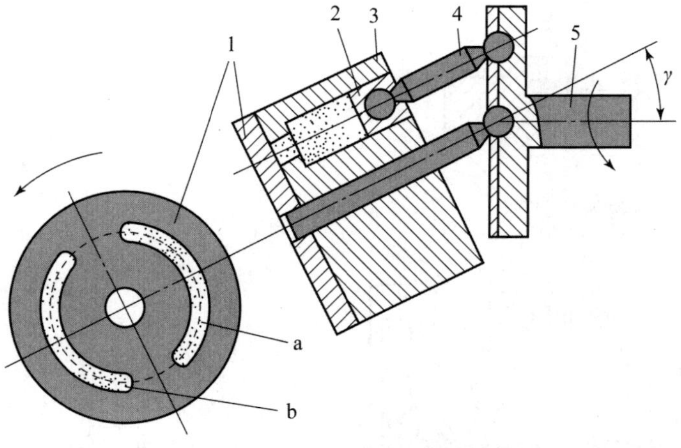

1—配油盘；2—柱塞；3—缸体；4—连杆；5—传动轴；

a—吸油窗口；b—压油窗口

图4-15 斜轴式轴向柱塞泵的工作原理

与斜盘式轴向柱塞泵相比，斜轴式轴向柱塞泵缸体所受的不平衡径向力较小，因此结构强度较高，变量范围较大(倾角较大)；但它外形尺寸较大，结构也较复杂。目前，斜轴式轴向柱塞泵的使用相当广泛。

三、径向柱塞泵

(一)径向柱塞泵的工作原理

图4-16所示为径向柱塞泵的工作原理，径向柱塞泵由柱塞1、转子2、配油铜套3、定子4和配油轴5等主要零件组成。柱塞沿径向分布，均匀地安装在转子上。配油铜套和转子紧密配合，并套装在配油轴上。配油轴是固定不动的，其对应转子部位的上部和下部各有一个窗口，即图4-16所示的b腔和c腔，这两个油腔又通过轴向孔a和d分别与泵的吸、压油口相通。

转子连同柱塞由原动机带动一起旋转，柱塞靠离心力(有些结构是靠弹簧或低压补油作用)紧压在定子的内壁面上。由于定子和转子之间有一个偏心距 e，当转子按图示方向旋转时，柱塞在上半周时向外伸出，其底部的密封容积逐渐增大，产生局部真空，通过配油轴上的 b 腔和轴向孔 a 从吸油口吸油；当柱塞处于下半周时，柱塞底部的密封容积逐渐减小，通过配油轴上的 c 腔和轴向孔 d 从压油口把油液压出。转子每转一周，每个柱塞各吸、压油一次。

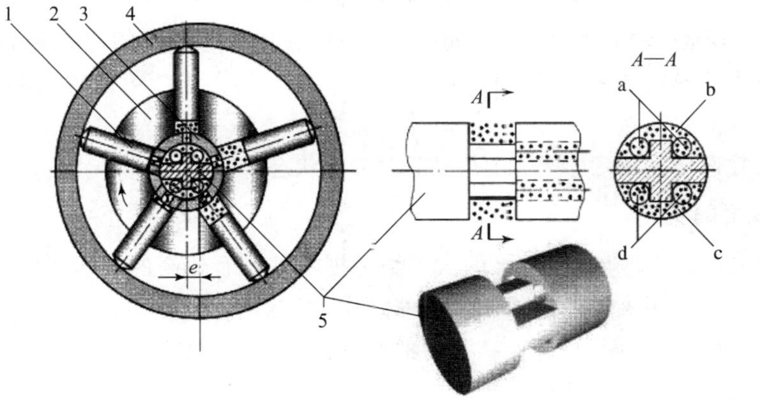

1—柱塞；2—转子；3—配油铜套；4—定子；5—配油轴；
a、d—轴向孔；b、c—油腔

图 4-16　径向柱塞泵的工作原理

(二)径向柱塞泵的排量和流量脉动

若改变定子和转子之间的偏心距 e，则泵的输出排量也会改变，因此径向柱塞泵是变量泵。当移动定子使偏心距从正值变为负值时，泵的吸、压油腔就会互换，因此径向柱塞泵可以做成单向或双向变量泵。由于径向柱塞泵中的柱塞在转子中的移动速度是变化的，径向柱塞泵的输出流量是有脉动的。当柱塞较多且为奇数时，流量脉动率较小。

四、柱塞泵的使用与维修

(一)柱塞泵的使用

(1)在安装试车之前，必须将油箱、管道、执行元件(如油缸)和阀门等清洗干净，灌入油箱的新油必须用滤油机滤清，防止由于油桶不清洁而引起油液污染。

(2)新泵在使用一星期之后，应将油箱内的全部油液滤清一次，并清洗油箱和过滤器，然后根据系统的工作环境和工作负载等情况，3～6 个月更换一次油液，清洗一次油箱。

(3)在使用过程中，严禁因系统发热而掀掉油箱盖，且必须采取其他散热措施(如设置冷却器)。

(4)油泵的中心高至油面的距离应不大于 500 mm，否则会发生气蚀，造成零件破损，产生噪声、振动等故障。

(5)泵的转速不可大于额定转速。

(6)吸入管道的通径应不小于推荐的数值(见安装外形尺寸产品目录)，吸入管道应尽可能少用弯管接头。

(7)检查泵电动机的旋向是否与规定的旋向相符。对于可换向工作的泵(例如伺服变量泵),还应检查其刻度盘的指示方向是否与进、出油口的方向相符合(当进、出油口如泵上标牌所示时,则指针应在刻度盘的正向,反之为反向)。

(8)负载运转:

①低负载运转。在准备工作完成后,先使泵在1～2 MPa的压力下运转10～20 min。

②满负载运转。低负载运转后,逐渐调整溢流阀、安全阀的压力至液压系统的最高压力,继续运转15 min,检查系统是否正常,如是否漏油、泵和液压系统的声音是否正常、泵壳上的最高温度一般比油箱内油泵入口处的油温高10～20 ℃等。当油箱内的油温达到65 ℃时,泵壳上的最高温度不应超过70～80 ℃。

③上述负载运转完毕后,泵方可进入正常工作状态。

(二)柱塞泵的维修

轴向柱塞泵的修理较麻烦,该泵的大多数易损零件均有较高的技术要求和加工难度,往往需要专门的设备和专用夹具才能修理。在修理中,经常遇到的是各运动副接合面的磨损与拉伤,如配油盘与缸体接合面、缸体柱塞孔内的圆柱面的磨损与拉伤等。

柱塞泵常见故障的产生原因和排除方法见表4-4。

表4-4 柱塞泵常见故障的产生原因和排除方法

故障现象	产生原因	排除方法
流量不够	油箱的油面过低,油管及过滤器堵塞或阻力太大以及漏气等	检查贮油量,把油加至油标规定线处;排除油管堵塞,清洗过滤器;紧固各连接处,排除漏气
	泵壳内预先没有充好油,留有空气	排除泵内空气
	泵的中心弹簧被折断,使柱塞回程不够,或不能回程,引起缸体和配油盘之间失去密封性能	更换中心弹簧
	配油盘与缸体或柱塞与缸体之间磨损	磨平配油盘与缸体的接触面,单缸配研,更换柱塞
	油温太高或太低	根据温升,选用合适的油液
压力脉动	配油盘与缸体或柱塞与缸体之间磨损,内泄漏或外泄漏量过大	磨平接触面,单缸配研,更换柱塞,紧固连接处,排除漏损
	对于变量泵,可能由于变量机构的倾角太小,内泄漏量相对增大,因此不能连续对外供油	适当加大变量机构的倾角,排除内部漏损
	伺服活塞与变量活塞的运动不协调,出现偶尔脉动和经常性脉动	偶尔脉动多因油脏,可更换新油;经常性脉动可能是由于配合件研伤或"别劲",应拆下进行研修
	进油管堵塞,阻力大或漏气	疏通进油管及清洗过滤器,紧固进油管

续表 4-4

故障现象	产生原因	排除方法
噪声	泵体内留有空气	排除泵体内的空气
	油箱的油面过低，吸油管堵塞及阻力大、漏气等	按规定加足油，疏通油管，清洗过滤器，紧固进油管路
	泵和电动机同轴度超差，使泵和传动轴承受径向力	重新调整同轴度
发热	内泄漏量太大	修研各密封配合面
	运动部件磨损	修复或更换磨损件
漏损	轴承回转密封圈损坏	检查密封圈及各密封环节，排除内泄漏
	各连接处 O 形圈损坏	更换 O 形圈
	配油盘与缸体或柱塞与缸体之间磨损	修磨接触面，配研缸体，单配柱塞
变量机构失灵	控制油道上的单向阀弹簧被折断	更换弹簧
	变量头与变量壳体磨损	配研二者的圆弧配合面
	伺服活塞、变量活塞以及弹簧心轴卡死	机械卡死时，用研磨的方法使各运动部件灵活；油脏时，更换新油
	个别油道堵塞	疏通油道
泵不能转动（卡死）	柱塞与缸体卡死（可能是由油脏或油温变化引起的）	油脏时，更换新油；油温太低时，更换黏度较小的机械油
	滑履脱落（可能是由柱塞卡死或有负载引起的）	更换或重新装配滑履

任务四 叶片泵检修

叶片泵在机床液压泵中的应用最为广泛。叶片泵具有流量均匀、运转平稳、噪声低、体积小、质量轻等优点，其缺点是结构复杂、吸油特性差、对油液的污染敏感等。叶片泵按每转吸、压油的次数分为单作用叶片泵和双作用叶片泵两大类。单作用叶片泵的转子每转一周，只有一次吸、压油过程；双作用叶片泵的转子每转一周，有两次吸、压油过程。叶片泵按其排量是否可调又分为定量叶片泵和变量叶片泵。

一、单作用叶片泵

(一)单作用叶片泵的工作原理

单作用叶片泵的工作原理如图 4-17 所示。单作用叶片泵的转子外表面和定子内表面都是圆柱面,转子的中心与定子的中心之间有一个偏心距 e,两端的配油盘上开有一个吸油窗口和一个压油窗口,如图 4-17 中的虚线所示。当转子旋转一周时,每一片叶片在转子槽内往复滑动一次,每两片相邻叶片间的密封容积发生一次增大和缩小的变化。密封容积增大时,通过吸油窗口吸油;密封容积缩小时,则通过压油窗口压油。转子每转一周,吸油、压油各进行一次,因此这种泵被称作单作用叶片泵。单作用叶片泵的转子承受不平衡的径向液压力,因此又称这种泵为非卸荷式叶片泵。单作用叶片泵工作压力的提高受到了限制。

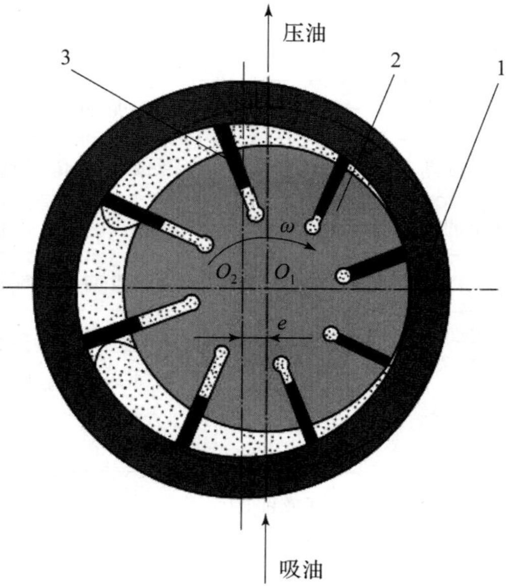

1—定子;2—转子;3—叶片

图 4-17　单作用叶片泵的工作原理

(二)单作用叶片泵的排量和流量脉动

如果改变定子和转子间的偏心距 e,就可以改变泵的排量,因此单作用叶片泵常被做成变量泵。

单作用叶片泵的定子内表面和转子外表面都为圆柱面,由于偏心安置,其容积变化不均匀,流量是脉动的。泵内的叶片数越多,流量脉动率越小,而且叶片为奇数时的脉动率较小,因此单作用叶片泵的叶片数一般为 13 或 15。

(三)单作用叶片泵的结构特点

1. 定子和转子偏心安置

移动定子的位置,以改变偏心距,这样就可以调节泵的输出流量。偏心反向时,吸、压油的方向也相反。

2. 叶片后倾

为了减小叶片与定子间的磨损,叶片底部的油槽采取在压油区通压力油、在吸油区与吸油腔相通的结构形式。因此，叶片的底部和顶部所承受的液压力是平衡的。叶片仅靠旋转时所承受的离心力的作用向外运动，并顶在定子内表面上。根据力学分析，叶片后倾一个角度更有利于叶片向外伸出，通常后倾角为 24°。

3. 径向液压力不平衡

由于转子及轴承上承受的径向液压力不平衡，该泵不宜用于高压，其额定压力不超过 7 MPa。

4. 定子和转子的形状

单作用叶片泵的转子外表面和定子内表面都是圆柱面。

（四）限压式变量叶片泵

单作用叶片泵的变量方法有手调和自调两种。自调变量泵又根据其工作特性的不同分为限压式、恒压式和恒流量式三类，其中限压式的应用较多。限压式变量叶片泵是利用泵排油压力的反馈作用实现变量的，它有外反馈和内反馈两种形式。

1. 外反馈限压式变量叶片泵

图 4-18 所示为外反馈限压式变量叶片泵的工作原理。该泵除了转子、定子、叶片及配油盘外，在定子的右边有限压弹簧 3 及调节螺钉 4；定子的左边有反馈缸，缸内有反馈缸柱塞 6，缸的左端有调节螺钉 7。反馈缸通过控制油路（如图中虚线所示）与泵的压油口相连通。转子 1 的中心 O_1 是固定的；O_2 是定子 2 的中心，定子 2 可以在右边弹簧力和左边反馈缸液压力的作用下左右移动，从而改变定子相对于转子的偏心量 e，即根据负载的变化自动调节泵的流量。

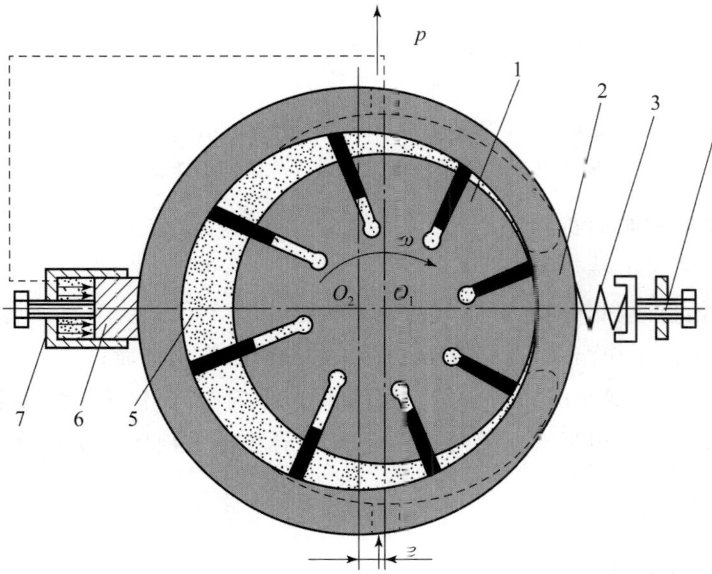

1—转子；2—定子；3—限压弹簧；

4、7—调节螺钉；5—配油盘；6—反馈缸柱塞

图 4-18　外反馈限压式变量叶片泵的工作原理

调节螺钉 4 用于调节限压弹簧 3 的预紧力 $\boldsymbol{F}$（$F=kx_0$。式中，k—弹簧刚度；x_0—弹簧的预压缩量），也就是调节泵的限定压力 p_B（$p_B=kx_0/A$。式中，A—柱塞的有效面积）；调节螺钉 7

用于调节反馈缸柱塞 6 左移的终点位置，即调节定子与转子的最大偏心距 e_{max}。调节最大偏心距也就是调节泵的最大流量。

2. 内反馈限压式变量叶片泵

图 4-19 所示为内反馈限压式变量叶片泵的工作原理。这种泵的工作原理与外反馈限压式变量叶片泵相似。它没有反馈缸，但其配油盘上的腰形槽的位置与 y 轴不对称。在图 4-19 中的上方压油腔处，定子所受到的液压力 $\boldsymbol{F}$ 在水平方向的分力 $\boldsymbol{F}_x$ 与右侧弹簧的预紧力的方向相反。当这个力 $\boldsymbol{F}_x$ 超过限压弹簧 5 的限定压力 p_B 时，定子 3 即向右移动，使定子与转子的偏心距 e 减小，从而使泵的流量得以改变。泵的最大流量由调节螺钉 1 调节，泵的限定压力 p_B 由调节螺钉 4 调节。

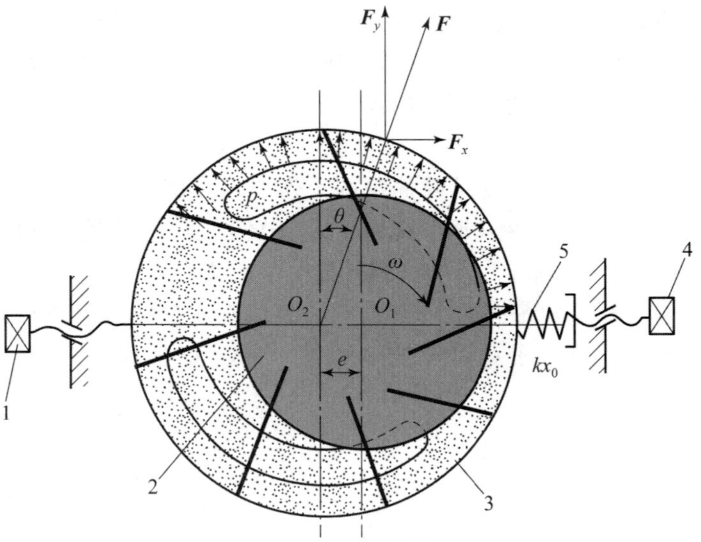

1、4—调节螺钉；2—转子；3—定子；5—限压弹簧

图 4-19　内反馈限压式变量叶片泵的工作原理

3. 限压式变量叶片泵的特点

限压式变量叶片泵的特点如下：

(1)流量可以最佳地和自动地适应负载的实际需要，有利于系统节省能量；

(2)可降低系统的工作温度，延长液压油液和密封圈的使用寿命；

(3)系统中可以使用较小的油箱，可不用溢流阀或单向阀，简化液压传动系统。

限压式变量叶片泵常用于执行机构需要有快、慢速要求的液压传动系统。

二、双作用叶片泵

(一)双作用叶片泵的工作原理

图 4-20 所示为双作用叶片泵的工作原理。定子的两端装有配油盘，定子 1 的内表面曲线由两段大半径圆弧、两段小半径圆弧以及四段过渡曲线组成。定子 1 和转子 2 的中心重合。在转子 2 上沿圆周均布开有若干条(一般为 12 或 16 条)与径向成一定角度(一般为 13°)的叶片槽，槽内装有可自由滑动的叶片 3。在配油盘(图 4-21)上，对应于定子四段过渡曲线的位置开有四个腰形配油窗口，其中两个与泵的吸油口连通的是吸油窗口，另外两个与泵的压油口连

通的是压油窗口。当转子 2 在传动轴的带动下转动时，叶片在离心力和底部液压力(叶片槽底部与压油腔相通)的作用下压向定子 1 的内表面，在叶片、转子、定子与配油盘之间构成互相隔离的密封空间。当叶片从小半径曲线段向大半径曲线段滑动时，叶片外伸，这些叶片构成的密封空间由小变大，形成部分真空，油液便经吸油窗口吸入；与此同时，从大半径曲线段向小半径曲线段滑动的叶片缩回，所构成的密封空间由大变小，其中的油液受到挤压，经压油窗口压出。这种叶片泵每转一周，每个密封空间完成两次吸、压油过程，因此这种泵被称为双作用叶片泵。同时，泵中两个吸油区和两个压油区各自对称，使作用在转子上的径向液压力互相平衡，所以这种泵又被称为平衡式叶片泵或双作用卸荷式叶片泵。

(二)双作用叶片泵的排量和流量脉动

由双作用叶片泵的工作原理可知，叶片泵每转一周，每两片叶片间油液的排出量等于大半径圆弧段的容积与小半径圆弧段的容积之差的 2 倍。这种泵的排量不可调，因此它是定量泵。

如果不考虑叶片厚度，理论上双作用叶片泵无流量脉动。这是因为在压油区，位于压油窗口的叶片不会造成前后两个工作空间之间的隔绝不通(图 4-20)。此时，这两个相邻的空间已经连成一体，形成了一个组合的密封空间。随着转子的匀速转动，位于大、小半径圆弧处的叶片均在圆弧上滑动，因此组合密封空间的容积变化率是均匀的。实际上，由于存在制造工艺误差，两圆弧有不圆度，也不可能完全同心。

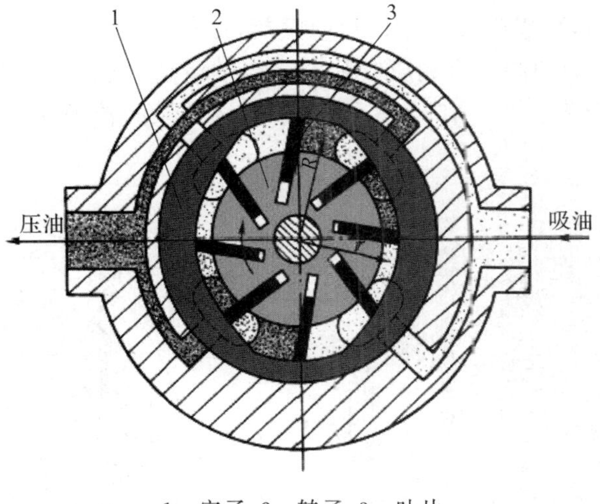

1—定子；2—转子；3—叶片

图 4-20 双作用叶片泵的工作原理

另外，叶片有一定的厚度，根部又连通压油腔，当吸油区的叶片不断伸出时，根部空出的空间要由压力油来补充，从而减少了输出流量，造成了少量流量脉动。脉动率在叶片数为 4 的整数倍且大于 8 时最小，因此双作用叶片泵的叶片数通常取 12 或 16。

(三)双作用叶片泵的结构特点

1. 定子过渡曲线

定子内表面的曲线由四段圆弧和四段过渡曲线组成(图 4-20)。理想的过渡曲线不仅应使叶片在槽中滑动时的径向速度和加速度变化均匀，而且应使叶片转到过渡曲线和圆弧交接点处的加速度的突变不大，以降低冲击和噪声。目前，双作用叶片泵一般都使用综合性能较好的等加速、等减速曲线或高次曲线作为过渡曲线。

2. 配油盘

双作用叶片泵的配油盘如图 4-21 所示，在配油盘上有两个吸油窗口 2、4 和两个压油窗口 1、3，窗口之间为封油区。通常应使封油区对应的中心角 α 稍大于或等于两个叶片之间的夹角 β，否则会使吸油腔和压油腔连通，造成泄漏。当两个叶片间的密封油液从吸油区过渡到封油区（长半径圆弧处）时，其压力基本上与吸油压力相同。但当转子继续旋转一个微小角度时，该密封腔突然与压油腔相通，使其中油液的压力突然升高，油液的体积突然收缩，压油腔中的油液倒流进该腔，使液压泵的瞬时流量突然减小，引起液压泵的流量脉动、压力脉动和噪声。因此，在配油盘的压油窗口靠近叶片从封油区进入压油区的一边开有一个截面形状为三角形的槽，使两片叶片之间的封闭油液逐渐与压力油相通，使其压力逐渐上升，因而减小了流量和压力脉动并降低了噪声，还能消除困油现象。槽 c 与压油腔及转子叶片槽底部相通，使叶片的底部作用有压力油。在维修中要特别注意，不得改变三角槽的尺寸，不能磕碰或用砂纸、油石磨三角槽，以免使泵的性能受到损害。

3. 叶片倾角

如图 4-22 所示，当叶片在压油区工作时，它们均受定子内表面推力的作用不断缩回槽内。当叶片在转子槽内径向安放时，定子表面对叶片作用力的方向与叶片沿槽滑动的方向所构成的压力角 β 较大，因而叶片在槽内所受到的摩擦力也较大，使叶片滑动困难，甚至被卡住或折断。为了解决这一矛盾，可以将叶片不作径向安放，而是顺转向前倾斜一个角度 θ，这时的压力角就是 $\beta'=\beta-\theta$。压力角减小有利于叶片在槽内的滑动，所以双作用叶片泵转子的叶片槽常被做成向前倾斜一个角度 θ。当叶片前倾安放时，叶片泵的转子就不允许反转。

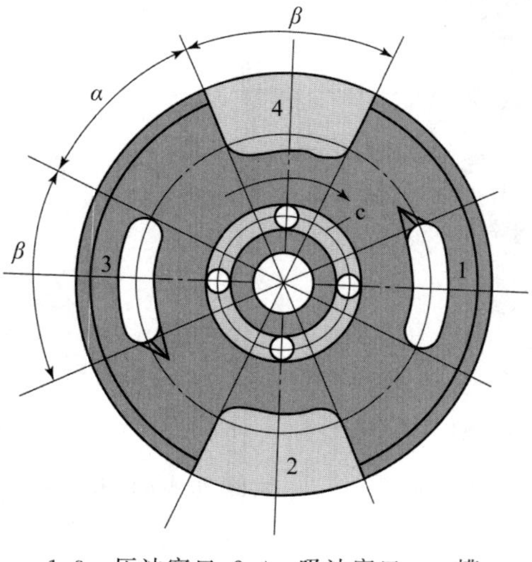

1、3—压油窗口；2、4—吸油窗口；c—槽

图 4-21　双作用叶片泵的配油盘

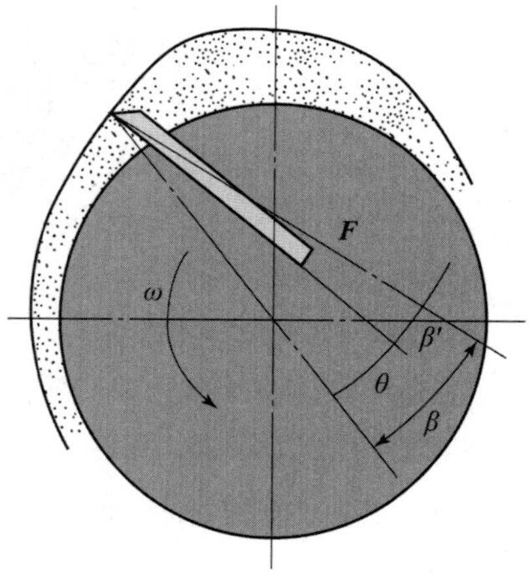

图 4-22　双作用叶片泵的叶片倾角

上述的叶片安放形式不是绝对的。实践表明，通过配油孔道以后的压力油被引入到叶片根部后，其压力值小于叶片顶部所受的压油腔的压力值。因此，在压油区推压叶片缩回的力，除了定子内表面的推力之外，还有液压力（由顶部压力与根部压力之差引起）。所以，上述压力角过大使叶片难以缩回的推理就不确切。目前，有些叶片泵的叶片作径向安放仍能正常工作就是一个证明。

4. 端面间隙的自动补偿

叶片泵同样存在泄漏的问题，特别是端面的泄漏。为了减少端面泄漏，采取的间隙自动补偿措施是浮动配油盘，即将配油盘的外侧与压油腔连通，使配油盘在液压力的作用下压向定子。泵的工作压力越高，配油盘就会越贴紧定子。同时，配油盘在液压力的作用下发生变形，也会对转子端面间隙进行自动补偿。

5. 提高工作压力的主要措施

双作用叶片泵转子所承受的径向力是平衡的，因此工作压力的提高不会受到这方面的限制。同时，在采用浮动配油盘对端面间隙进行补偿后，泵在高压下工作也能保持较高的容积效率。双作用叶片泵工作压力的提高，主要受到叶片与定子内表面之间磨损的限制。

前面已经提到，为了保证叶片顶部与定子内表面紧密接触，所有叶片的根部都是与压油腔相通的。当叶片处于吸油区时，其根部受压油腔油液的压力作用，顶部却作用了吸油腔油液的压力，这一压力差使叶片以很大的力压向定子内表面，加剧了定子内表面和叶片之间的磨损。当泵的工作压力提高时，这个问题就更突出，所以必须在结构上采取措施，使吸油区叶片压向定子的作用力减小。可以采取的措施有多种，下面介绍在高压叶片泵中常用的双叶片结构和子母叶片结构。

(1)双叶片结构：如图 4-23 所示，在转子 2 的每个槽内装有两片叶片 1，叶片的顶端和两个侧面的倒角构成 V 形通道，使根部压力油经过通道进入顶部。这时，叶片顶部和根部的压力相等，但承压面积并不相等，从而使叶片 1 压向定子 3 的作用力不致过大。

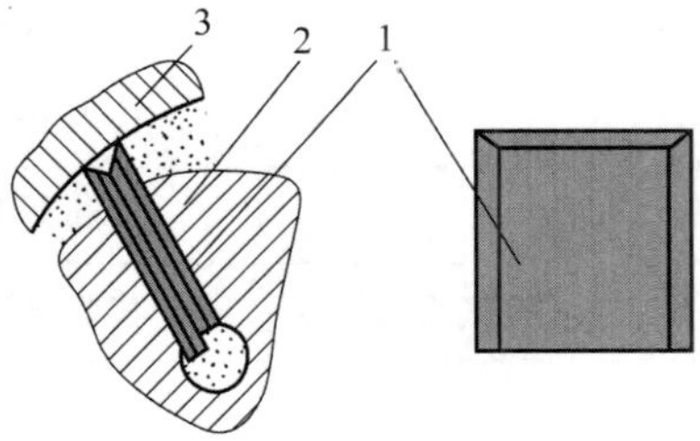

1—叶片；2—转子；3—定子

图 4-23 双叶片结构

(2)子母叶片结构：子母叶片又称复合叶片，如图 4-24 所示。母叶片 1 根部的 L 腔经转子 2 上的油孔始终和顶部油腔相通，而子叶片 4 和母叶片 1 之间的小腔 C 总是通过配油盘经 K 槽接通压力油。当叶片在吸油区工作时，推动母叶片 1 压向定子 3 的力仅为小腔 C 的油压力，此力不大，但能使叶片与定子接触良好，保证密封。

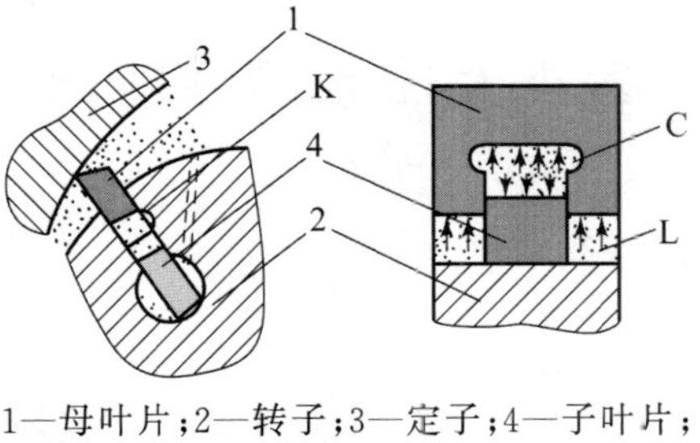

1—母叶片；2—转子；3—定子；4—子叶片；

C—子、母叶片之间的小腔；K—槽；L—母叶片根部腔

图 4-24 子母叶片结构

三、叶片泵的常见故障及其排除方法

叶片泵出现的故障和造成故障的原因是多种多样的。叶片泵常见故障的产生原因和排除方法见表 4-5。

表 4-5　叶片泵常见故障的产生原因和排除方法

故障现象	产生原因	排除方法
油泵不出油	油泵的旋转方向不对	纠正旋转方向
	转速太低，吸力不足	提高转速至泵的最低转速以上
	油液黏度过高，使叶片滑动不灵活	按规定选用液压油
	油箱内的油面过低	加油至油标高度
	吸油管道堵塞或漏气	排除吸油管道堵塞，排除漏气
输出流量不足	吸油不充分	检查并清理吸油管道
	转速未达到额定转速	提高转速至额定转速
	变量泵流量调节不当	重新调节至所需流量
压力不足	定子曲面拉毛，与叶片接触不良	修理或更换定子
	油泵轴向间隙过大	修理或更换有关零件
	吸油不充分	检查并清理吸油管道
	变量泵压力调节不当	重新调节至所需压力
噪声过大	吸油管密封不严，混入空气	拧紧吸油管接头
	油泵的转速过高	选用推荐的转速范围
	定子曲面拉毛	修理或更换定子
	叶片表面拉毛或卡死在槽内	轻微研磨叶片，去掉毛刺
过度发热	工作压力太高	降至额定值以下
	油液黏度太低，内泄漏量过大	选用推荐的液压油

任务五　各类液压泵的性能比较及选用

一、各类液压泵的性能比较

液压泵是向液压系统提供一定流量和压力油液的动力元件，它是每个液压系统不可缺少的核心元件。合理地选择液压泵，对于降低液压系统的能耗、提高液压系统的效率、降低噪声、改善工作性能和保证液压系统可靠地工作十分重要。选择液压泵的原则是先根据主机工况、功率大小和系统对工作性能的要求确定液压泵的类型，然后按系统所要求的压力、流量大小确定液压泵的规格型号。表4-6列出了液压系统中常用液压泵的主要性能指标及其应用范围，供选用时参考。

表4-6 常用液压泵的主要性能指标及其应用范围

项目	齿轮泵	双作用叶片泵	单作用叶片泵	轴向柱塞泵	径向柱塞泵
压力/MPa	＜20.0	6.3～20.0	≤7.0	20.0～35.0	10.0～20.0
容积效率	0.70～0.95	0.80～0.95	0.80～0.90	0.90～0.98	0.85～0.95
总效率	0.60～0.85	0.75～0.85	0.70～0.85	0.85～0.95	0.75～0.92
流量调节	不能	不能	能	能	能
流量脉动率	大	小	中等	中等	中等
自吸特性	好	较差	较差	较差	差
对油污染的敏感性	不敏感	敏感	敏感	敏感	敏感
噪声	大	小	较大	大	大
单位功率造价	低	中等	较高	高	高
应用范围	机床、工程机械、农业机械、航空机械、船舶机械、一般机械等	机床、注塑机、液压机、工程机械、飞机等	机床、注塑机等	工程机械、锻压机械、起重运输机械、矿山机械、冶金机械等	机床、液压机、船舶机械等

二、液压泵的选用

(一)确定泵的输出流量

泵的流量应满足执行元件最高速度的要求，所以泵的输出流量 q 应根据系统所需的最大流量和泄漏量来确定，即

$$q \geqslant K q_{max} \tag{4-11}$$

式中，q—泵的输出流量；

K—系统的泄漏系数，一般取1.1～1.3；

q_{max}—执行元件实际需要的最大流量。

求出泵的输出流量后，按产品样本选取额定流量等于或稍大于输出流量计算值的泵。值得注意的是，选用的泵的额定流量不要比实际工作流量大太多，以避免泵的溢流过多，造成较大的功率损失。

(二)确定泵的工作压力

泵的工作压力应根据液压缸的最高工作压力来确定，即

$$p \geqslant K p_{max} \tag{4-12}$$

式中，p—泵的工作压力；

K—系数,考虑液压泵至执行元件管路中的压力损失,取 1.3～1.5;

p_{max}—执行元件的最高工作压力。

在液压泵的产品样本中,标明了泵的额定压力和最高压力值。算出 p 值后,应按额定压力来选择泵,应使被选用泵的额定压力等于或大于计算值。在使用中,只有短暂超载场合或产品说明书中有特别说明的范围,才允许按最高压力选取液压泵。

(三)选择液压泵的具体结构

当液压泵的输出流量 q 和工作压力 p 确定后,就可以选择泵的具体结构了。将已确定的 q 和 p 值与要选择的液压泵铭牌上的额定流量和额定压力进行比较,使铭牌上的数值等于或稍大于 q 和 p 值即可(注意不要大太多)。一般情况下,当额定压力为 2.5 MPa 时,应选用齿轮泵;当额定压力为 6.3 MPa 时,应选用叶片泵;当工作压力更高时,应选择柱塞泵;当机床的负载较大,并有快速和慢速工作行程时,可选用限压式变量叶片泵或双联叶片泵;当应用于机床辅助装置,如送料和夹紧装置等不重要的场合时,可选用价格低廉的齿轮泵。

(四)确定液压泵的转速

当液压泵的类型和规格确定后,液压泵的转速应按产品样本中所规定的转速进行选用。

训练　拆装液压泵

一、训练目的

(1)熟悉常用液压泵的结构,进一步掌握其工作原理;

(2)学会使用各种工具正确拆装常用的液压泵,培养实际动手能力;

(3)初步掌握液压泵的安装技术要求和使用条件;

(4)在拆装的同时,分析和了解常用液压泵易出现的故障及其排除方法。

二、训练设备和工具

(1)设备:CB-B 型或中高压齿轮泵、叶片泵、手动变量轴向柱塞泵。

(2)工具:内六角扳手、耐油橡胶板、油盆及钳工常用的工具。

三、训练内容与注意事项

(一)CB-B 型外啮合式齿轮泵的拆装

1. 拆卸顺序

拆掉前泵盖上的螺钉和定位销,使泵体与后泵盖、前泵盖相分离;拆下主动轴及主动齿轮、从动轴及从动齿轮等。在拆卸过程中,注意观察主要零件的结构及其相互配合关系,分析其工作原理。

2. 主要零件的结构及其作用

观察泵体两端面上泄油槽的形状和位置,并分析其作用;观察前、后泵盖上两个矩形卸荷槽的形状和位置,并分析其作用;观察进、出油口的位置和尺寸。

3. 装配要领

装配前清洗各零件，将轴与泵盖之间、齿轮与泵体之间的配合表面涂上润滑油，然后按拆卸时的反向顺序进行装配。

装泵盖与泵壳的紧固螺钉；注意按对角线顺序均匀地拧紧螺钉，边拧螺钉边用手旋转主动齿轮，应无卡滞和过紧的感觉；上紧所有螺钉后，用手均匀地转动螺钉，应无过紧的感觉。

（二）叶片泵的拆装

进行叶片泵的拆装时，应对照叶片泵的装配图或使用说明书。

1. 拆卸

（1）松开前、后盖的连接螺钉，取下各螺钉及泵盖。

（2）从泵体内取出泵的传动轴及轴承，卸下传动键。

（3）取出用螺钉（或销钉）连接的泵芯（由左、右配油盘，定子和转子等组成的部件），将此部件解体后，妥善放置好各零件。有的左、右配油盘，定子和转子没有被组装在一起，可直接取出。

2. 检查

（1）把拆下的零件用煤油或轻柴油清洗干净。

（2）检查各密封圈和轴端骨架油封，已损坏或变形严重者必须进行更换。

（3）检查定子：叶片泵的定子在吸油腔这一段的内表面易磨损，当内表面磨损或拉伤不严重时，可用细砂布或磨石打磨后继续使用。

（4）检查转子：转子的损坏形式主要是两端面磨损拉毛、叶片槽磨损变宽等，若只是两端面轻度磨损，抛光后可继续使用。

（5）检查叶片：叶片的损坏形式主要是叶片顶部-定子内表面接触处以及端面与配油盘平面相对滑动处的磨损或拉伤，当拉伤不严重时，可稍加抛光后继续使用。

（6）检查配油盘：如果配油盘磨损或拉伤的深度不大（小于 0.5 mm），可用平面磨床磨去伤痕，经抛光后再使用。但修磨后卸荷三角槽会变短，可用三角锉将其适当修长，否则对消除困油现象不利。

3. 装配

（1）清除零件上的毛刺，用煤油或轻柴油将全部零件清洗干净。

（2）将叶片涂上液压油装入转子叶片槽中。应注意叶片的方向，有倒角的尖端指向转子叶片槽的倾斜方向。叶片装配在转子槽内时应移动灵活。手松开后，由于油的张力，叶片一般掉不下来，否则就说明配合过松。定量泵的配合间隙为 0.020～0.025 mm，变量泵的配合间隙为 0.025～0.040 mm。

（3）把带叶片的转子与定子及左、右配油盘用销钉或螺钉组装成泵芯部件。注意：定子和转子与配油盘之间的轴向间隙应保证在 0.045～0.055 mm，以防止内泄漏量过大；叶片的宽度应比转子的宽度小 0.01～0.05 mm；叶片与转子在定子中应保持正确的装配方向，不得装反。

（4）把泵轴及轴承装入泵体中。

（5）把各 O 形圈装入相应的密封沟槽中。

（6）把泵芯组件穿入泵轴中，与泵体合装。此时，要特别注意泵轴的转动方向和叶片的倾角方向之间的关系（双作用叶片泵的叶片倾角指向转动方向，单作用叶片泵的叶片倾角背向转动方向）。

（三）柱塞泵的拆装

进行柱塞泵的拆装时，应对照柱塞泵装配图或使用说明书。

1. 拆卸

（1）松开柱塞泵中间泵体与变量机构壳体的连接螺钉，卸下变量机构，并进行妥善放置和防尘。

（2）取下柱塞与滑履组件。如果发现柱塞卡死在缸体中，且已研伤缸体，则应报废此泵，更换新泵。

（3）从传动轴中取出钢珠、内套、外套、弹簧等零件。

（4）取出缸体及其外镶缸套，二者为过盈配合，不分解。

（5）取出配油盘，卸下传动键（有的是花键，不用卸）。

（6）卸掉法兰盘螺钉及法兰盘和密封件。

（7）卸下传动轴及滚珠轴承组件。

（8）松开中间泵体和前泵体的连接螺钉，将中间泵体和前泵体分解（但泵体上配油盘的定位销不能取下），卸下滚柱轴承。

（9）拆卸变量机构：卸下斜盘和轴销，松开锁紧螺母，拆下上法兰，取出丝杠和变量活塞。

2. 检查

检查前先清洗拆下的零件。

（1）柱塞滑履组件：检查柱塞与滑履球面是否脱落或滑履球窝是否被拉长而“松履”。检查滑履端面是否磨损，若轻微磨损，只需进行抛光处理即可。检查柱塞表面是否有拉伤或划痕，若轻度拉伤或有轻微的摩擦划痕，用极细的磨石磨去伤痕即可，但重度拉伤一般难于修复，且修复价格昂贵，不如更换新泵划算。

（2）配油盘：检查配油盘是否磨损、拉毛、烧盘。对于轻度磨损、拉毛的配油盘，可将配油盘放在零级精度的平板上，用手工研磨加以修复。

（3）缸体：缸体易磨损的部位是与柱塞配合的柱塞孔内圆柱面和与配油盘接触的端面。对于轻度磨损，研磨便可。

（4）变量机构：斜盘若有磨损，其修理方法与配油盘相同。变量活塞一般不磨损，如有磨痕，修磨即可。

3. 装配

装配前将全部零件清洗干净。

（1）将中间泵体和前泵体间的密封圈装入相应的沟槽中，用连接螺钉合装中间泵体和前泵体；将滚柱轴承装入中间泵体中。

（2）将传动轴及滚珠轴承组件装入前泵体中，将轴封装入法兰盘沟槽中，将法兰盘与前泵体合装并用螺钉坚固。

（3）将配油盘装入泵体中，端面贴紧，用定位销定位（注意：定位销不要装错）；将缸体装入泵体中（注意：缸体与配油盘端面贴紧）。

（4）将中心弹簧、内套、外套等组合后装入传动轴的内孔中；将滑履柱塞组件装入回程盘中；将滑履、柱塞和回程盘组件装入缸体孔中，装上传动键。

（5）将变量活塞装入变量机构壳体中，将轴销装入变量活塞中，将斜盘装入轴销中。

（6）将变量机构壳体与中间泵体间的密封圈装入密封沟槽中，合装变量机构与泵的主体部分(斜盘要与各滑履平面贴合),均匀拧紧各连接螺钉。但在装配中要特别注意:谨防中心弹簧的钢珠脱落入泵内。装配时,可先将钢珠涂上清洁黄油,使钢珠粘在弹簧内套或回程盘上,再进行装配。否则,落入泵内的钢珠会在泵运转时打坏泵内的零件,使泵无法再修复。

(四)技能训练要求

了解铭牌上主要参数的含义;熟悉各主要零件的名称和作用;找出密封工作腔,并分析吸油和压油过程;观察泵的安装定位方式及泵与原动机的连接形式。

(五)注意事项

(1)在拆装齿轮泵时,注意随时随地保持清洁,防止灰尘和污物落入泵中;

(2)拆装清洗时,禁用破布、棉纱擦洗零件,以免脱落的棉纱头混入液压系统中,应当使用毛刷或绸布;

(3)不允许用汽油清洗、浸泡橡胶密封件;

(4)如果液压泵为精密机件,拆装过程中所有零件应轻拿轻放,切勿敲打撞击。

四、讨论

(1)为什么缩小压油口可减小齿轮泵的径向不平衡力?

(2)齿轮泵进、出油口的孔径为何不相等?

(3)若进、出油口反接,会发生什么变化?

思考练习题

一、填空题

1. 液压泵将机械能转变为液压油的__________。
2. 液压传动系统中的功率等于__________。
3. 拖动液压泵工作的电动机功率应比液压泵输出的功率__________。
4. 液压泵是液压系统的__________元件,它是能量转换装置。
5. 单作用叶片泵可做成变量泵,双作用叶片泵只能做成__________。
6. 单作用叶片泵叶片的安装是顺着转动方向向__________倾斜一定的角度。
7. 双作用叶片泵定子的内表面形状是__________。
8. 齿轮泵的齿数越少,流量脉动率就__________。
9. 消除齿轮泵困油现象的措施是__________。
10. 轴向柱塞泵变量机构的作用是__________。

二、判断题

1. 齿轮泵的流量脉动比叶片泵的小,所以一般机械中多用齿轮泵。 ( )
2. 改变叶片泵偏心距的方向,就可以改变进、出油口的方向。 ( )
3. 齿轮泵多用于高压系统,柱塞泵多用于低压系统。 ( )
4. 液压泵的输出压力越大,泄漏量越大,则其容积效率也越大。 ( )
5. 由于存在摩擦损失,液压泵的理论转矩小于实际转矩。 ( )
6. 液压泵的实际流量等于泵的排量与其转速的乘积。 ( )

7. 液压泵的工作压力取决于液压泵的输出流量。 ( )

8. 双作用叶片泵叶片的安装是沿着转动方向向后倾斜一定的角度。 ( )

9. 当单作用叶片泵的转子与定子的偏心距为零时，泵输出的流量为零。 ( )

10. 为了减少脉动，径向柱塞泵的柱塞数应为偶数。 ( )

三、问答题

1. 液压泵的工作压力取决于什么？液压泵的工作压力和额定压力有什么区别？

2. 如何计算液压泵的输出功率和输入功率？液压泵在工作过程中会产生哪两方面的能量损失？产生这些损失的原因是什么？

3. 试说明齿轮泵的困油现象及其解决办法。

4. 试说明叶片泵的工作原理，并比较说明双作用叶片泵和单作用叶片泵有何异同点。

5. 齿轮泵压力的提高主要受哪些因素的影响？可以采取哪些措施来提高齿轮泵的工作压力？

6. 液压泵完成吸油和压油过程必须具备什么条件？

7. 在各类液压泵中，哪些能实现单向变量或双向变量？画出定量泵和变量泵的图形符号。

8. 齿轮泵的径向力不平衡会带来什么后果？消除径向力不平衡的措施有哪些？

四、计算题

1. 液压泵的额定流量为 100 L/min，额定压力为 2.5 MPa，当转速为 1 450 r/min 时，机械效率为 $\eta_m=0.9$。由实验测得，当液压泵的出口压力为零时，流量为 107 L/min，试求：

(1)液压泵的容积效率 η_V 是多少？

(2)如果液压泵的转速下降到 500 r/min，当在额定压力下工作时，估算液压泵的流量。

(3)计算在上述两种转速下液压泵的驱动功率。

2. 某液压泵的输出油压 $p=10$ MPa，转速 $n=1\ 450$ r/min，排量 $V=200$ mL/r，容积效率 $\eta_V=0.95$，总效率 $\eta=0.9$，求泵的输出功率和电动机的驱动功率。

项目五　液压缸与液压马达检修

液压缸和液压马达总称液压系统的执行元件，其作用是将液压泵供给的液压能转变为机械能进行输出，驱动工作机构做功。二者的不同在于：液压缸实现往复直线运动或往复摆动，输出机械能的形式是力和速度；液压马达实现旋转运动，输出机械能的形式是扭矩和转速。

任务一　液　压　缸

液压缸的种类繁多，按不同的分类方法，主要有以下类型：

(1)按结构特点，液压缸可分为活塞式、柱塞式和摆动式三大类。

(2)按作用方式，液压缸可分为单作用式和双作用式两种。单作用式液压缸的压力油只能使活塞(或柱塞)做单方向运动，即压力油只通向液压缸的一腔，而反方向运动则必须依靠外力(如弹簧力或自重等)来实现；双作用式液压缸在两个方向上的运动都由压力油推动来实现。

一、活塞式液压缸

活塞式液压缸(简称活塞缸)可分为双杆式和单杆式两种结构形式。

(一)双杆式活塞缸

双杆式活塞缸按固定方式分为缸筒固定式和活塞杆固定式两种，如图 5-1 所示。液压缸的两端都有活塞杆伸出，而且两端的活塞杆直径通常相等，因此它左右两腔活塞的有效面积也相等。如果供油压力和流量不变，那么活塞(或缸筒)往返运动时在两个方向上的运动速度 v 和推力 $\boldsymbol{F}$ 都相等，即

$$v=\frac{q}{A}=\frac{4q}{\pi(D^2-d^2)} \tag{5-1}$$

$$\boldsymbol{F}=A(p_1-p_2)=\frac{\pi}{4}(D^2-d^2)(p_1-p_2) \tag{5-2}$$

式中，v—活塞的运动速度；

q—进入液压缸的流量；

$\boldsymbol{F}$—活塞(或缸筒)上输出的推力；

p_1、p_2—液压缸进油、回油压力；

D、d—活塞、活塞杆的直径；

A—活塞的有效作用面积。

图 5-1(a)所示为缸筒固定式结构。例如，在机床的液压系统中，缸筒固定在机床床身上，其两端设有进、出油口，活塞杆则与机床工作台相连，动力由活塞杆传出。在这种安装形式中，工作台的移动范围约等于活塞有效行程的 3 倍。这种安装形式的占地面积较大，一般用于中小型设备。

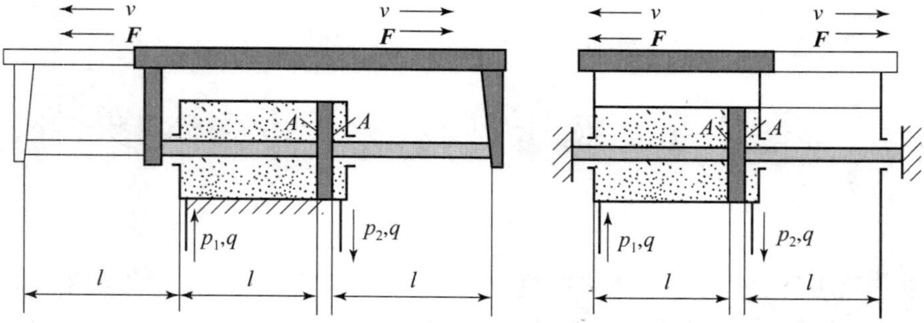

(a) 缸筒固定式结构　　(b) 活塞杆固定式结构

图 5-1　双杆式活塞缸的工作原理

图 5-1(b)所示为活塞杆固定式结构。例如，在机床的液压系统中，缸筒与机床工作台相连，活塞杆固定在机床床身的两个支架上，进、出油口可以做在活塞杆的两端(油液从空心的活塞杆中进出)，也可以做在缸筒两端(使用软管连接)，这时液压缸的动力由缸筒传出。在这种安装形式中，工作台的移动范围约等于缸筒有效行程的 2 倍。这种安装形式的占地面积小，常用于行程长的大中型设备。

(二)单杆式活塞缸

如图 5-2 所示，单杆式活塞缸只在活塞的一端带有活塞杆，左右两腔的有效工作面积不相等。因此，这种活塞缸左右两个方向的推力和速度也不相等。

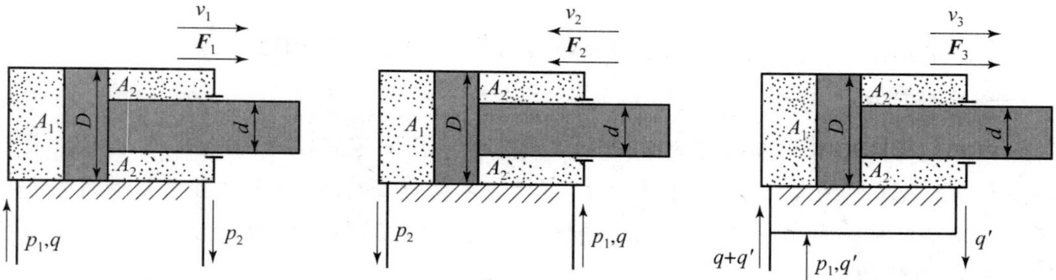

(a) 液压缸无杆腔进油　　(b) 液压缸有杆腔进油　　(c) 差动连接

图 5-2　单杆式活塞缸

当无杆腔进油时，如图 5-2(a)所示，活塞的运动速度 v_1 和推力 $\boldsymbol{F}_1$ 分别为

$$v_1=\frac{q}{A_1}=\frac{4q}{\pi D^2} \tag{5-3}$$

$$\boldsymbol{F}_1=(p_1A_1-p_2A_2)=\frac{\pi}{4}D^2p_1-\frac{\pi}{4}(D^2-d^2)p_2=\frac{\pi}{4}D^2(p_1-p_2)+\frac{\pi}{4}d^2p_2 \tag{5-4}$$

当有杆腔进油时，如图 5-2(b)所示，活塞的运动速度 v_2 和推力 $\boldsymbol{F}_2$ 分别为

$$v_2=\frac{q}{A_2}=\frac{4q}{\pi(D^2-d^2)} \tag{5-5}$$

$$\boldsymbol{F}_2=p_1A_2-p_2A_1=\frac{\pi}{4}(D^2-d^2)p_1-\frac{\pi}{4}D^2p_2=\frac{\pi}{4}D^2(p_1-p_2)-\frac{\pi}{4}d^2p_1 \tag{5-6}$$

式中，A_1—无杆腔活塞的有效工作面积；

A_2—有杆腔活塞的有效工作面积；

其他符号意义同前。

比较上述各式可知：$v_1 < v_2$，$\boldsymbol{F}_1 > \boldsymbol{F}_2$。

当单杆式活塞缸的两腔同时通入压力油时，如图 5-2(c)所示，无杆腔的工作面积大于有杆腔的工作面积，使得活塞向右的推力大于向左的推力，因此活塞杆做伸出运动，并将有杆腔的油液挤出，使其流进无杆腔中，加快了活塞杆的伸出速度。液压缸的这种连接方式称为差动连接。

采用差动连接时，有杆腔排出的流量($q=v_3A_2$)全部进入无杆腔中，则有 $v_3A_1=q+v_3A_2$，故活塞杆的伸出速度 v_3 为

$$v_3=\frac{q}{A_1-A_2}=\frac{4q}{\pi d^2} \tag{5-7}$$

要使差动连接液压缸往复运动的速度相等，即 $v_3=v_2$，则由式(5-5)和式(5-7)得 $D=\sqrt{2}d$。

差动连接在忽略两腔连通油路压力损失的情况下，$p_2 \approx p_1$，活塞的推力 $\boldsymbol{F}_3$ 为

$$\boldsymbol{F}_3=p_1A_1-p_2A_2=\frac{\pi}{4}D^2p_1-\frac{\pi}{4}(D^2-d^2)p_1=\frac{\pi}{4}d^2p_1 \tag{5-8}$$

比较式(5-3)和式(5-7)可知，$v_3>v_1$；比较式(5-4)和式(5-8)可知，$\boldsymbol{F}_3<\boldsymbol{F}_1$。这说明，在输入流量和油液压力不变的条件下，与非差动连接无杆腔进油工况相比，活塞杆伸出的速度较大而推力较小。在实际应用中，液压传动系统常通过控制阀来改变单杆式活塞缸的油路连接，使它有不同的工作方式，从而获得快进(差动连接)→工进(无杆腔进油)→快退(有杆腔进油)的工作循环。差动连接是在不增加液压泵容量和功率的条件下，实现快速运动的有效办法。

单杆式活塞缸也有缸筒固定式和活塞杆固定式两种形式，其移动范围是相同的，都为活塞杆最大行程的 2 倍。

图 5-3 所示为双作用单活塞杆液压缸的结构，它主要由缸底 1、缸筒 6、活塞 4、活塞杆 7、缸盖 10 和导向套 8 等组成。缸筒一端与缸底焊接，另一端与缸盖通过螺纹连接，活塞与活塞杆通过卡键 2 连接。为了保证液压缸密封可靠，在相应部位设置了密封圈 3、5、9、11 和防尘圈 12。

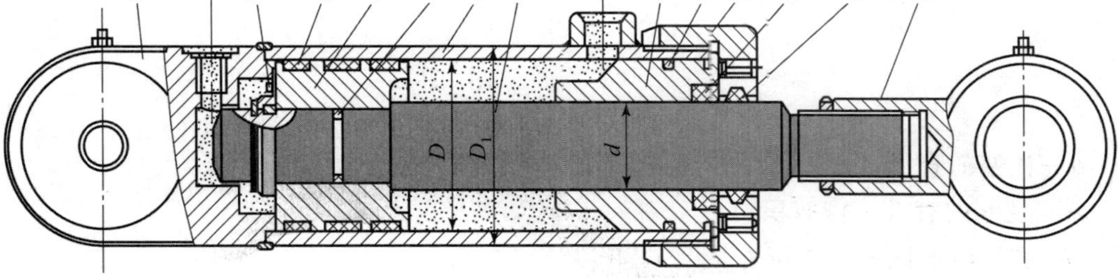

1—缸底；2—卡键；3、5、9、11—密封圈；4—活塞；
6—缸筒；7—活塞杆；8—导向套；10—缸盖；12—防尘圈；13—耳轴

图 5-3　双作用单活塞杆液压缸的结构

二、柱塞式液压缸

柱塞式液压缸简称柱塞缸。图 5-4(a)所示为柱塞缸结构简图。当压力油进入缸筒时，推动柱塞并带动运动部件向右运动。柱塞缸的缸筒与柱塞之间没有配合要求，缸筒内孔不需要

精加工，仅柱塞与缸盖导向孔间有配合要求，这就大大简化了缸筒的加工工艺。因此，柱塞缸特别适用于行程很长的场合，如导轨磨床、龙门刨床和液压机等设备的液压系统。

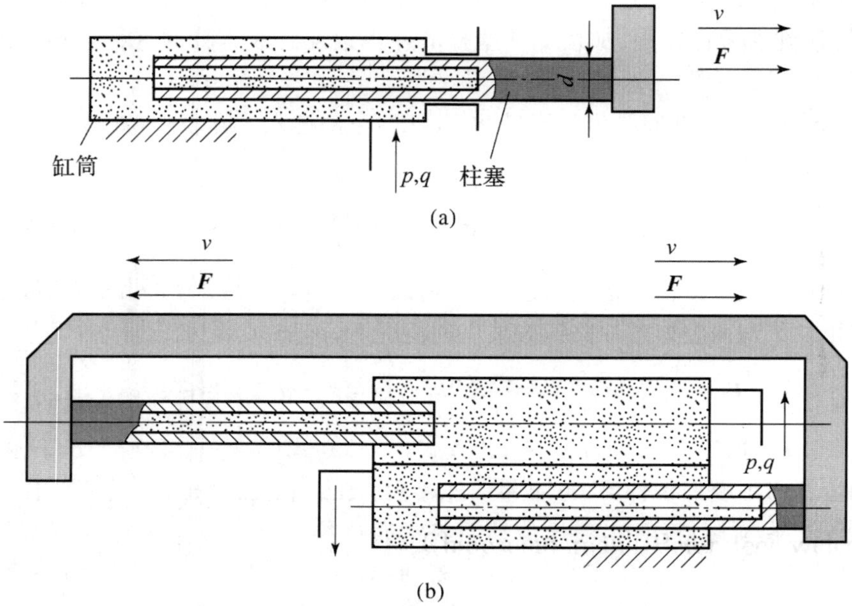

图 5-4　柱塞式液压缸

柱塞缸是单作用缸，只能做单向运动，其回程必须靠其他外力，如弹簧力或自重驱动。在大行程设备中，为了得到双向运动，柱塞缸常如图 5-4(b)所示成对使用。柱塞端面是受压面，其面积大小决定了柱塞缸的输出速度和推力。为保证柱塞缸有足够的推力和稳定性，一般柱塞较粗、质量较大，水平安装时易产生单边磨损，因此柱塞缸适宜垂直安装使用。水平安装使用柱塞缸时，为减轻柱塞的质量，有时将柱塞制成空心柱塞。为防止柱塞由于自重下垂，通常要设置柱塞支承套和托架。

柱塞缸的推力和运动速度的计算公式为

$$\boldsymbol{F}=pA=\frac{\pi}{4}d^2 p \tag{5-9}$$

$$v=\frac{q}{A}=\frac{4q}{\pi d^2} \tag{5-10}$$

式中，d—柱塞的直径；

A—柱塞的有效工作面积；

p—缸筒内油液的工作压力。

三、摆动式液压缸

摆动式液压缸(简称摆动缸)输出转矩并实现往复摆动，有单叶片式和双叶片式两种形式。图 5-5(a)所示为单叶片式摆动缸，定子块固定在缸筒上，叶片和摆动轴连接在一起。当压力油从左下方油口进入缸筒时，叶片和叶片轴在压力油的作用下，作逆时针方向转动，转动角度小于 280°，回油从缸筒左上方的油口流出。

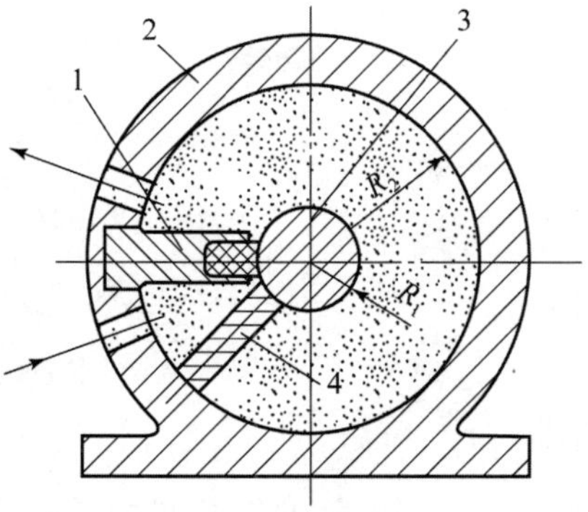

(a) 单叶片式摆动缸

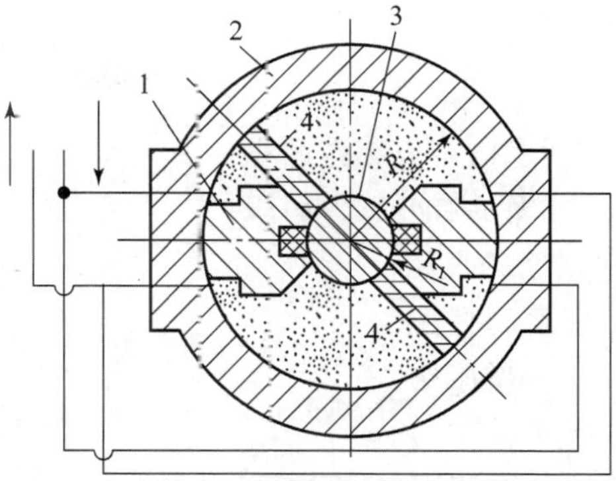

(b) 双叶片式摆动缸

1—定子块；2—缸筒；3—摆动轴；4—叶片

图 5-5　摆动式液压缸

图 5-5(b)所示为双叶片式摆动缸。图 5-5(b)中缸筒的左上方和右下方两个油口同时通入压力油，两个叶片在压力油的作用下使叶片轴作顺时针方向转动，其转动角度小于 150°，回油从缸筒右上方和左下方的两个油口流出。与单叶片式摆动缸相比，双叶片式摆动缸的转动角度小，但在同样大小的结构尺寸下，其转矩增大 1 倍，且具有径向压力平衡的优点。

摆动缸结构紧凑，输出转矩大，但由于其密封性较差，一般只用于中低压系统中进行往复摆动、转位或间歇运动的部位，如送料、夹紧和工作台回转等辅助装置。

四、其他液压缸

上述为液压缸的三种基本形式。为了满足特定的需要，这三种液压缸和机械传动机构还可以分别组合成特种液压缸。

1. 增压液压缸

增压液压缸(简称增压缸)是一种由活塞缸(即原动缸)和柱塞缸(即输出缸)组合而成的液压缸，如图 5-6 所示，用于使液压系统中的局部区域获得高压。活塞缸中活塞的有效工作面积大于柱塞缸中柱塞的有效工作面积，所以向活塞缸无杆腔送入低压油时可以在柱塞缸中得到高压油。

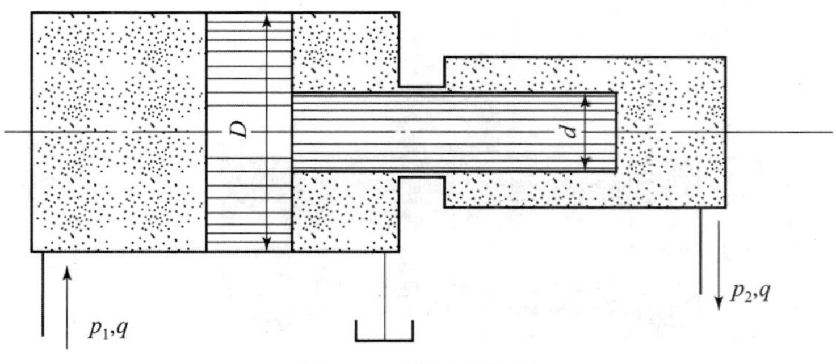

图 5-6　增压液压缸

设输入活塞缸的压力为 p_1，柱塞缸的出油压力为 p_2，若不计摩擦力，根据力平衡关系，可有如下等式：

$$A_1 p_1 = A_2 p_2$$

整理得

$$p_2 = \frac{D^2}{d^2} p_1 \tag{5-11}$$

式中，A_1—活塞的有效工作面积；

A_2—柱塞的有效工作面积；

D—活塞的直径；

d—柱塞的直径；

D^2/d^2—增压比。

2. 多级液压缸

多级液压缸（简称多级缸）又称伸缩液压缸，它由两级或多级活塞缸套装而成，如图5-7所示。前一级缸的活塞就是后一级缸的缸筒，活塞伸出的顺序是从大到小，相应的推力也是从大到小，而伸出的速度则是由慢到快。空载缩回的顺序一般是从小活塞到大活塞，收缩后液压缸的总长度较短，占用的空间较小，结构紧凑。多级缸适用于工程机械和其他行走机械，如起重机伸缩臂液压缸、自卸汽车举升液压缸等都是多级缸。

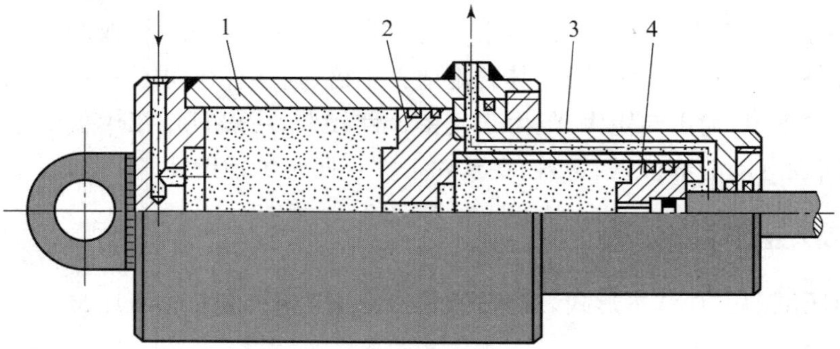

1—一级缸筒；2—一级活塞；3—二级缸筒；4—二级活塞

图 5-7　多级液压缸

3. 齿条液压缸

图5-8所示为齿条液压缸，它由带有齿条杆的双活塞杆缸和一套齿轮齿条传动装置组成。活塞的往复运动通过传动机构变成齿轮轴的往复转动，可用于实现机床上工作部件的往复摆动。齿条液压缸多用于自动线、组合机床等转位或分度机构中。

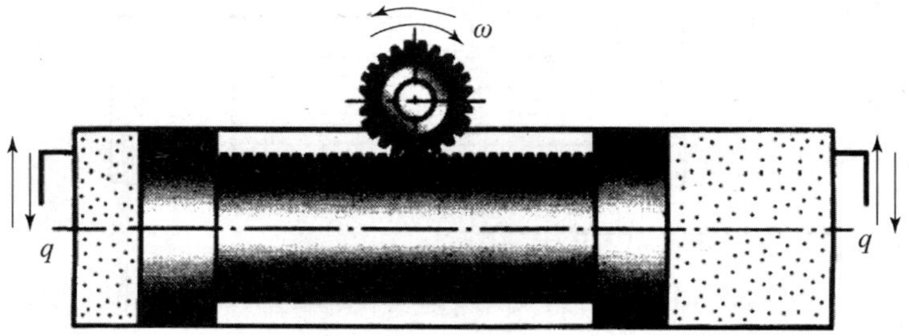

图 5-8　齿条液压缸

任务二 液压缸的结构

因用途和要求不同，液压缸的结构也多种多样。图 5-3 所示的液压缸结构反映了液压缸的结构特点，其结构基本上可以分为缸筒组件（缸筒、端盖等）、活塞组件（活塞、活塞杆等）、密封装置、缓冲装置和排气装置几个部分。

一、缸筒组件

缸筒组件与活塞组件构成密封的容腔，承受油压。因此，缸筒组件需要有足够的强度、较高的表面精度和可靠的密封性。

（一）缸筒、端盖和导向套

缸筒是液压缸的主体，其内孔一般采用镗削、铰孔、滚压或珩磨等精密加工工艺制造，要求表面粗糙度为 0.1～0.4 μm，以使活塞杆及其密封件、支承件能顺利地滑动和保证密封效果，减少磨损。缸筒要承受很大的液压力，因此应具有足够的强度和刚度。

端盖装在缸筒两端，与缸筒形成封闭油腔，同样承受很大的液压力。因此，端盖及其连接部件都应有足够的强度。设计时，既要考虑强度，又要选择工艺性较好的结构形式。

导向套对活塞杆或柱塞起导向和支承作用。有些液压缸不设导向套，直接用端盖孔进行导向，这种液压缸结构简单，但磨损后必须更换端盖。

缸筒、端盖和导向套的材料选择和技术要求可参考相关手册。

（二）缸筒与端盖的连接形式

缸筒与端盖的连接形式主要有法兰式连接、半环式连接和螺纹式连接等，如图 5-9 所示。

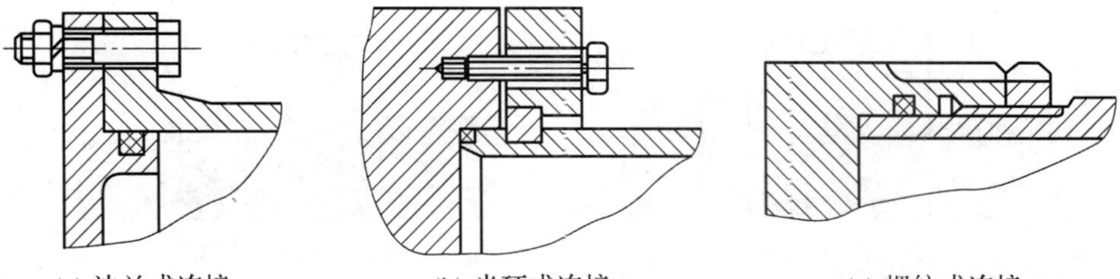

(a) 法兰式连接　(b) 半环式连接　(c) 螺纹式连接

图 5-9 缸筒与端盖的连接形式

图 5-9(a)所示为法兰式连接。这种结构易于加工和装拆，连接可靠，但要求缸筒端部有足够的壁厚，用于安装螺栓或旋入螺钉。缸筒端部一般采用铸造、镦粗或焊接方式使其外径粗大，所以其外形尺寸大。法兰式连接是一种常用的连接形式。

图 5-9(b)所示为半环式连接。这种连接的工艺性好，连接可靠，结构紧凑，但缸筒壁部因开了环形槽而削弱了缸筒强度，因此有时要加厚缸壁。半环式连接是一种应用十分普遍的连接形式，常用于无缝钢管缸筒与端盖的连接。

图 5-9(c)所示为螺纹式连接。这种连接的特点是体积小，质量轻，结构紧凑，但缸筒端部的结构较复杂，外径加工时要求保证内、外径同心，装卸时要使用专用工具。这种连接形式一般用于要求外形尺寸小、质量轻的场合。

二、活塞组件

活塞组件由活塞、活塞杆和连接件等组成。根据液压缸工作压力、安装方式和工作条件的不同,活塞组件有多种结构形式。

1. 活塞和活塞杆

活塞受油压的作用在缸筒内做往复运动,因此活塞必须具有一定的强度和良好的耐磨性。活塞一般用铸铁制造。活塞的结构通常分为整体式和组合式两类。

活塞杆是连接活塞和工作部件的传力零件,因此它必须有足够的强度和刚度。无论活塞杆是实心的还是空心的,通常都用钢料制造。活塞杆在导向套内做往复运动,其外圆表面应当耐磨并具有防锈能力,因此活塞杆外圆表面有时需镀铬。活塞和活塞杆的技术要求可参考相关手册。

2. 活塞与活塞杆的连接形式

根据工作压力、安装形式(缸筒固定或活塞杆固定)、工作条件的不同,活塞组件也有多种结构形式。最简单的结构形式是把活塞和活塞杆做成一体,这种结构虽然简单、可靠,但加工比较复杂,活塞直径较大,活塞杆较长时尤其如此。

在图 5-10(a)中,活塞和活塞杆采用螺纹式连接形式,这在机床上是较为常见的。但在高压、大负载的情况下,这种结构的活塞杆因车制了螺纹而被削弱,又必须添置能承受冲击载荷而不使螺帽松脱的保护装置。因此,为了克服这种缺点,尤其是在振动比较大的场合,常常采用非螺纹式连接形式。图 5-10(b)中的卡环连接形式,其卡环 6 由两个半环组成,安装于活塞杆槽内,再外装套环 7,以防止卡环脱落,弹簧挡圈 8 可防止套环进行轴向移动,卡环承受轴向力并使活塞定位。这种连接形式的优点是拆装方便,因有少许径向间隙,活塞在径向上有浮动,因此活塞在缸筒中不易被卡住。但卡环、套环、弹簧挡圈均有轴向间隙,活塞在轴向有微小浮动。

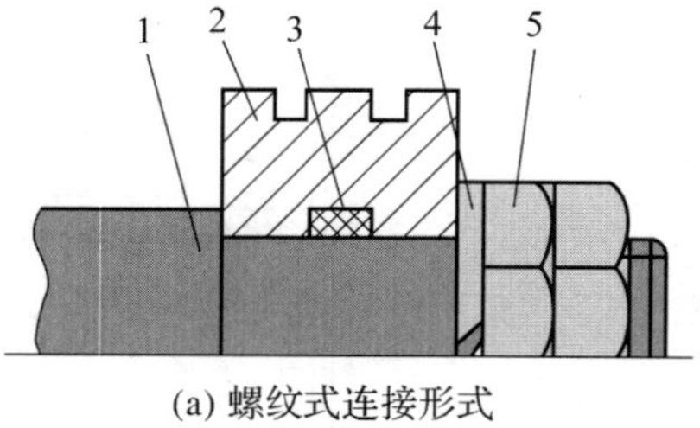

(a) 螺纹式连接形式

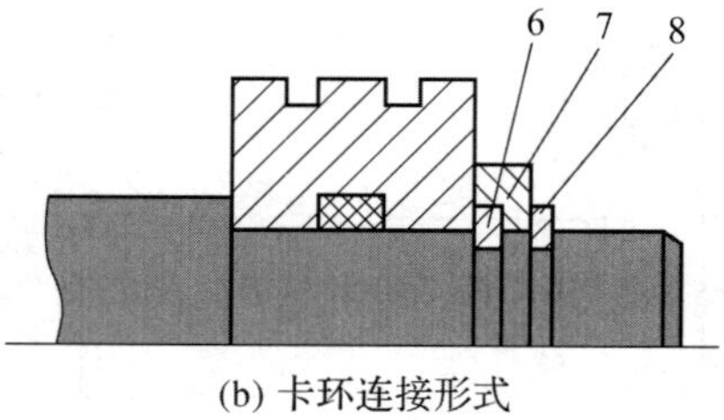

(b) 卡环连接形式

1—活塞杆;2—活塞;3—密封圈;4—弹簧圈;5—螺母;6—卡环;7—套环;8—弹簧挡圈

图 5-10 活塞与活塞杆的连接形式

三、密封装置

液压缸中的密封是指活塞、活塞杆和端盖等处的密封,它主要用于防止液压缸内部和外部液压油的泄漏。良好的密封是液压缸能够传递动力、正常工作的保证。根据两个需要密封的耦合面间有无相对运动,可把密封分为动密封和静密封两大类。设计或选用密封装置的基本要求是具有良好的密封性能,并随压力的增加能自动提高密封性;摩擦阻力要小,耐油,抗腐蚀,耐磨,寿命长;制造简单,拆装方便。常见的密封方法有以下几种:

(一)间隙密封

间隙密封属于非接触式的动密封,它依靠相对运动零件配合面间的微小间隙来防止泄漏、实现密封，一般间隙为 0.01～0.05 mm。例如，柱塞泵的柱塞和缸体、换向阀的阀芯和阀体之间的密封即采用此种形式的密封。在活塞的外圆表面一般开几道宽 0.3～0.5 mm、深 0.5～1.0 mm、槽间距为 2～5 mm 的环形沟槽（平衡槽），其作用是：

（1）由于活塞的几何形状和同轴度误差，工作中的压力油在密封间隙中的不对称分布将形成一个径向不平衡力，称为液压卡紧力，它会使摩擦力增大。开平衡槽后，各向油压趋于平衡，使活塞能够自动对中，间隙的差别减小，摩擦力也减小。

（2）增大油液泄漏的阻力，减小偏心距，提高密封性能。

（3）储存油液，使活塞能自动润滑。

间隙密封的摩擦阻力小，结构简单，但在大尺寸的液压缸中没有得到广泛的应用，因为大直径零件的配合表面要达到间隙密封所要求的加工精度比较困难，磨损后也无法补偿。间隙密封只适用于直径较小、压力较低的液压缸。

（二）活塞环密封

活塞环密封是通过在活塞的环形槽中放置切了口的金属环来防止泄漏的方法。金属环依靠其弹性变形所产生的张力紧贴在缸筒内壁上，从而实现密封，如图 5-11 所示。这种密封装置的密封效果较间隙密封好，能适应较大的压力变化和温度变化，能自动补偿磨损和温度变化的影响，能在高速中工作，摩擦力小，工作可靠，寿命长，但不能完全密封。活塞环的加工复杂，对缸筒内表面的加工精度要求高，一般用于高压、高速或密封性能要求较高的场合。

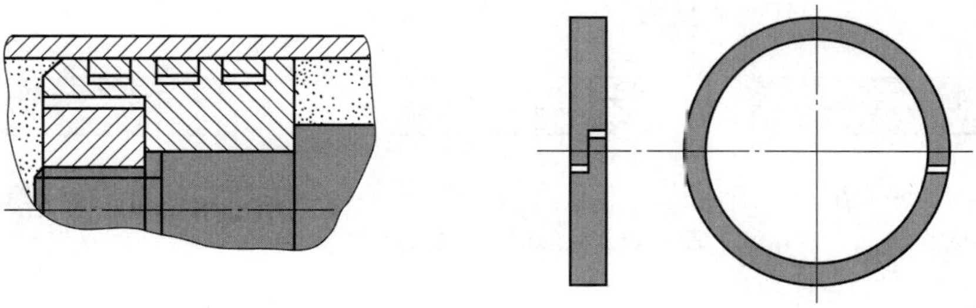

(a) 活塞环的安装　　(b) 活塞环

图 5-11　活塞环密封

（三）密封圈密封

密封圈密封是一种使用耐油橡胶、尼龙等制成的密封圈，将其套装在活塞上来防止泄漏的方法。这种密封装置结构简单，制造方便，磨损后能自动补偿，并且密封性能还会随着压力的加大而提高（因为压力越高，橡胶圈在密封面上贴得越紧），因此密封可靠，对密封机件表面的加工要求还可以降低。密封圈密封得到了极为广泛的应用。密封圈的截面形状有 O 形、V 形、Y 形等。

1. O 形圈

O 形圈的截面为圆形，主要用于静密封和滑动密封（转动密封用得较少）。其结构简单紧凑，摩擦力较其他密封圈小，安装方便，价格便宜，可在－40～120 ℃的温度范围内工作。但与唇形密封圈[如 Y 形密封圈（简称 Y 形圈）]相比，其寿命较短，对密封装置机械部分的精度要求高，启动阻力较大。O 形圈的使用速度范围为 0.005～0.300 m/s。

图 5-12 所示为 O 形圈的密封原理。O 形圈被装入密封槽后，其截面受到压缩后发生变形。在无液压力时，靠 O 形圈的弹性对接触面产生预接触压力，实现初始密封，如图 5-12(a)

所示；当密封腔充入压力油后，在液压力的作用下，O形圈挤向沟槽一侧，密封面上的接触压力上升，提升了密封效果，如图5-12(b)所示。任何形状的密封圈在安装时，必须保证适当的预压缩量：预压缩量过小，不能进行密封；过大，则摩擦力增大，且易于损坏。因此，必须按有关手册给出的数据，严格保证安装密封圈的沟槽尺寸和表面精度。在动密封中，当压力大于10 MPa时，O形圈就会被挤入间隙中而损坏。为了避免这种情况出现，可在O形圈的一侧或两侧设置由聚四氟乙烯或尼龙制成、厚度为1.25～2.50 mm的挡圈，如图5-12(c)所示。

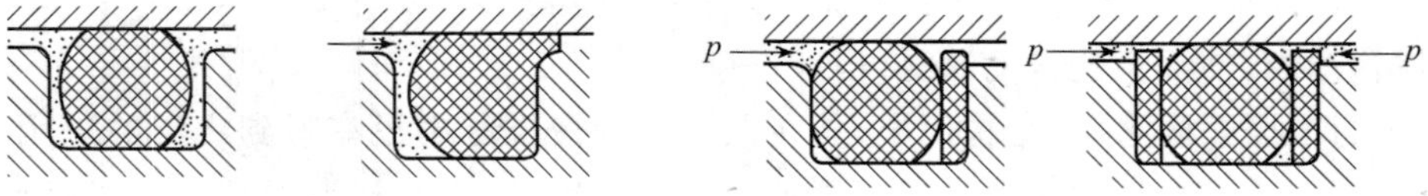

(a) (b) (c)

图5-12　O形圈的密封原理

2. V形密封圈

V形密封圈(简称V形圈)的截面为V形。如图5-13所示，V形密封装置是由压环、V形圈和支承环组成。当工作压力高于10 MPa时，可增加V形圈的数量，以提高密封效果。安装时，V形圈的开口应面向压力高的一侧。

V形圈的密封性能良好，耐高压，寿命长，通过调节压紧力可获得最佳的密封效果，但V形密封装置的摩擦阻力及结构尺寸较大。V形圈主要用于活塞及活塞杆的往复运动密封，它适宜在工作压力$p \leqslant 50$ MPa、温度为$-40 \sim 80$ ℃的条件下工作。

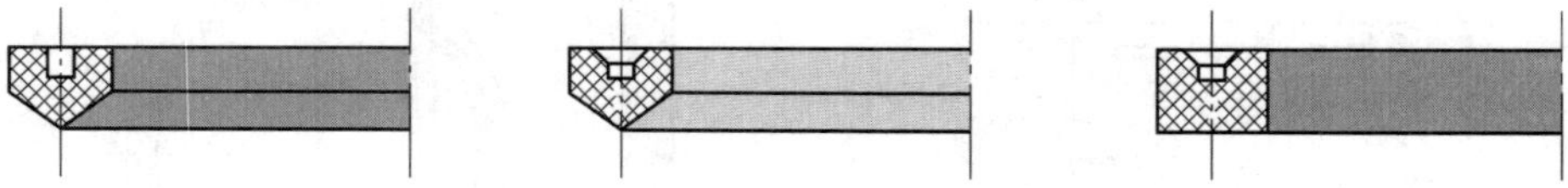

(a) 压环　(b) V形圈　(c) 支承环

图5-13　V形密封装置的组成部件

3. Y形圈

Y形圈的截面为Y形，属唇形密封圈。它是一种密封性、稳定性和耐压性较好，摩擦阻力小，寿命较长的密封圈，因此应用也很普遍。Y形圈主要用于往复运动的密封，如液压缸的活塞上和缸口处。

Y形圈的密封原理如图5-14所示。图5-14(a)所示为自由状态时的截面形状，图5-14(b)所示为安装后和工作状态时的截面形状。Y形圈的密封作用依赖于它的唇边与耦合面的紧密接触，并在压力油的作用下产生较大的接触压力，达到密封的目的。当液压力升高时，唇边与耦合面贴得更紧，接触压力更高，密封性能更好。安装Y形圈时，唇口端应对着液压力高的一侧。当压力变化较大、滑动速度较高时，要使用支承环，以固定密封圈。

4. 密封圈的安装与更换

安装和拆卸密封圈时，应防止密封圈被螺纹、退刀槽等尖角划伤或由于其他原因损坏而影响其密封性。

(1)密封圈经过的零件应去毛刺、倒角。

(2)密封圈经过的螺纹应进行防护，以防损伤密封圈的唇边。密封圈在通过外螺纹或退刀槽时，应在相应位置套上万用套筒；密封圈经过内螺纹或径向孔洞时，应使内螺纹的内径或有径向孔洞处的直径大于密封圈的外径。

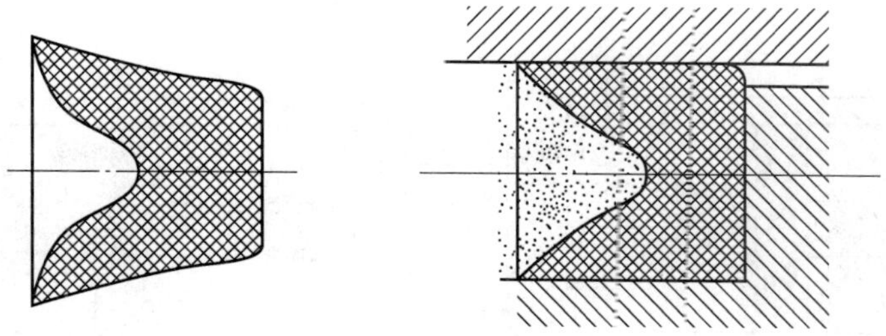

(a)　　　　　　　　(b)

图 5-14　Y 形圈的密封原理

(3)为了减少密封圈的安装与拆卸阻力,应在密封圈经过的相应位置上涂润滑脂或液压油,并尽量避免密封圈产生过大的拉伸变形而影响其密封性。

(4)不允许使用带尖角的工具安装或拆卸密封圈。

(5)更换密封圈时,应清除干净密封槽内的锈迹、脏物和碎片等。装配前,应在缸筒、活塞杆和密封圈上涂抹润滑脂,但润滑脂中不能含有 ZnS 等固体添加剂。

四、缓冲装置

当液压缸拖动负载的质量较大、速度较快时,一般应在液压缸中设置缓冲装置,必要时还需在液压传动系统中设置缓冲回路,以免在行程终端发生过大的机械碰撞,致使液压缸损坏。缓冲的原理是使活塞或缸筒在其走向行程的终端时,在排油腔内产生足够的缓冲压力,即增大回油阻力,从而降低缸的运动速度,避免活塞与缸盖相撞。液压缸中常用的缓冲装置主要有以下几种:

1. 圆柱形环隙式缓冲装置

如图 5-15(a)所示,当缓冲柱塞 A 进入缸盖上的内孔时,缸盖和活塞间形成缓冲油腔 B,被封闭的油液只能从环形间隙中排出,产生缓冲压力,从而实现减速缓冲。这种缓冲装置在缓冲过程中的节流面积不变,因此缓冲开始时,产生的缓冲制动力很大,但缓冲制动力很快就降低了,从而导致其缓冲效果较差。这种装置结构简单,便于设计,制造成本低,所以一般用于系列化的成品液压缸中。

2. 圆锥形环隙式缓冲装置

如图 5-15(b)所示,缓冲柱塞 A 为圆锥形,所以缓冲环形间隙随位移量而改变,即节流面积随缓冲行程的增大而缩小,使机械能的吸收较均匀。这种缓冲装置的缓冲效果较好,但仍有液压冲击。

3. 可变节流槽式缓冲装置

如图 5-15(c)所示,在缓冲柱塞 A 上开有由浅入深的三角节流沟槽,节流面积随着缓冲行程的增大而逐渐减小,缓冲压力变化平缓。

4. 可调节流孔式缓冲装置

如图 5-15(d)所示,当缓冲柱塞 A 进入缸盖内孔时,回油口被柱塞堵住,只能通过节流阀 C 回油。通过调节节流阀的开度,可以控制回油量,从而控制活塞的缓冲速度。当活塞反向运动时,压力油通过单向阀 D 很快地进入液压缸内,并作用在活塞的整个有效面积上,因此活塞不会因推力不足而产生启动缓慢的现象。这种缓冲装置可以根据负载情况调整节流阀的开度,从而改变缓冲压力的大小,因此适用范围较广。

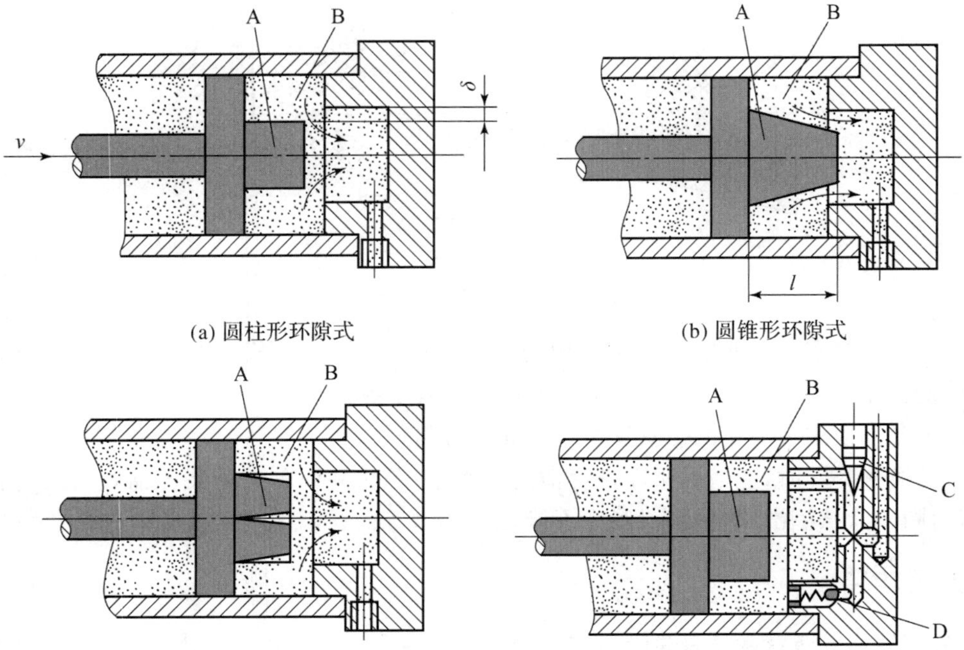

(a) 圆柱形环隙式　(b) 圆锥形环隙式

(c) 可变节流槽式　(d) 可调节流孔式

A—缓冲柱塞；B—缓冲油腔；C—节流阀；D—单向阀

图 5-15　液压缸的缓冲装置

五、排气装置

液压缸的最高处常常会聚积空气，这是由于工作油液中混有空气或液压缸长期停止使用而使空气侵入缸筒中。空气的积聚会使系统工作不稳定，产生振动、爬行或前冲等现象，严重时会使系统不能正常工作。因此，设计液压缸时必须设置排气装置。

对于要求不高的液压缸，往往不设计专门的排气装置，而是将油口布置在缸筒两端的最高处，这样也能使空气随油液排往油箱，再从油箱中逸出。对于速度稳定性要求较高的液压缸和大型液压缸，常在液压缸的最高处设置专门的排气装置，如排气塞、排气阀等。图 5-16 所示为排气塞，当松开排气塞螺钉后，低压往复运动几次，带有气泡的油液就会排出。空气排完后拧紧螺钉，液压缸便可正常工作。

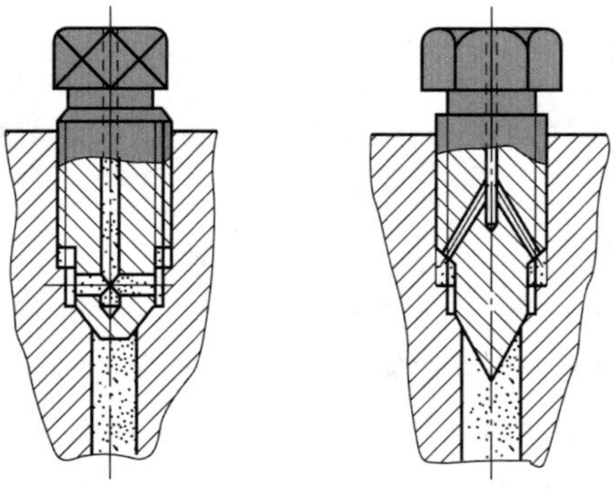

图 5-16　排气塞

任务三 液压缸的使用与维修

一、液压缸的使用

(1)液压油的品种应符合液压缸使用说明书的要求。一般常温工作的液压缸多采用矿油型液压油,在高温下工作的液压缸须采用难燃液压液。液压油的黏度应先满足液压泵的使用要求。

(2)安装活塞杆时,要保证活塞杆连接头的方向与缸头、耳环的方向一致,保证整个活塞杆在进退过程中的直线度,防止出现刚性干涉现象。如安装法兰时,作用力与支承中心应处在同一轴线上。耳轴和耳环连接时的作用力应处在同一平面内。

(3)应定期在耳环等有相对转动的部位加油润滑。

二、液压缸的维修

在液压缸试运行时,一般能发现泄漏现象,其余故障则多在液压系统工作时才能暴露出来。液压缸常见故障的产生原因和排除方法见表 5-1。

表 5-1 液压缸常见故障的产生原因和排除方法

故障现象	产生原因	排除方法
爬行	空气混入	打开排气塞,使运动部件空载全行程快速往复运动 20~30 min
	运动密封件装配过紧	调整密封圈,使之松紧适当
	活塞与活塞杆的同轴度过低	校正活塞、活塞杆组件,确保其同轴度小于 0.04 mm
	活塞杆弯曲变形	校正或更换活塞杆,确保其直线度小于 0.1/1 000
	安装精度被破坏	检查和调整液压缸轴线对导轨面的平行度及与负载作用线的同轴性
	缸体内孔的圆柱度超差	镗磨缸体内孔,然后配制活塞(或增装 O 形圈)
	活塞杆两端的螺母太紧,使活塞与缸体内孔的同轴度降低	活塞杆两端螺母不宜太紧,一般应保证在液压缸未工作时活塞杆处于自然状态
	活塞杆刚性差	加大活塞杆直径
	导轨润滑不良	适当增加导轨的润滑油量
缓冲效果不佳	缓冲作用过度	调大节流孔
	缓冲作用失效	如果是缓冲柱塞偏离缓冲孔引起缓冲失效,则需调整缓冲柱塞与缓冲孔的配合间隙;如果是调节阀故障,则需修理调节阀

续表 5-1

故障现象	产生原因	排除方法
推力不足或工作速度下降	缸体和活塞的配合间隙太小，密封过紧，运动阻力大	增加配合间隙，调整密封件的压紧程度
	缸体和活塞的配合间隙过大，或密封件损坏，造成内泄漏	修理或更换不符合精度要求的零件，重新装配、调整或更换密封件
	运动零件的制造存在误差和装配不良，引起不同心或单面剧烈摩擦	修理误差较大的零件或重新进行装配
	活塞杆弯曲，引起剧烈摩擦	校直或更换活塞杆
	缸体内孔被拉伤，活塞被咬死，或缸体内孔加工不良	镗磨、修复缸体或更换缸体
	液压油中的杂质过多，使活塞或活塞杆被卡死	清洗液压系统，更换液压油
	油温过高，加剧泄漏	分析温升原因，消除温升过快的根源
外泄漏	密封件咬边、被拉伤或被破坏	更换密封件
	密封件方向装反	改变密封件的安装方向
	缸盖螺钉未拧紧	拧紧螺钉
	运动零件之间有纵向拉伤和沟痕	修理或更换运动零件

任务四　液压马达的检修

液压马达是执行元件，能将液体的压力能转换为机械能，输出转矩和转速。液压马达和液压泵在结构上基本相同，在工作原理上则是互逆的。但由于二者的任务和要求有所不同，在实际结构上只有少数液压泵能做液压马达使用。液压马达的分类方法与液压泵基本相同，除此之外，还可按转速的大小将液压马达分为高速液压马达和低速液压马达两大类。一般认为，额定转速高于 500 r/min 的液压马达属于高速液压马达，额定转速低于 500 r/min 的液压马达属于低速液压马达。

一、高速液压马达

高速液压马达常用的结构形式有齿轮式、叶片式和轴向柱塞式等，它们的主要特点是转速高，转动惯量小，便于启动和制动，调速和换向灵敏度高。通常，高速液压马达的输出转矩不大。

(一)齿轮式液压马达

如图 5-17 所示,齿轮式液压马达的基本结构与齿轮泵相同,两个齿轮的啮合点为 P,齿轮 O_1 与输出轴相连。设齿轮的齿全高为 h,齿宽为 B,啮合点到两个齿轮齿根的距离分别为 c 和 b,显然 a 和 b 都小于 h。当输入压力油后,凡两侧对称部分都受高压油作用的轮齿,其液压作用力互相抵消,对液压马达的旋转不起作用,而其余的轮齿则对液压马达的旋转起作用。从图 5-17 中可看出,对齿轮 O_1 而言,促使其逆时针旋转的液压作用面积大于促使其顺时针旋转的液压作用面积;对齿轮 O_2 而言,促使其顺时针旋转的液压作用面积大于促使其逆时针旋转的液压作用面积。因此,液压马达的各齿轮产生图示方向的转动,最终经输出轴输出转矩。进入齿轮式液压马达的液压油在两齿轮的带动下,沿圆周方向进入出油口而排回油箱。

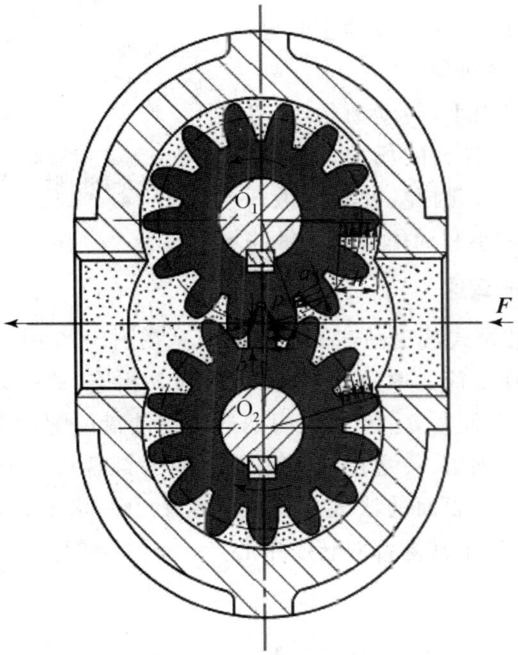

图 5-17　齿轮式液压马达的工作原理

目前齿轮式液压马达可以分为两类:一类是以齿轮泵为基础的齿轮式液压马达,如 CB-E 型齿轮泵,它可不经改装便作为齿轮式液压马达使用;另一类是专门设计的齿轮式液压马达。专门设计的齿轮式液压马达考虑了液压马达的一些特殊要求,如需要带载荷启动,要经受外载荷的冲击,要能正、反转等,因此在实际结构上与齿轮泵相比有些差别。

齿轮式液压马达与其他类型的液压马达相比,具有结构简单、体积小、质量轻、对油液污染不敏感、耐冲击等优点,但是它的容积效率低,启动力矩小,低速稳定性差,适合作为汽车、工程机械、港口机械等液压系统中的回转运动机构。

(二)叶片式液压马达

图 5-18 所示为叶片式液压马达的工作原理。当压力油通入压油腔后,在叶片 1、3 和 5、7 上,一面为高压油,另一面为低压油,且作用于叶片 1、3 和 5、7 两侧面的液压油的压力差是相等的。叶片 3、7 的受力面积大于叶片 1、5 的受力面积,因此作用于叶片 3、7 上的总液压力大于作用于叶片 1、5 上的总液压力,于是使叶片带动转子作逆时针方向的旋转。叶片 2、6 和 4、

8 的两侧面同时受相同压力油的作用，受力平衡对转子不产生转矩。叶片式液压马达的输出转矩与液压马达的排量和液压马达的进、出口之间的压力差有关，其转速由输入液压马达的流量大小决定。

液压马达一般都要求正、反转，因此叶片式液压马达的叶片要径向放置。为了使叶片根部始终通有压力油，在回、压油腔通入叶片根部的通路上应设置单向阀。为了确保叶片式液压马达在压力油通入后能正常启动，必须使叶片顶部和定子内表面紧密接触，以保证良好的密封性，因此在叶片根部应设置预紧弹簧。

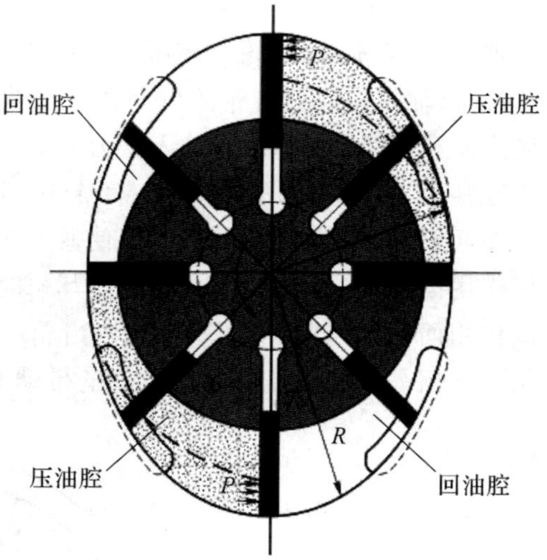

1、2、3、4、5、6、7、8—叶片

图 5-18　叶片式液压马达的工作原理

叶片式液压马达的体积小，转动惯量小，动作灵敏，可适用于换向频率较高的场合，但泄漏量较大，低速工作时不稳定。因此，叶片式液压马达一般用于转速高、转矩小和动作要求灵敏的场合。

(三)轴向柱塞式液压马达

图 5-19 所示为轴向柱塞式液压马达的工作原理。在图 5-19 中，斜盘 1 和配油盘 4 固定不动，柱塞 3 被轴向地放置在缸筒 2 中，缸筒 2 和马达轴 5 相连，并一起旋转。斜盘的中心线和缸筒的中心线相交形成一个倾角 δ。当将压力油通过配油盘的配油窗口输入缸体上的柱塞孔中时，压力油把孔中的柱塞顶出，使之压在斜盘上。由于斜盘对每个柱塞的反作用力 $\boldsymbol{F}$ 垂直于斜盘表面(作用在柱塞球头表面的法线方向上)，这个力的水平分量 $\boldsymbol{F}_x$ 与柱塞上的液压力平衡，而垂直分量 $\boldsymbol{F}_y$ 则使每个柱塞都对转子中心产生一个转矩，使缸体和马达轴作顺时针方向旋转。

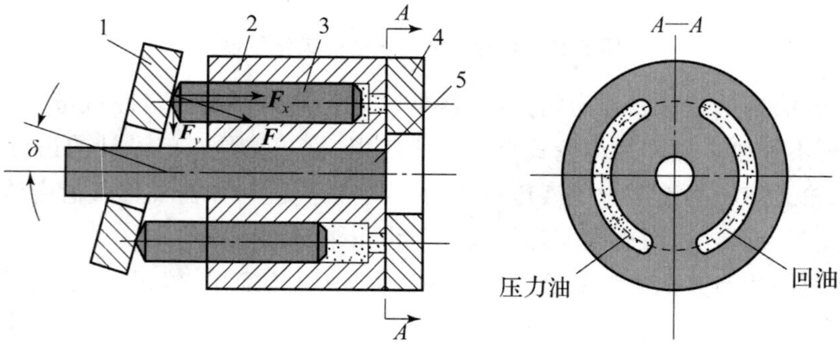

(a)　(b)

1—斜盘；2—缸筒；3—柱塞；4—配油盘；5—马达轴

图 5-19　轴向柱塞式液压马达的工作原理

当液压马达的进、回油口互换时，液压马达将反向转动。当改变液压马达斜盘的倾角时，液压马达的排量便随之改变，从而可以调节输出转速或转矩。

二、低速液压马达

低速液压马达的输出转矩通常都较大(可达数千至数万 N·m),所以又称为低速大转矩液压马达。低速大转矩液压马达的主要特点是转矩大,低速稳定性好(一般可在 10 r/min 以下平稳运转,有的可低到 0.5 r/min 以下),因此可以直接与工作机构连接(如直接驱动车轮或绞车轴),不需要设置减速装置,这使传动结构大为简化。低速大转矩液压马达被广泛用于工程、运输、建筑、矿山和船舶(如行走机械、卷扬机、搅拌机)等机械上。

低速大转矩液压马达的基本结构形式是径向柱塞式,通常分为单作用曲轴型和多作用内曲线型两种。

多作用内曲线型柱塞式液压马达,简称内曲线马达,具有尺寸较小、径向受力平衡、转矩脉动小、启动效率高和能在很低转速下稳定工作的优点,因此获得了广泛的应用。下面说明内曲线马达的工作原理。

图 5-20 所示为内曲线马达的工作原理。定子 1 的内表面由 x 段形状相同且均匀分布的曲面组成,曲面的数目 x 就是马达的作用次数(本例中 $x=6$)。每一个曲面在凹部的顶点处分为对称的两半:一半为进油区段(即工作区段),另一区段为回油区段。转子缸体 2 有 z 个(本例为 8 个)沿圆周均匀分布的径向柱塞孔,柱塞孔中装有柱塞 6。柱塞头部与横梁 3 接触,横梁 3 可在转子缸体 2 的径向槽中滑动,连接在横梁端部的滚轮 5 可沿定子 1 的内表面滚动。在转子缸体 2 内,每个柱塞孔的底部都有一个配油孔与配油轴 4 相通。配油轴 4 是固定不动的,其上有 $2z$ 个沿圆周均匀分布的配油窗口,其中有 z 个配油窗口 A 与轴中心的进油口相通.另外 z 个配油窗口 B 与回油口相通。这 $2z$ 个配油窗口的位置又分别和定子内表面的进、回油区段的位置一一相对应。

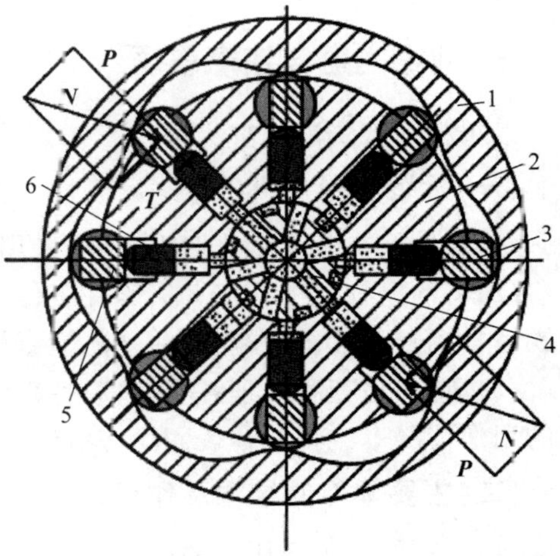

1—定子;2—转子缸体;3—横梁;4—配油轴;5—滚轮;6—柱塞

图 5-20　内曲线马达的工作原理

当压力油被输入马达后,通过配油轴 4 上的进油窗口被分配到处于进油区段的柱塞油腔中。油压使滚轮 5 顶紧在定子 1 的内表面上,滚轮所受到的法向反力 $\boldsymbol{N}$ 可以分解为两个方向上的分力,其中径向分力 $\boldsymbol{P}$ 和作用在柱塞后端的液压力相平衡,切向分力 $\boldsymbol{T}$ 通过柱塞 6 对转子缸体 2 产生转矩。同时,处于回油区段的柱塞受到压缩后,把低压油从回油窗口排出。缸体每转一转,每个柱塞往复移动 x 次。由于 x 和 z 不相等,任一瞬时总有一部分柱塞处于进油区段,从而使缸体转动。

内曲线马达的作用次数多,并可设置较多的柱塞(还可制成双排、三排柱塞结构),所以其排量大,尺寸小。当内曲线马达的进、回油口互换时,马达将反转。

内曲线马达多为定量马达,但也可通过改变作用次数、改变柱塞数或柱塞行程等方法将其做成变量马达。

训练　拆装液压缸

一、训练目的

(1)了解各类液压缸的结构形式、连接方式、性能特点及应用场合；

(2)了解液压缸的工作原理；

(3)熟悉液压缸的常见故障及其排除方法,培养实际动手能力和分析问题、解决问题的能力。

二、训练设备和工具

(1)设备:由于液压缸的种类较多,本训练可以选择拆装单杆活塞式液压缸或双杆活塞式液压缸。

(2)工具:内六角扳手、耐油橡胶板、油盆及钳工常用的工具。

三、训练内容与注意事项

以单杆活塞式液压缸为例。

(一)拆装步骤

(1)将缸筒夹紧在工作台上,利用专用扳手拧开缸盖,取出导向套,拉出活塞连杆部件。

(2)将活塞杆包上铜皮并夹紧在工作台上,取下弹簧挡圈,卸下卡环帽,取出卡环,用木槌或铁锤木柄轻击活塞右端,使活塞从活塞杆左端被取出。

(3)清洗、检查和修理各零件,应特别注意密封圈有无损坏,活塞杆是否弯曲,以及缸筒内壁的划伤情况等。将配合表面涂润滑油,然后按与拆卸相反的顺序进行装配。

(二)主要零件的结构及作用

(1)观察所拆装液压缸的类型及安装形式；

(2)观察活塞与活塞杆的结构及其连接形式；

(3)观察缸筒与缸盖的连接形式；

(4)观察缓冲装置的类型,分析其原理及调节方法；

(5)观察活塞上的小孔及其作用。

(三)注意事项

(1)在拆卸之前,应切断油源,使液压回路内的压力降为零;松开油口配管后,应将油口堵住。

(2)拆缸时,应防止损伤活塞杆的顶端螺纹、油口螺纹和活塞杆表面。

(3)在拆除活塞时,不应将活塞硬性地从缸筒打出,以免损伤缸筒内壁。

(4)在拆卸后组装各零件时,必须用煤油将零件清洗干净,并涂上润滑油;严防损坏各密封件,切忌用棉纱擦干零件,不得漏装和装反零件。

(5)装配后,应进行液压缸的试验。

思考练习题

1. 活塞缸、柱塞缸和摆动缸各有什么特点？适用于什么场合？

2. 双杆式活塞缸在缸筒固定和活塞杆固定时，工作台的运动范围有何不同？请绘图说明。

3. 两个结构相同的单杆式活塞缸如图 5-21 所示。图 5-21(a)所示为活塞杆固定，左腔的进油压力为 p_1，右腔的回油压力为 p_2；图 5-21(b)所示为缸筒固定，油路采用差动连接，进油压力为 p_1。请问：

(1)在输入流量 q 相同的条件下，两个液压缸的运动速度是否相等？为什么？指出各自的运动方向。

(2)两个液压缸所能克服的最大负载 $\boldsymbol{F}_a$ 和 $\boldsymbol{F}_b$ 分别是多少？哪个大？

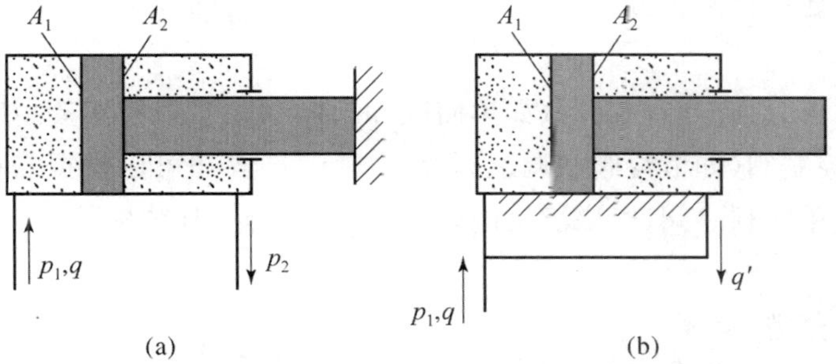

图 5-21　两个结构相同的单杆式活塞缸

4. 已知单杆式活塞缸的缸筒直径 $D=50$ mm，活塞杆的直径 $d=35$ mm，泵供油流量 $q=10$ L/min，试求：

(1)液压缸差动连接时的运动速度。

(2)若液压缸在差动阶段所能克服的外负载 $\boldsymbol{F}=1\ 000$ N，则液压缸内的油液压力有多大(不计管内的压力损失)？

5. 如图 5-22 所示，两个结构相同的液压缸串联工作。已知液压缸无杆腔的面积 A_1 为 100 cm^2，有杆腔的面积 A_2 为 80 cm^2，缸 1 的输入压力 $p_1=1.8$ MPa，输入流量 $q_1=12$ L/min，若不计泄漏和损失，那么：

(1)当两缸承受相同的负载($\boldsymbol{F}_1=\boldsymbol{F}_2$)时，该负载为多少？两缸的运动速度各是多少？

(2)当缸 2 的输入压力为缸 1 的一半($p_2=p_1/2$)时，两缸各承受多大的负载？

(3)当缸 1 无负载($F_1=0$)时，缸 2 能承受多大的负载？

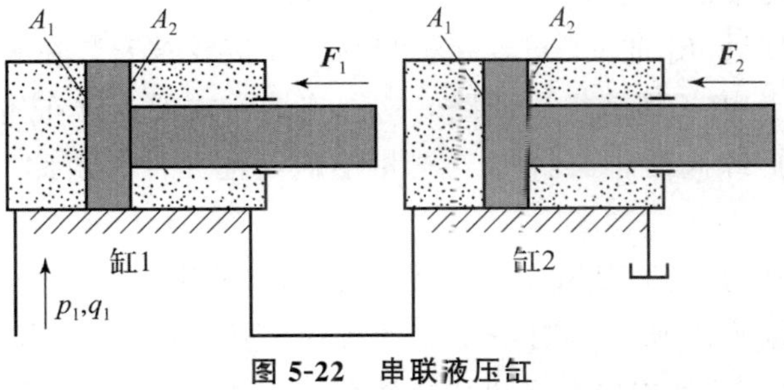

图 5-22　串联液压缸

6. 已知某差动连接的液压缸的进油量 $q=30$ L/min，进油压力 $p=4$ MPa，要求活塞往复运动的速度均为 6 m/min，试计算此液压缸的缸筒内径 D 和活塞杆直径 d，并求出输出的推力 $\boldsymbol{F}$。

项目六　液压控制阀检修

液压控制阀是液压系统中控制油液的流动方向、压力及流量的元件，简称液压阀。

液压阀可按下述特征进行分类：

1. 按用途分类

液压阀按用途可分为方向控制阀（如单向阀和换向阀）、压力控制阀（如溢流阀、减压阀和顺序阀等）和流量控制阀（如节流阀和调速阀等）。这三类阀还可以根据需要互相组合成组合阀，如单向节流阀、单向顺序阀、电磁溢流阀等。几个阀同体，其结构紧凑，使用方便，并提高了效率。

2. 按工作原理分类

液压阀按工作原理可分为开关阀、伺服阀、比例阀和逻辑阀等。开关阀是指被控制量为定值或通过阀口开闭来控制液流通路的阀类，包括普通控制阀、插装阀、叠加阀等。本项目将重点介绍这类使用最为普遍的阀。伺服阀和比例阀能根据输入信号连续地或按比例地控制系统的参数，逻辑阀则能按预先编制的逻辑程序控制执行元件的动作。

3. 按阀芯形式分类

液压阀按阀芯形式可分为滑阀、锥阀、球阀和转阀等。滑阀的阀芯为圆柱形，阀芯上有台肩；与进、出油口对应的阀体上开有沉割槽，一般为全圆周；阀芯在阀体孔内做相对运动，开启或关闭阀口。锥阀阀芯的半锥角一般为 12°～20°，阀口关闭时为线密封，不仅密封性好，而且开启阀口时无死区，阀芯稍有位移即可开启，动作很灵敏。

4. 按安装的连接方式分类

液压阀按安装的连接方式可分为如下几种：

（1）管式连接：阀体进、出油口由螺纹或法兰直接与油管及其他元件连接。这种连接方式简单，但刚性差，拆卸与维修不方便，适用于简单的液压系统。

（2）板式连接：阀体进、出油口通过连接板与油管连接或被安装在集成块的侧面并通过集成块上加工出的孔道连接各阀来组成回路。这种连接方式的元件布置得较为集中，操纵、调整、维修都比较方便，拆卸阀时不必拆卸与阀相连的其他元件。因此，这种连接方式应用最广泛。

（3）叠加式连接：阀的上、下面为连接结合面，各油口分别在这两个面上，并且同规格阀的油口的连接尺寸相同。每个阀除其自身功能外，还起到油路通道的作用，阀相互叠装构成回路，不用管道进行连接。这种连接方式的结构紧凑，沿程损失很小。

（4）插装式连接：这类阀无单独的阀体，将由阀芯、阀套等组成的单元体插装在插装块的预制孔中，用连接螺纹或盖板进行固定，并通过插装块内的通道把各插装式阀连通组成回路。插装块起到连接阀体和管路的作用。这是适应液压系统集成化而发展起来的一种能灵活组装的新型安装连接方式。

任务一　方向控制阀检修

方向控制阀用于控制液压传动系统中油液的流动方向或油液的通断，它分为单向阀和换向阀两类。

一、单向阀

（一）普通单向阀

普通单向阀控制油液只能按一个方向流动而反向截止，简称单向阀。按安装连接形式的不同，单向阀可分为管式连接和板式连接两种结构，如图 6-1 所示。它由阀体 1、阀芯 2 和弹簧 3 等零件组成。当油液从进油口 P_1 流入时，油液压力克服弹簧 3 的弹力和阀芯 2 与阀体 1 间的摩擦力，使阀芯向右移动，打开阀口，并通过阀芯上的四个径向孔 a、轴向孔 b，从出油口 P_2 流出。当液流反向流入时，油液压力和弹簧弹力使阀芯紧压在阀体的阀座上，因此油液不能反向流动。

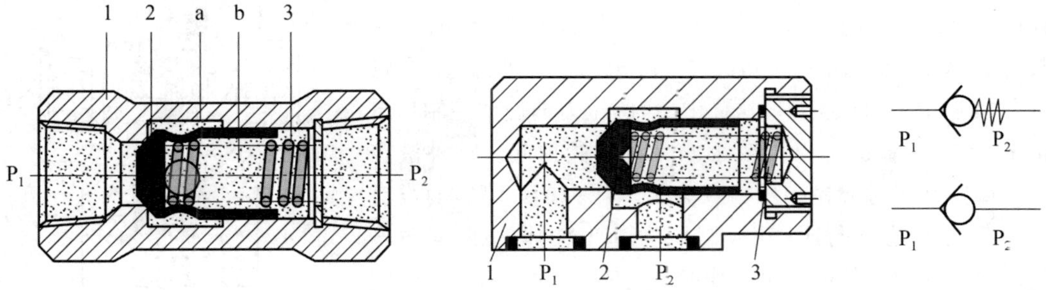

(a) 管式连接单向阀　(b) 板式连接单向阀　(c) 图形符号

1—阀体；2—阀芯；3—弹簧；

P_1—进油口；P_2—出油口；a—径向孔；b—轴向孔

图 6-1　单向阀

单向阀要求液流正向通过时的压力损失小，反向截止时的密封性能好。因此，单向阀中的弹簧仅用于使阀芯在阀座上就位，其刚度较小，开启压力仅有 0.04～0.10 MPa。若更换为硬弹簧，使其开启压力达到 0.2～0.6 MPa，则单向阀可当背压阀使用。单向阀也可用于分隔油路，防止油路间的干扰。

（二）液控单向阀

液控单向阀是一种通入控制压力油后即允许油液双向流动的单向阀，由单向阀和液控装置两部分组成，如图 6-2 所示。当控制口 K 未通入控制压力油时，其作用和普通单向阀一样，压力油只能由 P_1（正向）流向 P_2，反向则截止。当控制口 K 通入控制压力油后，因控制活塞 1 右侧的 a 腔连通泄油口（图中未画出），控制活塞 1 右移，推动顶杆 2 顶开阀芯 3 离开阀座，使油口 P_1 和 P_2 连通，这时的油液正、反向均可自由流动。

根据泄油方式的不同，液控单向阀可分为内泄式和外泄式两种。在高压系统中，液控单向阀反向开启前，P_2 口的压力很高，导致顶开锥阀所需要的控制压力也很高。为了减小控制口 K 的控制压力，可以采用带卸荷阀芯的液控单向阀，如图 6-3 所示。图 6-3 中锥阀 3 的内部增

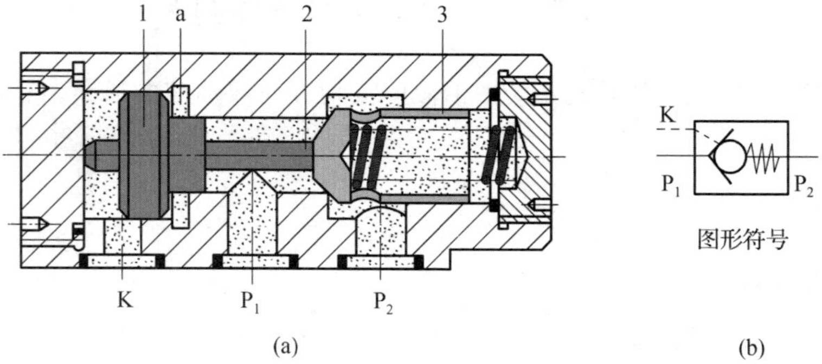

1—控制活塞；2—顶杆；3—阀芯；

P_1、P_2—油口；a—油腔；K—控制口

图 6-2 液控单向阀

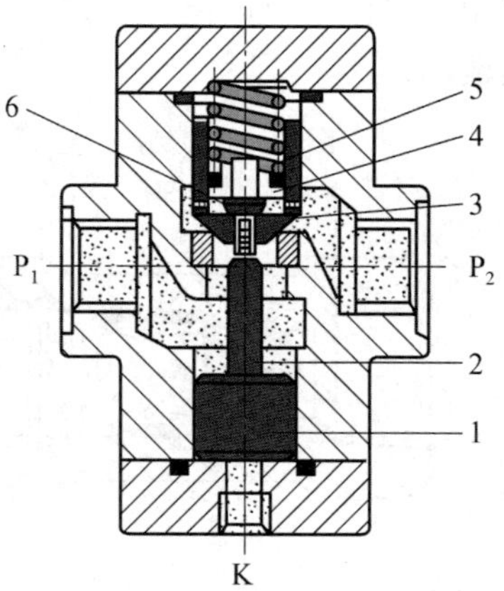

1—控制活塞；2—推杆；3—锥阀；

4—弹簧座；5—弹簧；6—卸荷阀芯；

P_1、P_2—油口；K—控制口

图 6-3 带卸荷阀芯的液控单向阀

加了直径较小的卸荷阀芯 6。由于 P_2 口的压力油作用于卸荷阀芯 6 的力较小，当控制口 K 的控制压力较低，控制活塞 1 不能顶起锥阀 3 时，却可顶起卸荷阀芯 6，使 P_2 口的油液通过卸荷阀芯上铣出的缺口与 P_1 口沟通。P_2 口的压力将下降并接近 P_1 口的压力。这样 P_2 口的压力即使比控制口 K 高得多，控制活塞也可以用较小的力将锥阀顶起。这种液控单向阀反向开启时的控制压力仅为工作压力的4.5%，而没有卸荷阀芯的液控单向阀，其控制压力为工作压力的 40%～50%。控制压力油的油口不工作时，应使其连通回油箱，否则控制活塞难以复位，液控单向阀反向不能截止液流。液控单向阀具有良好的反向密封性能，被广泛应用于保压、锁紧和平衡回路中。

二、换向阀

换向阀的作用是利用阀芯位置的改变来改变阀体上各油口的连通或断开状态，从而控制油路的连通、断开或改变方向。

换向阀按阀的结构可分为转阀式和滑阀式。转阀式换向阀的密封性比较差，但其结构简单、紧凑，一般在中、低压系统中用作先导阀或小流量换向阀。滑阀式换向阀在液压系统中的应用非常广泛。

(一)滑阀式换向阀的工作原理和分类

1. 滑阀式换向阀的工作原理

滑阀式换向阀由阀芯和阀体两个基本零件组成。阀芯上有台肩，与其对应的阀体上开有沉割槽。如图 6-4(a)所示，液压缸两腔不通压力油，处于停止状态。若使换向阀的阀芯 1 右移至如图 6-4(b)所示的位置，阀体 2 上的油口 P 和 B 连通，A 和 O 连通。压力油经 P、B 进入液压缸下腔，活塞上移；上腔油液经 A、O 流回油箱。反之，若使阀芯 1 左移至如图 6-4(c)所示的位置，则 P 和 A 连通，B 和 O 连通，活塞便下移。

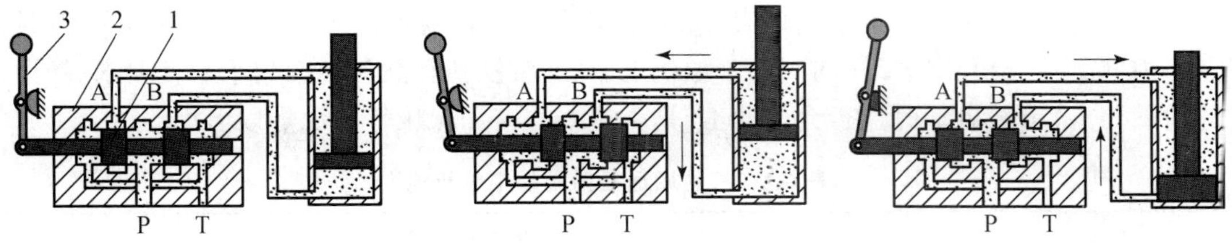

(a)　　(b)　　(c)

1—阀芯；2—阀体；3—手柄；

A、B、P、T—油口

图 6-4　滑阀式换向阀的工作原理

2. 滑阀式换向阀的分类

按阀芯在阀体内工作位置的数量和换向阀所控制油口通路的数量分类，滑阀式换向阀可分为二位二通、二位三通、二位四通、二位五通、三位四通、三位五通等类型，见表 6-1。不同的位数和通数是由阀体上的沉割槽和阀芯上台肩的不同组合形成的。将五通阀的两个回油口 O_1 和 O_2 沟通成一个油口 O，即形成四通阀。

表 6-1　滑阀式换向阀的结构原理图和图形符号

名称	结构原理图	图形符号	名称	结构原理图	图形符号
二位二通	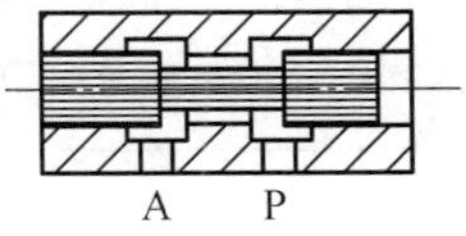	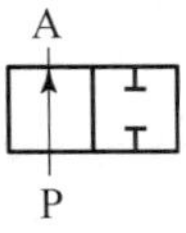	二位五通	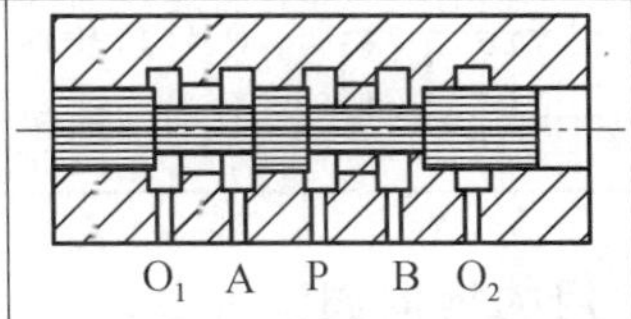	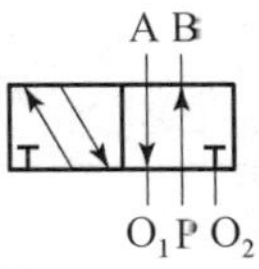
二位三通	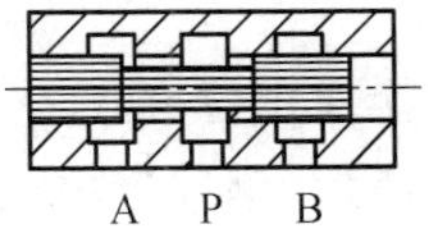	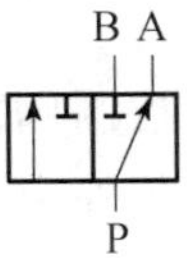	三位四通	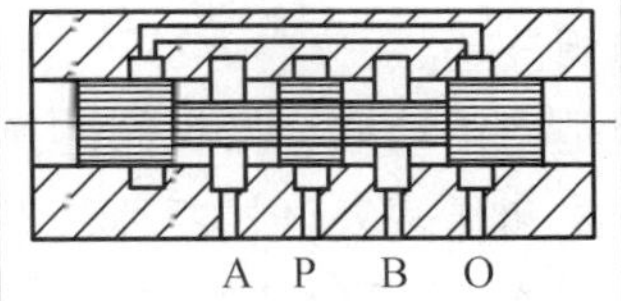	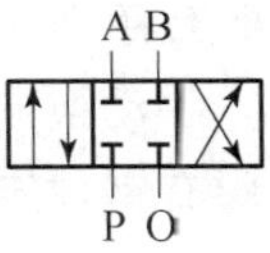
二位四通	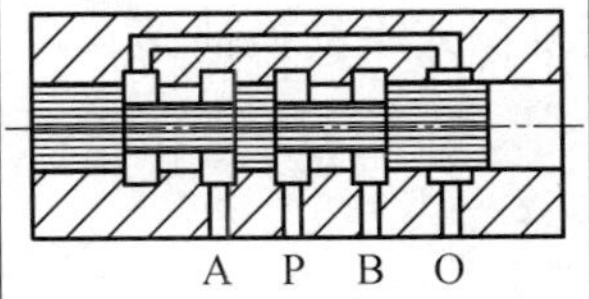	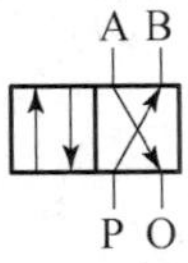	三位五通	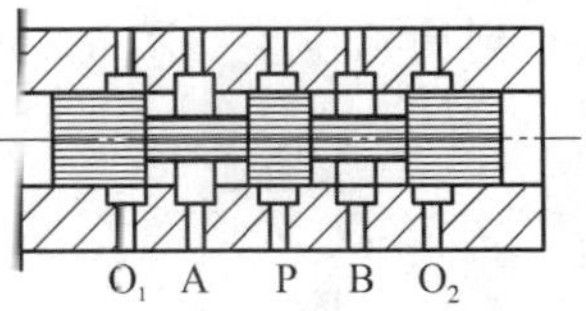	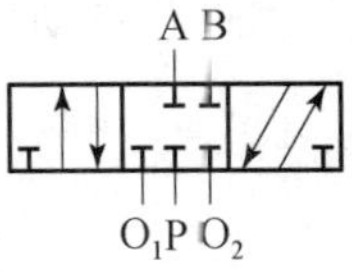

从表 6-1 中可以看出：

(1)“位”数用方格数表示，2 格即二位，3 格即三位。

(2)在一个方格内，箭头↑、↓或堵塞符号“⊥”与方格的相交点数为油口通路数，即“通”数。箭头表示两油口连通，但不表示流向；“⊥”表示该油口封堵，与别的油口不通。

(3)P 表示进油口，O(或 T)表示通油箱的回油口，A 和 B 表示连接其他两个工作油路的油口。

按阀芯换位的控制方式分类，滑阀式换向阀可分为手动、机动、电动、液动和电液动等类型。

(二)三位换向阀的中位机能

三位换向阀常态位(即中位)各油口的连通方式称为换向阀的中位机能。中位机能不同，中位时阀对系统的控制性能也不同。中位机能不同的同规格阀，其阀体通用，但阀芯台肩的结构尺寸不同，内部通油情况也不同。表 6-2 中列出了三位四通换向阀的中位机能形式、符号及特点等内容。在分析和选择换向阀的中位机能时，通常从执行元件换向的平稳性要求、换向位置的精度要求、重新启动时能否允许冲击、是否需要卸荷和保压等方面加以考虑。

表 6-2　三位四通换向阀的中位机能

中位机能形式	符号	中位通路状况、特点及应用
O 型		P、A、B、O 四个口全封闭，液压泵不卸荷，液压缸闭锁，可用于多个换向阀的并联工作。液压缸充满油，从静止到启动平稳。制动时，运动惯性引起的液压冲击较大，换向位置的精度高
H 型	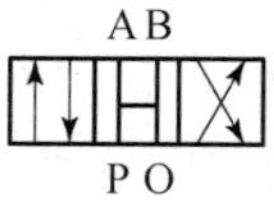	四个口全接通，泵卸荷，液压缸处于浮动状态，在外力作用下可移动。液压缸从静止到启动有冲击，制动比 O 型平稳，换向位置的变动大
Y 型		P 口封闭，A、B、O 三个口相通，泵不卸荷，液压缸浮动，在外力作用下可移动。液压缸从静止到启动有冲击，制动性能介于 O 型和 H 型之间
P 型		P、A、B 口相通，O 口封闭，泵与液压缸两腔相通，可组成差动连接。从静止到启动平稳，换向位置的变动比 H 型小，应用广泛
M 型		P、O 口相通，A、B 口封闭，泵卸荷，液压缸闭锁。从静止到启动较平稳，制动性能与 O 型相同，可用于泵卸荷、液压缸锁紧的系统中

(三)几种常用的换向阀

1. 手动换向阀

手动换向阀是用手动杠杆操纵阀芯换位的方向控制阀。按换向定位方式的不同，手动换向阀有钢球定位式和弹簧复位式两种。当操纵手柄的外力被取消后，钢球定位式手动换向阀因钢球卡在定位沟槽中，可保持阀芯处于换向位置；弹簧复位式手动换向阀则在弹簧力的作用下使阀芯自动回复到初始位置。图 6-5 所示为三位四通弹簧复位式手动换向阀。

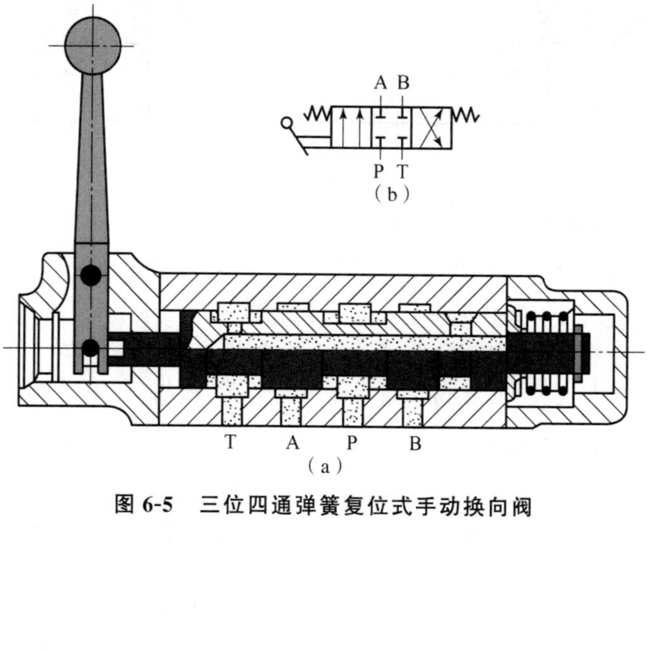

图 6-5　三位四通弹簧复位式手动换向阀

手动换向阀的结构简单，动作可靠，有的还可人为地控制阀口的大小，从而控制执行元件的速度。但由于需要外力操纵，手动换向阀只适用于间歇动作且要求人工控制的小流量场合。使用中应注意：定位装置或弹簧腔的泄漏油需单独用油管接入油箱中，否则漏油积聚会产生阻力，以至于不能换向，甚至造成事故。

2. 机动换向阀

机动换向阀又称行程阀。图 6-6 所示为二位二通机动换向阀。

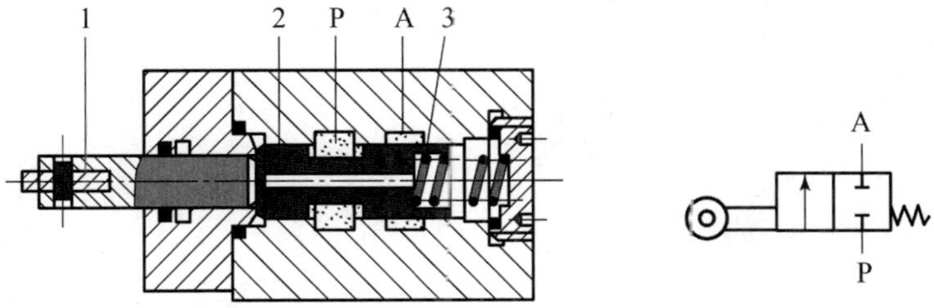

(a) (b)

1—滚轮；2—阀芯；3—弹簧；

A、P—油口

图 6-6 二位二通机动换向阀

这种阀必须安装在液压缸附近。在液压缸驱动工作部件的行程中，当装在工作部件一侧的挡块或凸轮移动到预定位置时，就压下阀芯 2，使阀换位。

机动换向阀通常是弹簧复位式的二位阀。它的结构简单，动作可靠，换向位置精度高，改变挡块的迎角或凸轮外形可使阀芯获得合适的换向速度，减小换向冲击。但这种阀不能安装在液压站上，因而连接管路较长，使得整个液压装置不紧凑。

3. 电磁换向阀

电磁换向阀是利用电磁铁的吸力操纵阀芯换位的方向控制阀。在二位电磁换向阀的一端有一个电磁铁，在另一端有一个复位弹簧；在三位电磁换向阀的两端各有一个电磁铁和一个对中弹簧，阀芯在常态时处于中位。对三位电磁换向阀来说，当右端电磁铁通电吸合时，衔铁通过推杆将阀芯推至左端，换向阀就在右位工作；反之，当左端电磁铁通电吸合时，换向阀就在左位工作。

图 6-7 所示为二位三通电磁换向阀，它是单电磁铁弹簧复位式，阀体左端安装的电磁铁可以通入直流电或交流电。在电磁铁不通电时，阀芯在右端弹簧力的作用下处于左端位置（常位），油口 P 与 A 连通，但不与 B 相通。若电磁铁通电产生一个向右的电磁力，该力通过推杆推动阀芯右移，则油口 P 与 B 连通，与 A 不相通。二位电磁阀一般都由单电磁铁控制。但也有无复位弹簧而设有定位机构的双电磁铁二位阀，由于电磁铁断电后仍能保留通电时的状态，从而减少了电磁铁的通电时间，延长了电磁铁的寿命，节约了能源；此外，当电源因故障中断时，电磁阀的工作状态仍能保留下来，可以避免系统失灵或出现事故，这种“记忆”功能对于一些连续作业的自动化机械和自动线来说，是十分必要的。

电磁铁按所接电源的不同，分为交流和直流两种基本类型。交流电磁铁使用方便，电磁吸力大，换向时间短（0.01～0.03 s），但换向冲击大，噪声大，发热多，换向频率不能太高（每分钟 30 次左右），寿命较短，而且当阀芯被卡住或由于电压低等原因吸合不上时，线圈易被烧坏。直流电磁铁需要直流电源或整流装置，它换向平稳，工作可靠，噪声小，寿命长，换向频率较高

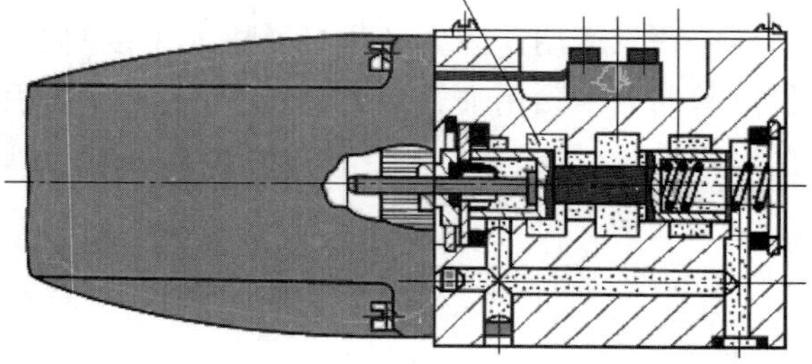

(a)

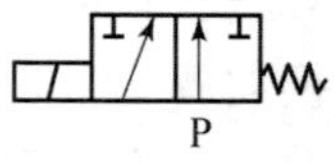

(b)

A、B、P—油口

图 6-7　二位三通电磁换向阀

(每分钟达 120 次左右),但启动力小,换向时间较长(0.05～0.08 s),且需要专门的直流电源,成本较高。还有一种自整流型电磁铁,电磁铁上附有二极管整流线路和冲击吸收装置,能把接入的交流电整流后自用,因而兼具了上述二者的优点。

4. 液动换向阀

液动换向阀的阀芯是由阀两端密封腔中的控制油液来移动的。图 6-8 所示为三位四通液动换向阀。当阀上的控制口 K_1 接通压力油、K_2 接通回油时,阀芯向右移动;当阀上的控制口 K_2 接通压力油、K_1 接通回油时,阀芯向左移动;当 K_1 和 K_2 都接通回油时,阀芯在两端弹簧和定位套的作用下回到中间位置。

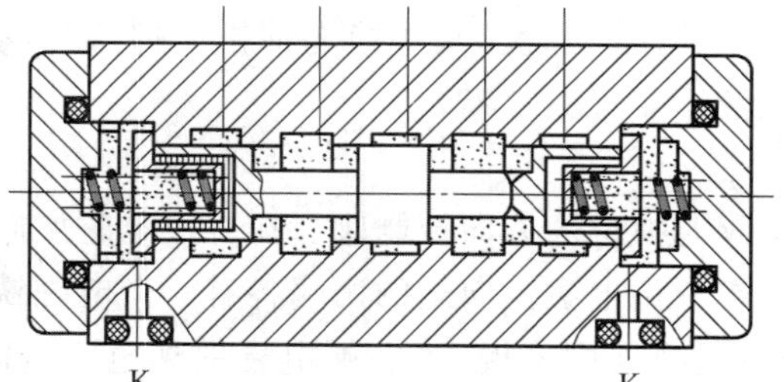

(a)

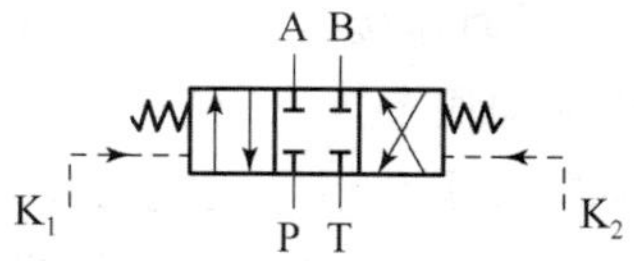

(b)

A、B、P、T—油口;K_1、K_2—控制口

图 6-8　三位四通液动换向阀

液动换向阀对阀芯的操纵推力是很大的,因此适用于压力高、流量大、阀芯移动行程长的场合。液动换向阀经常与机动换向阀或电磁换向阀组合成机液换向阀或电液换向阀,可实现自动换向或大流量主油路换向。

5. 电液换向阀

电液换向阀是由电磁换向阀和液动换向阀组成的复合阀。电磁换向阀为先导阀,用于改变控制油路的方向;液动换向阀为主阀,用于改变主油路的方向。这种阀的优点是可用反应灵敏的小规格的电磁换向阀方便地控制大流量的液动换向阀,以实现换向。

图 6-9(a)、图 6-9(b)、图 6-9(c)所示分别为三位四通电液换向阀的结构图、图形符号和简化符号。常态时,两个电磁铁 3、5 都不通电,电磁换向阀(先导阀)阀芯 4 处于中位,液动换向阀(主阀)的两端都接通油箱,这时由于对中弹簧的作用,液动换向阀阀芯 8 也处于中位。当左侧电磁铁 3 通电时,电磁换向阀阀芯 4 移向右位,先导阀处于左位工作,控制油经单向阀 1 接

通液动换向阀阀芯 8 的左端，主阀切换到左位工作，其右端的油则经节流阀 6 和电磁换向阀与油箱接通，于是液动换向阀阀芯 8 右移，其移动速度由右端节流阀 6 的开度大小决定。同理，当左侧电磁铁 3 断电、右侧电磁铁 5 通电时，电磁换向阀阀芯 4 移向左位，先导阀处于右位工作，控制油经单向阀 7 接通液动换向阀阀芯 8 的右端，主阀切换到右位工作，其左端的油则经节流阀 2 和电磁换向阀而与油箱接通，于是液动换向阀阀芯 8 左移，其移动速度由左端节流阀 2 的开度大小决定。

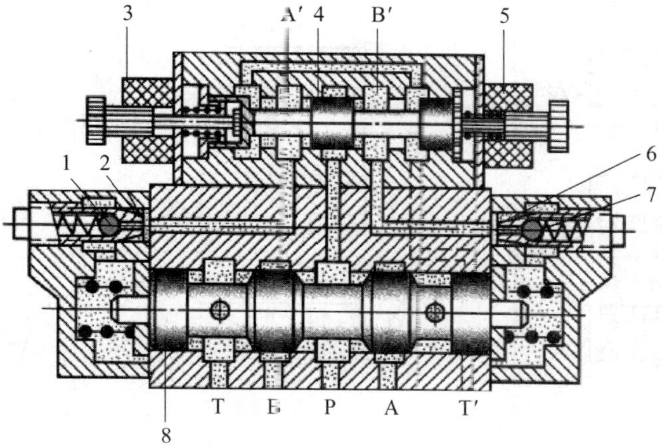

(a) 结构图

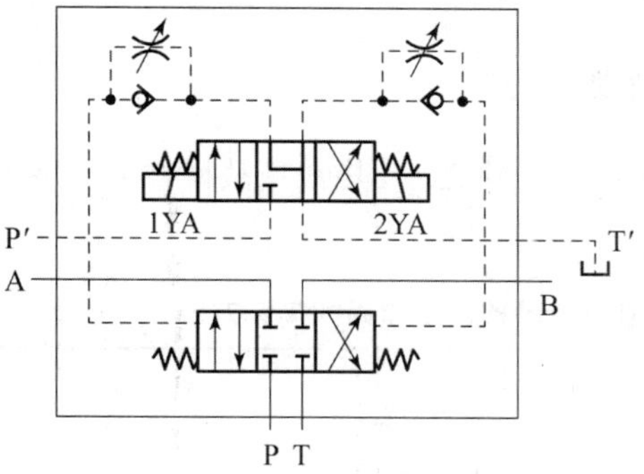

(b) 图形符号

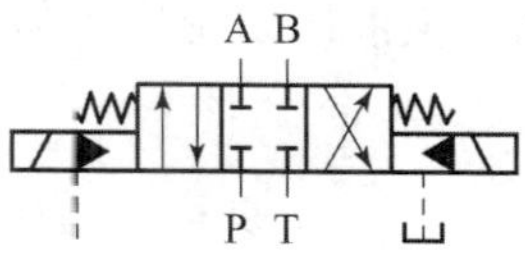

(c) 简化符号

1、7—单向阀；2、6—节流阀；3、5—电磁铁；4—电磁换向阀阀芯；8—液动换向阀阀芯

图 6-9　三位四通电液换向阀

在电液换向阀中，控制主油路的液动换向阀阀芯不是靠电磁铁的吸力直接推动的，而是靠电磁铁操纵控制油路上的压力油推动的，因此推力可以很大，操纵也很方便。此外，液动换向阀阀芯向左或向右的移动速度可分别由左侧节流阀 2 或右侧节流阀 6 来调节，这使系统中的执行元件能够平稳无冲击地换向。因此，这种复合阀的换向性能比较好，适用于高压、大流量的场合。

6. 多路换向阀

多路换向阀是一种集中布置的组合式手动换向阀，常用于工程机械等要求集中操纵多个执行元件的设备中。多路换向阀的组合形式有并联式、串联式和顺序单动式三种，如图 6-10 所示。

当多路换向阀如图 6-10(a)所示的并联式组合时，液压泵可以同时对三个执行元件或单独对其中的一个执行元件供油。在对三个执行元件同时供油的情况下，由于负载不同，三者将先后动作。当多路换向阀为如图 6-10(b)所示的串联式组合时，液压泵只能依次向各执行元件供油，第一个阀的回油口与第二个阀的进油口相连。各执行元件既可单独动作，也可同时动作。在三个执行元件同时动作的情况下，三个负载的压力之和不应超过泵压。当多路换向阀为如图 6-10(c)所示的顺序单动式组合时，液压泵按顺序向各执行元件供油。操作前一个阀时，就切断了后面阀的油路，从而可以防止各执行元件之间的动作干扰。

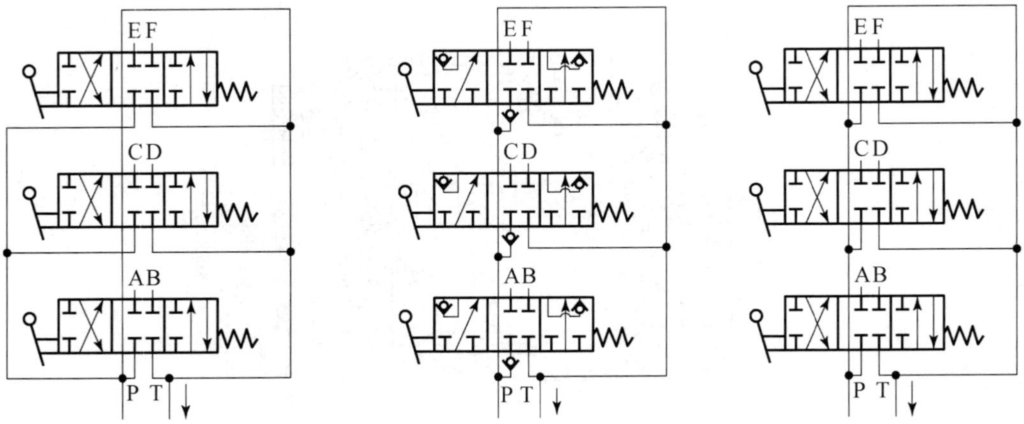

(a) 并联式　　(b) 串联式　　(c) 顺序单动式

图 6-10　多路换向阀的组合形式

三、方向控制阀的常见故障及其排除方法

方向控制阀是液压系统中较易发生故障的元件之一，其常见故障的产生原因和排除方法见表6-3。

表 6-3　方向控制阀常见故障的产生原因和排除方法

<table>
<tr><th>故障现象</th><th>产生原因</th><th>排除方法</th></tr>
<tr><td rowspan="2">主阀阀芯不动或不到位</td><td>滑阀被卡住：
(1)滑阀与阀体配合间隙过小；
(2)阀芯被碰伤，油液被污染；
(3)阀芯与阀体的几何精度差</td><td>检查滑阀：
(1)检查间隙情况，研修或更换阀芯；
(2)检查、修磨或重配阀芯，换油；
(3)检查、修正偏差及同心度</td></tr>
<tr><td>液动换向阀的控制油路有故障：
(1)因控制油路电磁换向阀未换向或控制油路堵塞，导致控制油路无油；
(2)因阀端盖处漏油或滑阀排油腔一侧的节流阀调节得过小或被堵死，导致控制油路的压力不足；
(3)滑阀两端的泄油口没有接回油箱或泄油管堵塞</td><td>检查控制回路：
(1)检查、清洗控制油路，消除故障；
(2)拧紧端盖螺钉，清洗节流阀并调整至适宜大小；
(3)检查泄油口并消除故障</td></tr>
</table>

续表 6-3

故障现象	产生原因	排除方法
主阀阀芯不动或不到位	先导阀故障： (1)阀芯与阀体孔被卡死(如零件几何精度差、阀芯与阀孔配合过紧、油液过脏)； (2)弹簧侧弯，使滑阀被卡死	检查先导阀： (1)修理配合间隙，使其达到要求；使阀芯移动灵活；过滤或更换油液； (2)更换弹簧
	电磁铁故障： (1)交流电磁铁因滑阀被卡住，铁芯因吸不到底面而烧毁； (2)电磁铁漏磁或吸力不足； (3)电气线路出故障	检查电磁铁： (1)清除将滑阀卡住的故障，更换电磁铁； (2)检查原因，修理或更换电磁铁； (3)检查并消除故障
	安装不良，阀体变形： (1)安装螺钉的拧紧力矩不均匀； (2)阀体上连接的管子“别劲”	检查阀体： (1)重新紧固螺钉，并使之受力均匀； (2)重新安装管子
	弹簧折断、漏装、太软，不能使滑阀回复中位，导致不能换向	检查、更换或补装弹簧
	电磁换向阀的推杆被磨损后长度不够，使阀芯移动过小或过大，引起换向不灵或不到位	检查并修复推杆，必要时更换推杆

任务二 压力控制阀检修

在液压系统中，控制液体压力的阀(溢流阀、减压阀)和控制执行元件或电气元件等在某一调定压力下产生动作的阀(顺序阀、压力继电器等)，统称为压力控制阀。这类阀的共同特点是利用作用于阀芯上的液压力与弹簧力相平衡的原理进行工作。

一、溢流阀

溢流阀通过对油液的溢流，使液压系统的压力维持恒定，从而实现系统的稳压、调压和限压。根据结构原理的不同，溢流阀分为直动式和先导式两类。

1. 直动式溢流阀

直动式溢流阀如图 6-11 所示。在正常工作时，压力油从 P 口流向 T 口。当作用在阀芯 3 上的液压力大于阀芯上的弹簧 7 所产生的弹簧力时，阀芯 3 向上移动，阀口打开，油液从 T 口流回油箱，阀溢流。当通过溢流阀的流量发生变化时，阀芯的位置也要发生变化，但因阀芯的移动量极小，作用在阀芯上的弹簧力的变化甚小。因此可认为，只要阀口打开，有油液流经溢流阀，溢流阀入口处的压力基本上就是恒定的。调节弹簧 7 的预压缩量，可调整溢流压力；改变弹簧 7 的刚度，可改变调压范围。

这种溢流阀因压力油直接作用于阀芯而被称作直动式溢流阀。直动式溢流阀一般只能用于低压、小流量场合。当控制较高压力或较大流量时，需要安装刚度较大的硬弹簧，不但手动调节困难，而且阀口的开度（弹簧压缩量）略有变化就会引起较大的压力波动，因此不易稳定。当系统压力较高时，就需要采用先导式溢流阀。

2. 先导式溢流阀

先导式溢流阀由先导阀和主阀两部分组成，如图 6-12 所示。先导阀是一个小规格的锥阀芯直动式溢流阀。主阀是利用主阀阀芯 5 上、下两端受压表面的作用力差与弹簧力相平衡的原理来进行工作的。油液从进油口 P 进入后，经孔道 e 作用在主阀阀芯的下腔，同时经阻尼孔 d 及孔道 b、c 作用在先导阀阀芯 3 上。当进油口的压力低于调压弹簧 2 的预紧力时，先导阀关闭。此时，阻尼孔内没有油液流动，不起阻尼作用，作用在主阀阀芯 5 上、下两腔的液压力平衡，主阀阀芯 5 被主阀弹簧 4 压在下端位置，阀口关闭，阀不溢流。当由油液压力形成的推力大于调压弹簧 2 的预紧力时，先导阀打开，压力油经阻尼孔 d 和孔道 b、c、a 流回油箱。油液流经阻尼孔 d 时产生压力降，使主阀阀芯上腔的压力小于下腔的压力。主阀阀芯在压力差的作用下向上移动，打开阀口，使 P 和 T 相通，实现溢流。调节先导阀调压弹簧 2 的预紧力，可调节溢流压力。

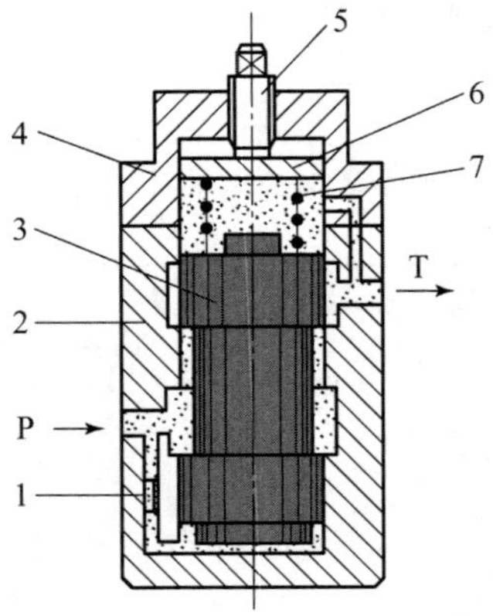

1—阻尼孔；2—阀体；3—阀芯；4—阀盖；
5—调压螺钉；6—弹簧座；7—弹簧；
P—进油口；T—出油口

图 6-11　直动式溢流阀

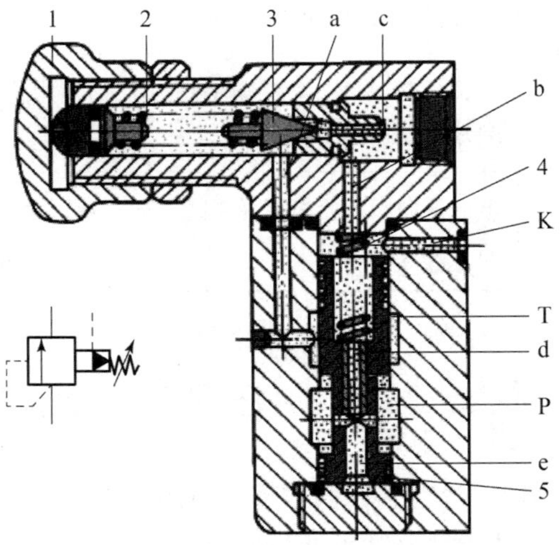

1—调节手轮；2—调压弹簧(先导阀)；
3—先导阀阀芯；4—主阀弹簧；5—主阀阀芯；
K—远程控制口；P—进油口；T—出油口；
a、b、c、e—孔道；d—阻尼孔

图 6-12　先导式溢流阀

阀体上有一个远程控制口 K，当将此控制口通过二位二通阀接通油箱时，主阀上腔的压力接近于零，主阀阀芯在很小的液压力的作用下便可被打开，实现溢流，此时泵卸荷。如果将控制口 K 接到另一个远程调压阀上（其结构和先导阀一样），并使打开远程调压阀的压力小于先导阀调压弹簧的预紧力，则主阀上腔的压力（即溢流阀的溢流压力）就由远程调压阀来决定。使用远程调压阀后，便可对系统的溢流压力实现远程调节。

根据液流连续性原理，流经阻尼孔的流量即为流出先导阀的流量，这一部分流量通常被称为泄油量。阻尼孔很细，泄油量只占全部溢流量（额定流量）极小的一部分，绝大部分油液均经主阀口溢流回到油箱。在先导式溢流阀中，先导阀的作用是控制和调节溢流压力，主阀的作用则在于控制溢流。因为先导阀只通过泄油，其阀口直径较小，即使在较高压力下，作用在锥阀阀芯上的液压推力也不大，因此调压弹簧的刚度不必很大，压力调整也就比较轻便。主阀阀芯两端均受油液压力的作用，其回位时只需克服摩擦阻力，因而主阀弹簧只需要很小的刚度。当溢流量的变化引起弹簧压缩量的变化时，进油口的压力变化不大，因此先导式溢流阀恒定压力的性能优于直动式溢流阀。但先导式溢流阀是二级阀，其反应不如直动式溢流阀灵敏。

二、减压阀

减压阀主要用于降低系统某一支路的油液压力，使同一系统能有两个或多个不同压力的回路。油液流经减压阀后能使其压力降低，并保持恒定。只要液压阀的输入压力（一次压力）超过调定的数值，二次压力就能不受一次压力的影响而保持不变。例如，当系统中的夹紧支路或润滑支路需要稳定的低压时，只需在该支路上串联一个减压阀即可。

减压阀也有直动式和先导式之分。直动式减压阀在系统中较少单独使用，采用直动式结构的定差减压阀仅作为调速阀的组成部分来使用，先导式减压阀则应用得较多。图 6-13 所示为先导式减压阀。它由先导阀和主阀组成。压力油由阀的进油口 P_1 流入，经减压口 f 减压后从出油口 P_2 流出。出口压力油经主阀阀芯上的小孔 d 及阻尼孔 e 流到主阀阀芯的下腔和上腔，并经小孔 b、a 作用在先导阀芯上。当出口油液的压力低于先导阀的调定压力时，先导阀关闭，主阀阀芯上、下两腔的压力相等，主阀阀芯在弹簧的作用下处于最下端，减压口 f 的开度为最大，阀处于非工作状态。当出口油液的压力达到先导阀调定的压力时，先导阀芯移动，阀口打开，主阀弹簧腔的油液便由外泄口 Y 流回油箱。由于油液在主阀阀芯阻尼孔内流动，主阀阀芯两端产生压力差。主阀阀芯在压力差的作用下克服弹簧力被抬起，减压口 f 减小，压降增大，使出口压力下降到调定值。

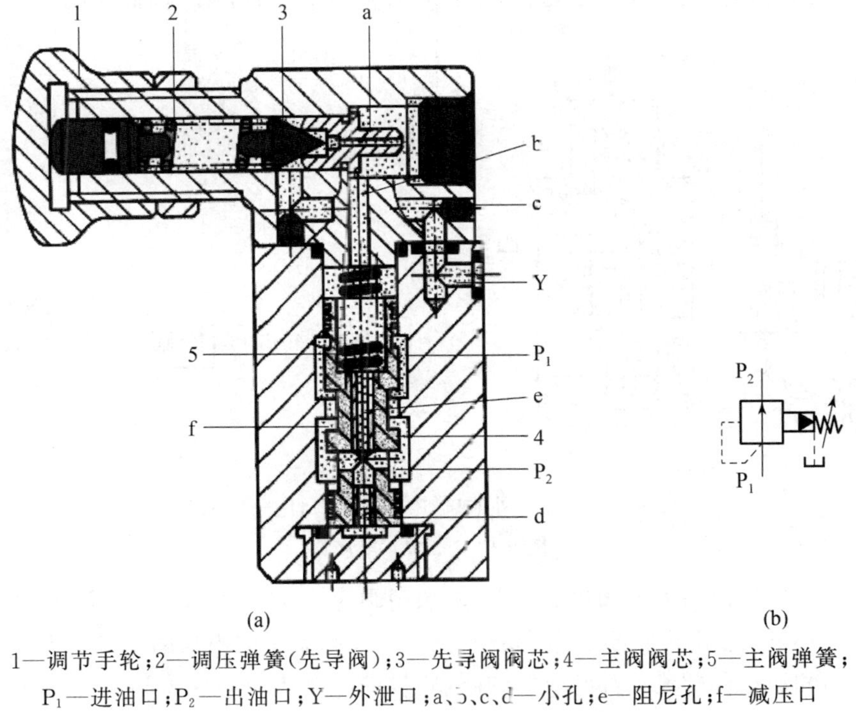

1—调节手轮；2—调压弹簧（先导阀）；3—先导阀阀芯；4—主阀阀芯；5—主阀弹簧；

P_1—进油口；P_2—出油口；Y—外泄口；a、b、c、d—小孔；e—阻尼孔；f—减压口

图 6-13 先导式减压阀

三、顺序阀

顺序阀是利用油路中压力的变化控制阀口启闭，以实现执行元件顺序动作的液压元件。它以进口压力油（内控式）或外来压力油（外控式）的压力为输入信号，当信号压力达到调定值时，阀口开启，使所在油路自动接通。通过改变控制方式、泄油方式和二次油路的接法，顺序阀还可当作背压阀、平衡阀或卸荷阀使用。顺序阀也有直动式和先导式之分。

图 6-14(a)所示为直动式内控顺序阀。顺序阀的出口处不接油箱，而是通向二次油路，因此它的外泄口 L 必须单独接回油箱。为了减小调压弹簧的刚度，顺序阀底部设置了控制活塞。外控口 K 用螺塞堵住，外泄口 L 连通油箱。压力油自进油口 P_1 通入，经阀体上的孔道和下盖上的孔流到控制活塞的底部。当压力油的推力能克服阀芯上调压弹簧的预紧力时，阀芯上移，使进油口 P_1 和出油口 P_2 连通，压力油便从阀口流过。经阀芯与阀体间的缝隙进入弹簧腔的泄油从外泄口 L 泄回油箱。这种油口连通情况的顺序阀称为内控外泄顺序阀，其图形符号如图 6-14(b) 所示。内控外泄顺序阀在进油路压力值达到阀的调定压力值之前，阀口一直是关闭的；在进油路压力值达到阀的调定压力值之后，压力油进入二次油路，驱动执行元件。

将图 6-14(a)中的下盖旋转 90°或 180°进行安装，切断进油流往控制活塞下腔的通路，并去除外控口的螺塞，接入引自其他处的压力油（称为控制油），便成为外控外泄顺序阀，其图形符号如图 6-14(c)所示。这时，外控顺序阀阀口的开启与一次油路进口的压力没有关系，只决定于控制压力的大小。在这种情况下，调压弹簧的预压缩量可以被调得很小，使控制油压较低时便可开启阀口。

若在结构上可能的情况下再将上端盖旋转 180°进行安装，使弹簧腔与出油口 P_2 相连（在阀体上开有沟通孔道），并将外泄口 L 堵塞，便成为外控内泄顺序阀，其图形符号如图 6-14(d)所示。外控内泄顺序阀只用于出口接油箱的场合，常用于泵的卸荷，因此又称为卸荷阀。

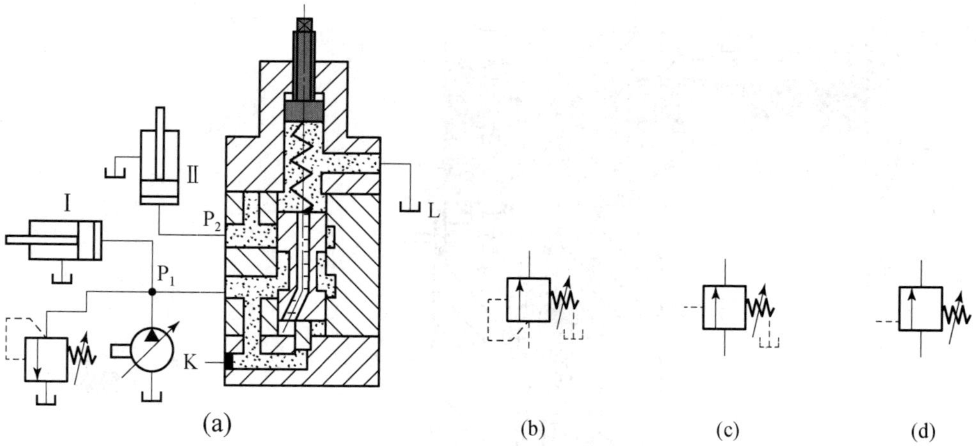

K—外控口；L—外泄口；P_1—进油口；P_2—出油口

图 6-14　直动式顺序阀

顺序阀的主要性能与溢流阀相似。另外，顺序阀为使执行元件准确地实现顺序动作，要求阀的调压偏差小，因此调压弹簧的刚度要小，阀在关闭状态下的内泄漏量也要小。直动式顺序阀的工作压力和通过阀的流量都有一定的限制，最高控制压力不应太高。对性能要求较高的高压大流量系统需采用先导式顺序阀。

先导式顺序阀与先导式溢流阀的结构大体相似，工作原理也基本相同，这里不再详述。先导式顺序阀也有内控外泄、外控外泄和外控内泄几种不同的控制方法，以备选用。

四、压力继电器

压力继电器是一种液-电信号转换元件。当控制油压达到调定值时，便触动电气开关发出电信号，控制电气元件（如电动机、电磁铁、电磁离合器等）的动作，实现泵的加载或卸载、执行元件的顺序动作、系统安全保护和元件动作连锁等功能。压力继电器由压力-位移转换装置和微动开关两部分组成。

图 6-15 所示为柱塞式压力继电器。压力油从油口 P 通入，并作用在柱塞 5 的底部，当其压力达到弹簧的预紧力时，便克服弹簧阻力和柱塞摩擦力推动柱塞上升，通过顶杆 3 触动微动开关 1 来发出信号。限位挡块 4 可在压力超载时保护微动开关。

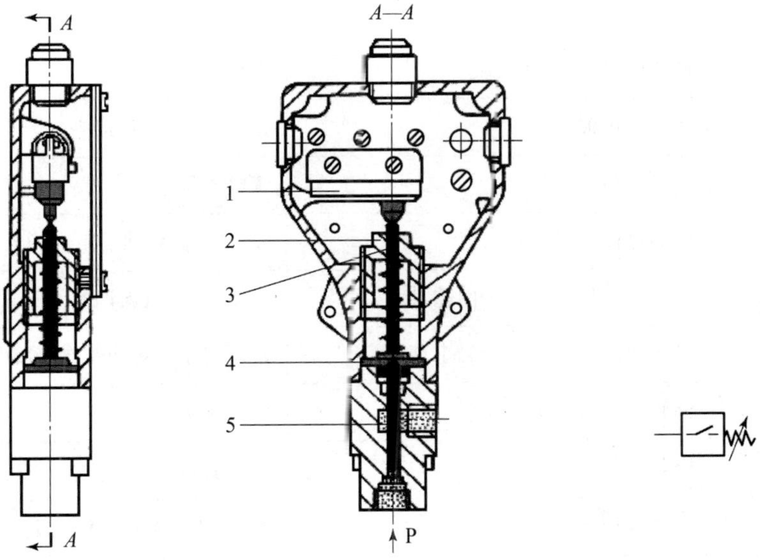

(a)　　(b)　　(c)

1—微动开关；2—调节螺丝；3—顶杆；4—限位挡块；5—柱塞；

P—油口

图 6-15　柱塞式压力继电器

压力继电器的性能指标主要有两项：

(1)调压范围：发出电信号的最低和最高工作压力之间的范围。打开面盖，拧动调节螺丝，即可调整工作压力。

(2)通断返回区间：压力继电器发出电信号时的压力称为开启压力，切断电信号时的压力称为闭合压力。开启时，柱塞、顶杆移动所受摩擦力的方向与压力的方向相反；闭合时，二者则相同。因此，开启压力比闭合压力大，二者之差称为通断返回区间。

通断返回区间要有足够的数值，否则当系统有压力脉动时，压力继电器发出的电信号会时断时续。因此，有的产品在结构上可人为地调整摩擦力的大小，使通断返回区间的数值可调。

五、压力控制阀常见故障的产生原因和排除方法

压力控制阀常见故障的产生原因和排除方法见表6-4。

表6-4 压力控制阀常见故障的产生原因和排除方法

故障现象	产生原因	排除方法
溢流阀压力有波动	滑阀拉毛或产生变形，运动不灵活	修理或更换滑阀
	锥阀或球阀与阀座接触不良或磨损	修研阀座或更换锥阀、球阀
	弹簧刚度太低或弹簧弯曲	更换弹簧
	油液不清洁，阻尼孔不通畅	清洗滑阀，清洗阻尼孔，更换油液
	压力表测量不准	修理或更换压力表
溢流阀有明显的振动与噪声	调压弹簧变形，不能复原	更换弹簧
	回油路中混入空气	排气，紧固油路接头
	流量超值	调整流量
	油温过高，回油阻力过大	控制油温，将回油阻力降至0.5 Mpa以下
溢流阀泄漏	阀芯与阀体间的配合间隙过大	更换阀芯，重新调整间隙
	锥阀或球阀与阀座接触不良	修研阀座或更换锥阀、球阀
	油管与阀的接头松动	紧固接头
	密封件损坏	更换密封件
溢流阀调压失灵	滑阀卡死	检查、修研滑阀，调整阀盖螺钉的紧固力
	滑阀的阻尼孔被堵塞	清洗阻尼孔
	弹簧已变形或被折断	更换弹簧
	进、出油口被接反	重装进、出油口
	先导阀的阀座小孔被堵塞	清洗阀座小孔
减压阀压力不稳且与调定压力不符	主阀弹簧太软、变形或在滑阀中卡住，使阀移动困难	更换弹簧
	油箱液面低于回油管口或滤油器高度，油中混入空气	补油
	锥阀与阀座装配不良	更换锥阀
	油液泄漏	检查密封件，拧紧螺钉

续表 6-4

故障现象	产生原因	排除方法
减压阀不起作用	泄油口螺堵未被拧出	拧出螺堵，接上泄油管
	滑阀被卡死	清洗或重配滑阀
	油液不清洁，阻尼孔被堵塞	清洗阻尼孔，更换油液
顺序阀有振动与噪声	油管不合适，回油阻力过大	降低回油阻力
	油温过高	降温至规定温度
顺序阀的动作压力与调定压力不符	调压弹簧调压不当	反复几次调整至所需压力
	调压弹簧变形，无法调节最高压力	更换调压弹簧
	滑阀被卡死	修理或更换滑阀
压力继电器无输出信号	微动开关损坏或与微动开关相接的触头未调整好	更换微动开关，调整触头使之接触良好
	电气线路故障	检查原因，排除故障
	阀芯被卡死或阻尼孔被堵塞	清洗阻尼孔，修研阀芯，使阀芯或阻尼孔达到要求
	调压弹簧太硬或压力调得过高	更换适宜的弹簧或按要求调节压力值
	弹簧和顶杆装配不良，有卡滞现象	重新进行装配，使动作更灵敏
压力继电器的灵敏度太差	顶杆柱塞处或钢球与柱塞接触处的摩擦力过大	重新进行装配，使动作更灵敏
	微动开关接触行程太长或调整螺钉、顶杆等的调节不当	合理进行调整
	阀芯移动不灵活	清洗、修理阀芯，使之灵活

任务三　流量控制阀检修

流量控制阀是通过改变阀口的过流面积来调节输出流量，从而控制执行元件运动速度的控制阀。常用的流量控制阀有节流阀、调速阀等。

一、节流阀

节流阀的结构如图 6-16 所示，液压油从进油口 A 流入，经节流孔从出油口 B 流出。这种节流阀的节流通道呈轴向三角槽式。阀芯 1 在弹簧的作用下始终贴紧在推杆 3 上。调节手轮，借助推杆 3 可使阀芯 1 作轴向移动，从而改变节流孔的通流截面积来调节流量。

试验表明，在压差、油温和黏度等因素不变的情况下，当节流阀的开度很小时，流量会不稳定，甚至断流，这种现象称为阻塞。产生阻塞的主要原因是节流孔处的高速液流产生局部高温，致使油液氧化生成胶质沥青等沉淀。这些生成物和油中原有的杂质结合，在节流孔表面逐步形成附着层，附着层不断地堆积又不断地被高速液流冲掉，流量就不断地产生波动。当附着层堵死节流孔时，则出现断流。

阻塞造成系统执行元件的速度不均匀，因此节流阀有一个能正常工作（指无断流且流量变化不大于 10%）的最小流量限制值，称为节流阀的最小稳定流量。

在实际应用中，防止节流阀阻塞的主要措施如下：

（1）油液要进行精密过滤：实践证明，5～10 μm 的过滤精度能显著地改善阻塞现象。为除去铁质污染，采用带磁性的过滤器的效果更好。

（2）节流阀两端的压差要适当：压差太大，节流孔的能量损失大，温度升高。对同等流量而言，压差大，对应的过流面积小，易引起阻塞。设计时，一般取压差 $\Delta p=0.2\sim0.3$ MPa。

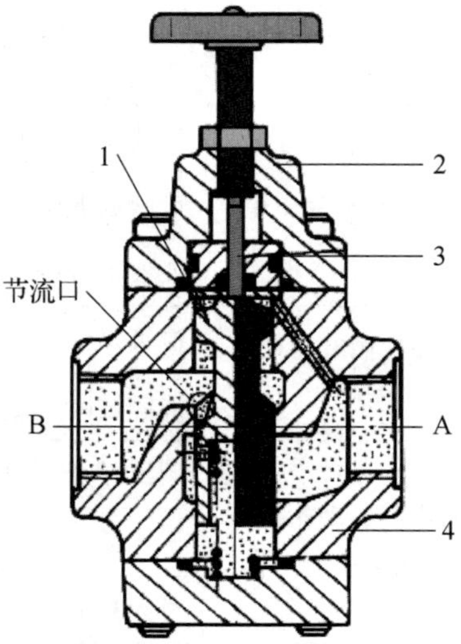

1—阀芯；2—阀盖；3—推杆；4—阀体；
A—进油口；B—出油口

图 6-16　节流阀的结构

二、调速阀

调速阀是由节流阀与定差减压阀串联而成的组合阀。节流阀用于调节通过的流量，定差减压阀则自动补偿负载变化的影响，使节流阀前后的压力差为定值，消除了负载变化对流量的影响。

如图 6-17 所示，定差减压阀 1 与节流阀 2 串联，设定差减压阀的进口压力为 p_1，油液经减压后的出口压力为 p_2，通过节流阀又降至 p_3，然后进入液压缸，则减压阀 a 腔、b 腔的油压为 p_2，c 腔的油压为 p_3。p_3 的大小由液压缸负载 $\boldsymbol{F}$ 决定。负载 $\boldsymbol{F}$ 变化，则 p_3 和调速阀的进、出口压力差（p_1-p_3）也随之变化，但节流阀两端的压力差（p_2-p_3）却保持不变。例如，$\boldsymbol{F}$ 增大，使 p_3 增大，即 c 腔的液压作用力增大，阀芯左移，减压阀口开度增大，减压作用减小，使 p_2 有所增加，而节流阀两端的压力差（p_2-p_3）则保持不变；反之亦然。因此，通过调速阀的流量就会保持恒定，液压缸的速度也会保持恒定。

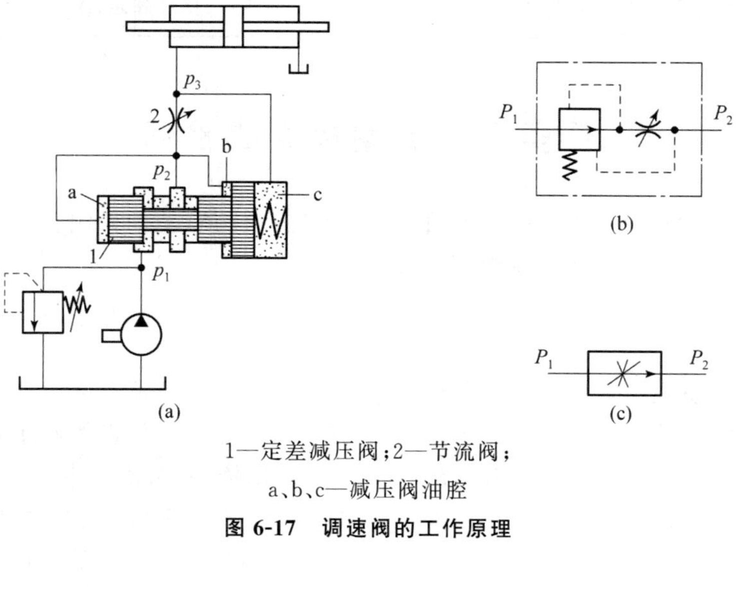

1—定差减压阀；2—节流阀；
a、b、c—减压阀油腔

图 6-17　调速阀的工作原理

普通调速阀的流量虽然基本上不受外部负载变化的影响，但是当流量较小时，节流孔的通流面积较小，这时节流孔的长度与通流截面直径的比值相对地增大，因而油液的黏度变化对流量的影响也增大。所以，当油温升高后油的黏度变小时，流量仍会增大。为了减小温度对流量的影响，可以采用温度补偿调速阀。

调速阀适用于负载变化较大、速度平稳性要求较高的液压系统。例如，各类组合机床、车床、铣床等设备的液压系统常用调速阀进行调速。

三、分流集流阀

分流集流阀是分流阀、集流阀和分流集流阀的总称。分流阀的作用是使液压系统中由同一个油源向两个执行元件供应相同的流量（等量分流），以实现两个执行元件的速度保持同步或定比关系。集流阀的作用是从两个执行元件中收集等流量或按比例的回油量，以实现二者速度的同步或定比关系。分流集流阀兼有分流阀和集流阀的功能。当油源向两个相同的液压缸供油时，通过分流集流阀的分流功能，可使两个液压缸的速度保持同步；当液压缸向油箱回油时，通过分流集流阀的集流作用，可使液压缸的回程保持同步。

图 6-18(a)所示为分流集流阀的结构，其图形符号如图 6-18(b)所示。阀芯 5、6 在各弹簧力的作用下处于中间位置的平衡状态。分流且 $p_4>p_3$ 时的工作原理如图 6-18(c)所示，由于 p_0 大于 p_1 和 p_2，阀芯 5 和 6 处于相离的状态，互相钩住。当负载压力 $p_4>p_3$ 时，如果阀芯仍留在中间位置，必然使 $p_2>p_1$。这时，连成一体的阀芯将左移，可变节流孔 3 减小，使 p_1 上升，直至 $p_1\approx p_2$，阀芯停止运动。两个固定节流孔 1 和 2 的面积相等，因此通过两个固定节流孔的流量 $q_1\approx q_2$，而不受出口压力 p_3 和 p_4 变化的影响。

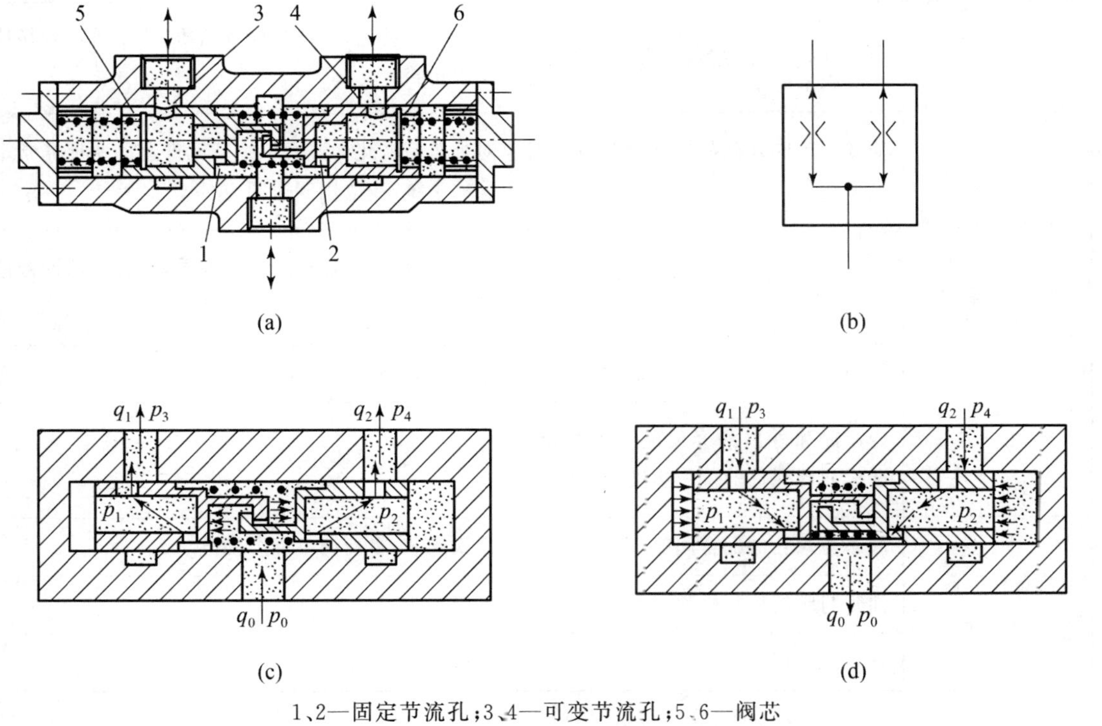

1、2—固定节流孔；3、4—可变节流孔；5、6—阀芯

图 6-18　分流集流阀

集流且 $p_4>p_3$ 时的工作原理如图 6-18(d)所示，由于 p_0 小于 p_1 和 p_2，两阀芯处于互相压紧的状态。设负载压力 $p_4>p_3$，若阀芯仍留在中间位置，必然使 $p_2>p_1$。这时，压紧成一体的阀芯左移，可变节流孔 4 减小，使 p_2 下降，直至 $p_2\approx p_1$，阀芯停止运动。因此 $q_1\approx q_2$，而不受进口压力 p_3 及 p_4 变化的影响。

四、流量控制阀常见故障的产生原因和排除方法

流量控制阀常见故障的产生原因和排除方法见表 6-5。

表 6-5　流量控制阀常见故障的产生原因和排除方法

故障现象	产生原因	排除方法
调整节流阀手柄时无流量变化	油液过脏，使节流孔被堵死	检查油质，过滤油液
	手柄与节流阀阀芯的装配位置不合适	检查原因，重新进行装配
	节流阀阀芯上连接键失落或未装键	更换键或补装键
	节流阀阀芯因配合间隙过小或变形而被卡死	清洗、修配间隙或更换零件
	调节杆螺纹被脏物堵住，造成调节不良	拆开螺纹进行清洗，重新进行装配
执行元件的运动速度不稳定（流量不稳定）	节流孔处积有污物，造成时堵时通	拆开节流孔进行清洗，检查油质，若油质不合格应予以更换
	简式节流阀外载荷的变化会引起流量变化	对外载荷变化大或要求执行元件运动速度非常平稳的系统，应改用调速阀
	油液过脏，堵死节流孔或阻尼孔	清洗节流孔或阻尼孔，检查油质，不合格的油液应予以更换
	压力补偿阀的动作不灵敏	检查并修理压力补偿阀
	内泄漏和外泄漏会使流量不稳定，造成执行元件的工作速度不均匀	消除泄漏或更换元件
流量控制阀的泄漏	阀芯与阀孔的配合间隙过大	更换阀芯，重新调整配合间隙
	油管与阀的接头松动	紧固接头
	密封件损坏	更换密封件

任务四 新型液压控制元件

一、插装阀(插装式锥阀或逻辑阀)

普通液压阀在流量<200 L/min的系统中的性能良好，但用于大流量系统并不一定具有良好的性能，特别是阀的集成成为难题。20世纪70年代初，插装阀的出现为此开辟了新途径。

二通插装阀由控制盖板1、插装主阀(由阀套、弹簧、阀芯及密封件组成)、插装块体5和先导元件(置于控制盖板上，图中未画出)组成，如图6-19所示。插装主阀采用插装式连接，阀芯4为锥形。根据需要的不同，阀芯4的锥端可开阻尼孔或节流三角槽。阀芯也可以是圆柱形阀芯。控制盖板1将插装主阀封装在插装块体5内，并沟通先导阀和主阀。阀芯4的启闭可对主油路的通断起到控制作用。插装阀通过与各先导阀组合，可构成方向控制阀、压力控制阀和流量控制阀，并可进行复合控制。若干不同控制功能的二通插装阀组装在一个或多个插装块体内，便组成液压回路。

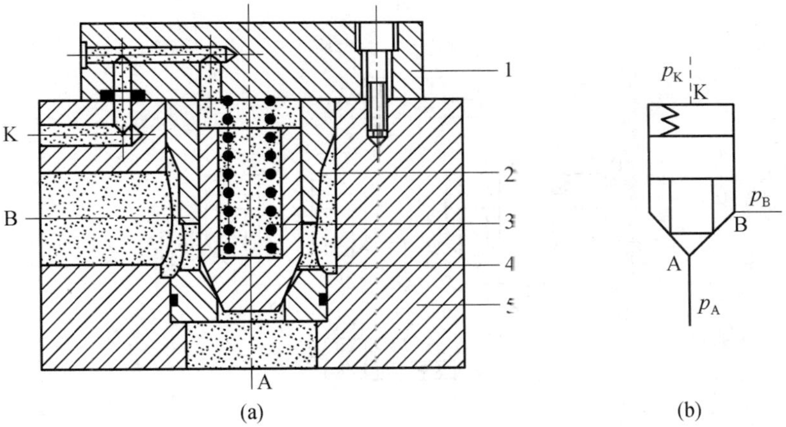

1—控制盖板；2—阀套；3—弹簧；4—阀芯；5—插装块体；
A、B—工作油口；K—控制油口

图6-19 二通插装阀

就工作原理而言，二通插装阀相当于一个液控单向阀。A和B为主油路两个仅有的工作油口(所以称为二通阀)，K为控制油口。通过控制油口的启闭和对压力大小的控制，即可控制主阀阀芯的启闭和工作油口A、B的流向和压力。当控制油口K接通油箱时，$p_K=0$。当锥阀下部的液压力超过弹簧力时，锥阀打开，使工作油口A、B连通。这时若$p_A>p_B$，则油由A流向B；若$p_B>p_A$，则油由B流向A。当$p_K\geqslant p_A$且$p_K\geqslant p_B$时，锥阀关闭，A、B不连通。

(一)插装式方向控制阀

图6-20给出了几个插装式方向控制阀的实例。图6-20(a)表示将插装式方向控制阀用作单向阀。设A、B两腔的压力分别为p_A和p_B，当$p_A>p_B$时，锥阀关闭，A和B不连通；当$p_A<p_B$且p_B达到一定数值(开启压力)时，锥阀便开启，使油液从B流向A。图6-20(b)表示将B腔和K腔连通，构成油液可从A流向B的单向阀。图6-20(c)表示将插装式方向控制阀用作二

位二通换向阀。在图示状态下，电磁换向阀位于左位，油液只能从 B 流向 A；当电磁换向阀通电时，K 与油箱连通，油液也可从 A 流向 B。图 6-20(d)表示将插装式方向控制阀用作二位四通换向阀。在图示状态下，A 和 T、P 和 B 分别连通；当二位四通换向阀通电时，A 和 P、B 和 T 分别连通。用多个先导阀和多个主阀相配，可构成复杂的组合二通插装式换向阀，这是普通换向阀做不到的。

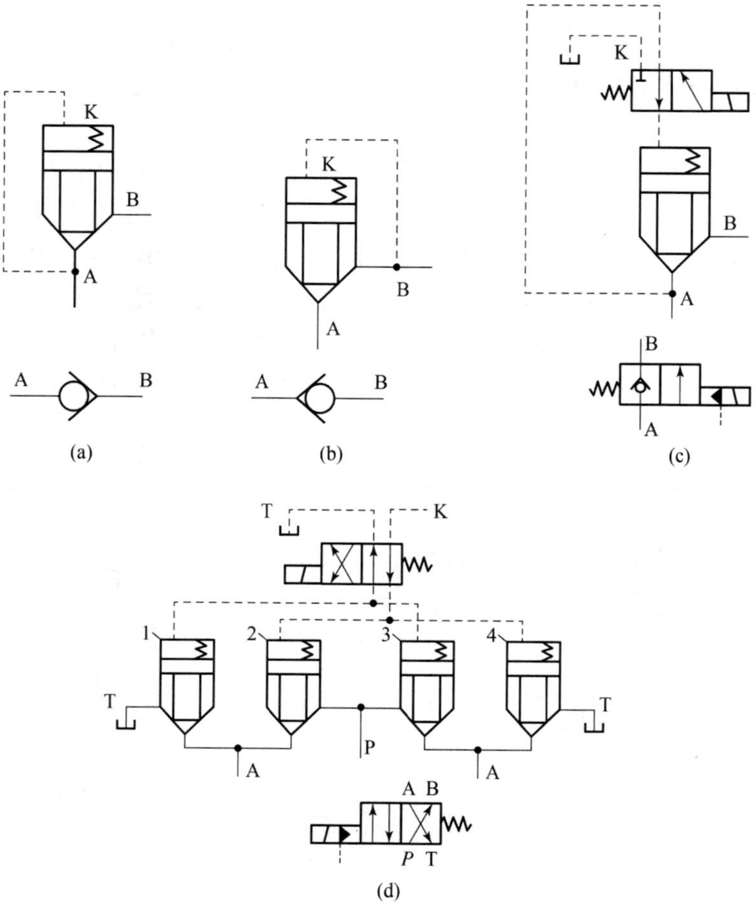

图 6-20 插装式方向控制阀

(二)插装式压力控制阀

对 K 腔采用压力控制可构成各种压力控制阀，其结构原理如图 6-21(a)所示。用直动式溢流阀作为先导阀来控制插装主阀，在不同的油路连接下便构成不同的压力控制阀。图 6-21(b)表示 B 腔通油箱，可用作溢流阀。当 A 腔的油压升高到先导阀调定的压力时，先导阀打开，油液流过主阀阀芯上的阻尼孔，造成两端压差，使主阀阀芯克服弹簧阻力被开启，A 腔压力油便通过打开的阀口经 B 腔溢回油箱，实现溢流稳压。当二位二通插装式压力控制阀通电时，便可作为卸荷阀使用。图 6-21(c)表示 B 腔接压力油路，构成顺序阀。此外，若主阀采用油口常开的圆锥阀芯，则可构成二通插装式减压阀；若用比例溢流阀作为先导阀，代替图中的直动式溢流阀，则可构成二通插装式电液比例溢流阀。

(三)插装式流量控制阀

在二通插装式方向控制阀的盖板上增加阀芯行程调节器，调节阀芯开度的大小，就构成了一个插装式可调节流阀,如图 6-22 所示。这个插装阀的锥阀阀芯上开有三角槽,用于调节流量。若用比例电磁铁取代节流阀的手调装置,则可组成插装式比例节流阀。若在插装式可调节流阀前串联一个定差减压阀,就可组成插装式调速阀。

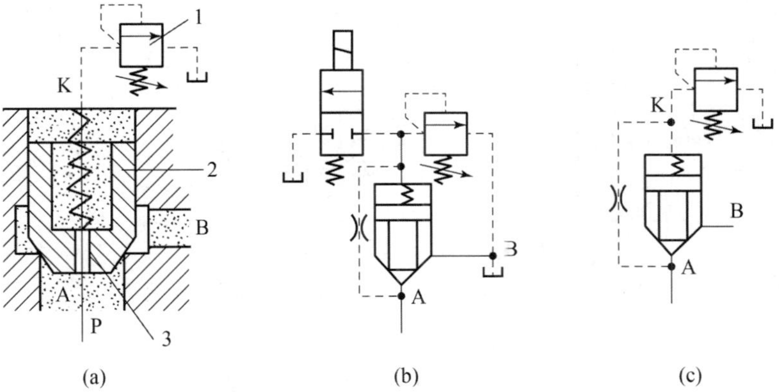

1—先导阀;2—主阀阀芯;3—阻尼孔

图 6-21 插装式压力控制阀

(四)二通插装阀及其集成系统的特点

(1)插装阀的结构简单,通流能力大,因此用通径很小的先导阀与之配合便可构成通径很大的各种二通插装阀,最大流量可达 1 0000 L/min。

(2)不同的阀有相同的插装主阀,一阀多能,便于实现标准化。

(3)泄漏量小,便于无管连接;先导阀的功率小,具有明显的节能效果。

二通插装阀目前广泛应用于冶金、船舶、塑料机械等大流量控制系统中。

二、叠加式液压阀

叠加式液压阀简称叠加阀,它是在板式阀集成化的基础上发展起来的新型液压元件。这种阀既具有板式液压阀的功能,其阀体本身又具有通道体的功能,从而能将其上、下安装面进行叠加式无管连接,组成集成化液压系统。

目前,叠加阀的生产已形成系列,每一种通径系列的叠加阀的主油路通道和螺钉孔的大小、位置、数量与相应通径的主换向阀相同,只要将同一通径系列的叠加阀按一定次序叠加起来,加上电磁阀或电液换向阀,再用螺栓和螺母紧固,即可组成各种典型的液压系统。叠加阀的工作原理与普通液压阀相似。叠加阀按作用的不同分为压力控制阀、流量控制阀和方向控制阀。

叠加阀系统如图 6-23 所示。主换向阀安装在最上面,与执行元件连接的底板放在最下面,而控制油液压力、流量或单向流动的阀则安装在换向阀与底板之间,其顺序应按子系统的动作要求来安排。

由叠加阀组成的液压系统具有结构紧凑、配置灵活、占地面积小、系统设计制造周期短、标准化程度高等优点,是一种很有发展前途的液压控制阀类。

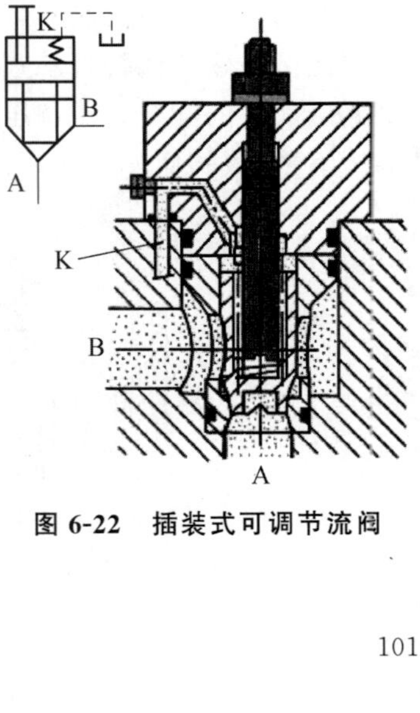

图 6-22 插装式可调节流阀

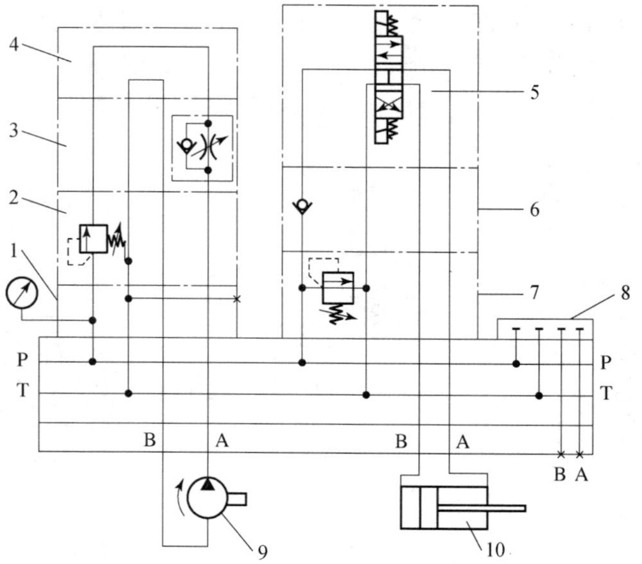

1—安装压力表板；2—顺序阀；3—单向进油节流阀；4—顶板；5—换向阀；
6—单向阀；7—溢流阀；8—备用回路板；9—液压马达；10—液压缸

图 6-23 叠加阀系统

三、电液比例控制阀

电液比例控制阀(简称比例阀)是根据工作机构的动作要求，对液压系统的压力、流量等参数进行连续控制或较高精度控制的液压元件。它与普通液压阀的主要区别在于，其阀芯的运动是由比例电磁铁控制的，使输出的压力或流量与输入的电流成正比。比例阀简化了液压系统，减少了液压元件数，使液压系统可用计算机进行控制，液压系统的自动化程度明显得到提高。

比例阀常用直流比例电磁铁进行控制，直流比例电磁铁吸力的大小与通过其线圈的直流电流成正比。直流比例电磁铁的前端都附有位移传感器，它的作用是检测直流比例电磁铁的行程，并向放大器发出反馈信号。放大器将输入信号与反馈信号进行比较后，再向直流比例电磁铁发出纠正信号，以补偿误差，保证比例阀有准确的输出参数，进而保证比例阀的输出压力和流量不受负载变化的影响。

比例阀分为压力控制阀、流量控制阀和方向控制阀三大类。

用比例电磁铁代替直动式溢流阀的手调装置，可构成直动式比例溢流阀，如图 6-24 所示。比例电磁铁 2 的推杆 3 对调压弹簧 4 施加推力，随着输入电信号强度的变化，即可改变调压弹簧的压缩量，该阀便连续地或按比例地远程控制其输出油液的压力。

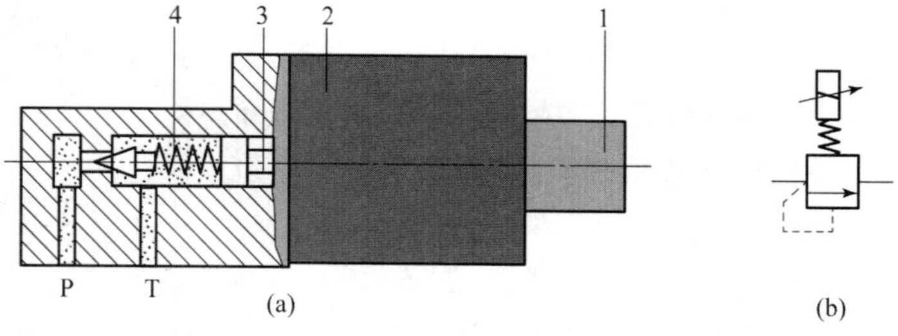

1—位移传感器；2—比例电磁铁；3—推杆；4—调压弹簧

图 6-24 直动式比例溢流阀

把直动式比例溢流阀作为先导阀与普通压力控制阀的主阀相配，可构成先导式比例溢流阀、比例减压阀和比例顺序阀。

用比例电磁铁代替节流阀或调速阀的手调装置，根据输入电信号强度的变化控制节流孔的开度，可构成比例调速阀。

用比例电磁铁代替电磁换向阀中的普通电磁铁，可构成直动式比例方向控制阀。比例电磁铁可控制阀芯换位，且换位的行程可连续地或按比例地变化，因而连通油口间的通流面积也可连续地或按比例地变化。因此，比例换向阀不仅能控制执行元件的运动方向，而且能控制其运动速度。

四、电液数字控制阀

用计算机对电液系统进行控制是技术发展的必然趋势，但电液比例阀或伺服阀能接收的信号是连续变化的电压或电流，而计算机的指令是“开”或“关”的数字信息，要用计算机控制必须进行“数-模”转换，结果使设备复杂，成本提高，可靠性降低。在这种技术要求下，20 世纪 80 年代初期出现了电液数字控制阀（简称数字阀），全面解决了上述问题。

计算机数字控制的方法有多种，当今技术较成熟的是增量式数字阀，即用步进电动机驱动液压阀，已有数字流量控制阀、数字压力控制阀和数字方向控制阀等系列产品。步进电动机能接收计算机发出的经驱动电源放大的脉冲信号，每接收一个脉冲信号便转动一定的角度。步进电动机的转动又通过凸轮或丝杠等机构被转换成直线位移量，从而推动阀芯，实现液压阀对方向、流量或压力的控制。图 6-25 所示为增量式数字流量控制阀。计算机发出信号后，步进电动机 1 转动，通过滚珠丝杠 2 转化为轴向位移，带动节流阀的阀芯 3 移动。该阀有两个节流孔，当阀芯移动时，先打开右边的非全周节流孔，流量较小；继续移动，则打开左边的第二个全周节流孔，流量较大，可达 3600L/min。该阀的流量通过阀芯 3、阀套 4 及连杆 5 的相对热膨胀取得温度补偿，维持流量的恒定。

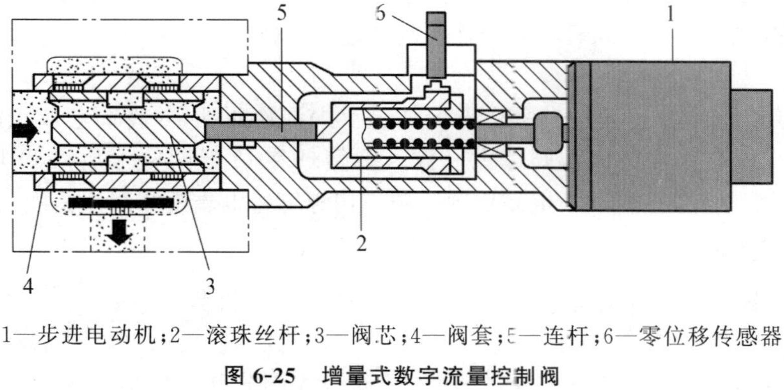

1—步进电动机；2—滚珠丝杆；3—阀芯；4—阀套；5—连杆；6—零位移传感器

图 6-25　增量式数字流量控制阀

这种阀无反馈功能，但装有零位移传感器 6，在每个控制周期结束时，阀芯都可在它的控制下回到零位。这样就可以保证每个工作周期都在相同的位置开始，使阀有较高的重复精度。

训练　拆装液压阀

一、训练目的

(1)了解各类阀的用途、控制方式、结构形式、连接方式及性能特点；

(2)掌握阀的工作原理(为使液压控制元件正常工作,阀的主要零件所起的作用)及调节方法；

(3)初步掌握常用液压控制元件的常见故障及其排除方法,培养实际动手能力和分析问题、解决问题的能力。

二、训练设备和工具

(1)设备:常用的液压控制阀(液压控制阀的种类、型号甚多,建议结合本项目的内容,根据训练人数的多少,选择典型的方向控制阀、压力控制阀和流量控制阀)。

(2)工具:内六角扳手、耐油橡胶板、油盆及钳工常用的工具。

三、训练内容与注意事项

(一)方向控制阀的拆装

以 34DM-B6C 三位四通电磁换向阀的拆装为例(结构参见图 6-7),拆装步骤如下：

1. 拆卸

松开电磁换向阀一端的螺钉→取下螺钉和电磁铁→松开电磁换向阀另一端的螺钉→取下螺钉和电磁铁→取下阀两端的 O 形圈座→取下 O 形圈→取出弹簧→取出弹簧座→拿出推杆→取出阀芯。

2. 结构观察

34DM-B6C 三位四通电磁换向阀主要由电磁铁、O 形圈座、O 形圈、弹簧、弹簧座、推杆、阀体、阀芯等零件组成,并通过螺钉将电磁铁与阀体连成一体。

3. 装配

将各零件用汽油清洗干净→将阀芯及阀体涂上少许液压油,并将阀芯放入阀体内→将推杆放入弹簧座中→将弹簧座放入阀体中→放入弹簧→在 O 形圈座上放入 O 形圈→放入挡板→放入 O 形圈座→将推杆插入电磁铁内孔中→用螺钉将电磁铁与阀体紧固在一起。

(二)压力控制阀的拆装

以 YF 型先导式溢流阀的拆装为例(结构参见图 6-12),拆装步骤如下：

1. 拆卸

将先导阀的内六角螺钉松开并取下,使先导阀与主阀分开→取出主阀的 O 形圈,轻轻取出主阀阀芯,取下主阀弹簧→松开先导阀的锁紧螺母,旋下调压手轮→松开主螺母,取出弹簧座、弹簧及锥阀→松开下端远程控制口的螺栓,取下螺栓及密封垫圈→用铜棒轻轻敲击并取出阀座。

2. 结构观察

YF 型先导式溢流阀由调压手轮、锁紧螺母、固定螺母、导向弹簧座、调压弹簧、锥阀、锥阀阀座、密封垫圈、螺栓、螺钉、阀体、O形圈、主阀阀芯、主阀阀座、主阀弹簧等零件组成。

3. 装配

将各零件用汽油清洗干净→将锥阀阀座轻轻地敲入孔内，装上密封垫圈和螺栓并紧固→将锥阀、调压弹簧、定位弹簧座串在一起，放入先导阀阀体内→将调压手轮、锁紧螺母、固定螺母旋合在一起，然后旋入阀体中→在主阀上放入O形圈，在主阀阀芯及阀孔上涂抹少许液压油→将主阀阀芯装入阀孔中→将主阀弹簧放入先导阀阀座孔中→将先导阀与主阀定位连接在一起，并用内六角螺钉将阀紧固。

(三)流量控制阀的拆装

以LF型节流阀的拆装为例(结构参见图6-16)，拆装步骤如下：

1. 拆卸

松开锁紧螺母，旋出手轮及螺钉；松开并旋出螺盖，倒立取出阀芯，然后取下阀芯上的O形圈。

2. 观察

LF型节流阀主要由节流手轮及螺钉、锁紧螺母、螺盖、节流阀阀芯、O形圈和阀体等零件组成。

3. 装配

用汽油将各零件清洗干净→将O形圈装到节流阀的阀芯上→将节流阀的阀芯涂上液压油后放入阀孔内，装上螺盖并拧紧→将锁紧螺钉旋入节流手轮的螺钉中，然后旋入螺盖内。

(四)注意事项

(1)零件按拆下的先后顺序摆放；

(2)仔细观察各零件的结构及其所在的位置；

(3)切勿将零件表面，特别是阀体内孔、阀芯表面磕碰划伤；

(4)装配时，注意在配合表面涂少许液压油。

四、讨论

(1)电磁换向阀左、右电磁铁都不通电时，阀芯如何对中？

(2)电磁换向阀的泄油口有何作用？

(3)先导式溢流阀的先导阀和主阀分别是由哪些零件组成的？

(4)先导式溢流阀的远程控制口有何作用？如何实现溢流阀的远程调压和卸荷？

(5)调速阀与节流阀的主要区别是什么？

思考练习题

1. 分别说明O型、M型、Y型、P型和H型三位四通换向阀在中间位置时的性能特点。

2. 溢流阀、减压阀和顺序阀各有什么作用？它们在原理、结构和图形符号上有何异同？

3. 用先导式溢流阀调节液压泵的压力，但不论如何调节手轮，压力表显示的泵压都很低。把阀拆下检查，看到各零件都完好无损，试分析液压泵压力低的原因；如果压力表显示的泵压都很高，试分析液压泵压力高的原因(分析时，参考先导式溢流阀的工作原理)。

4. 如图 6-26 所示，两个液压系统中溢流阀的调定压力分别为 $p_A=4$ MPa，$p_B=3$ MPa，$p_C=5$ MPa。当系统的负载趋于无限大时，液压泵的工作压力分别为多少？

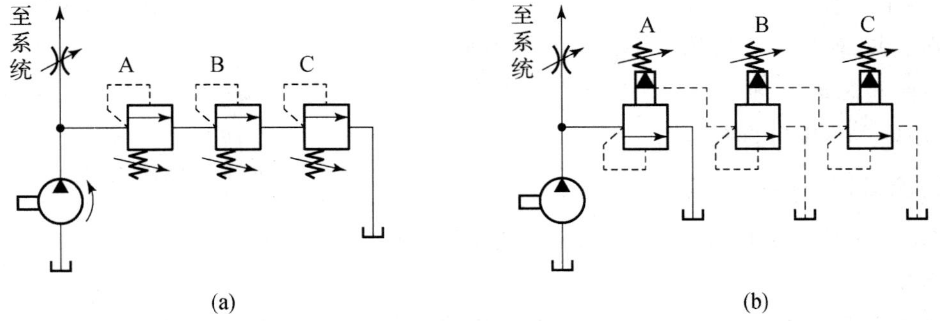

图 6-26　两个液压系统

5. 背压阀的作用是什么？哪些阀可以作为背压阀？

6. 如图 6-27 所示的两个阀组中，设两个减压阀的调定压力为一大一小($p_A>p_B$)，并且所在支路有足够的负载。请问支路的出口压力取决于哪个减压阀？为什么？

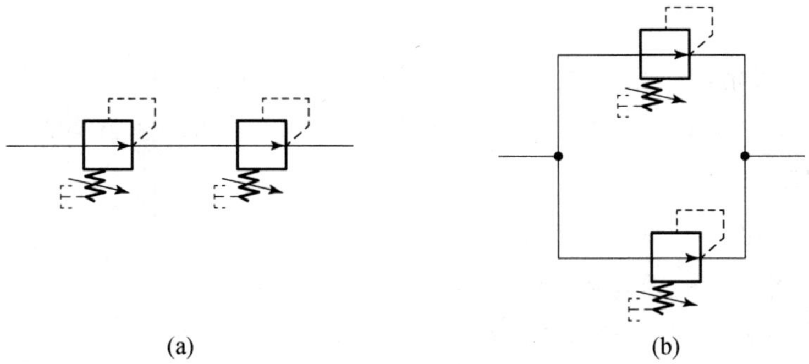

图 6-27　两个阀组

7. 如图 6-28 所示，顺序阀的调定压力为 $p_x=3$ MPa，溢流阀的调定压力为 $p_y=5$ MPa，试求在下列情况下 A、B 点的压力分别是多少？

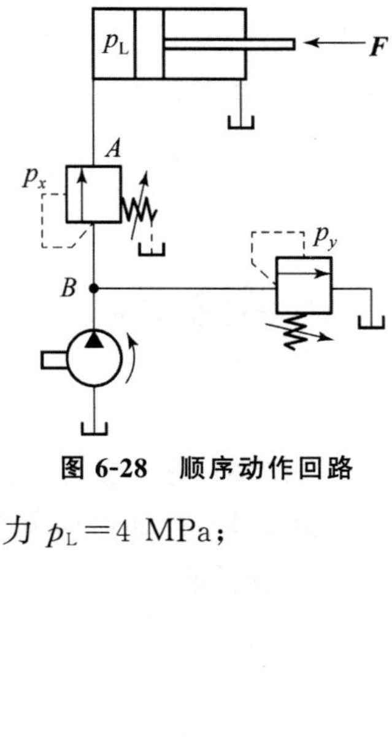

图 6-28　顺序动作回路

(1) 当液压缸运动时，负载压力 $p_L=4$ MPa；

(2) 负载压力 $p_L=1$ MPa；

(3)当活塞运动到右端时。

8.为什么调速阀能够使执行元件的速度稳定?

9.插装阀的基本结构和工作原理是什么?

10.在系统有足够负载的情况下,先导式溢流阀、减压阀及调速阀的进、出油口可否对调工作?若对调,会出现什么现象?

项目七　液压辅助元件

液压辅助元件是液压系统的组成部分之一，它包括滤油器、蓄能器、油箱、管件、密封件、压力表和压力表开关等。除油箱通常需要自行设计外，其余皆为标准件。本项目介绍一些常用的液压辅助元件。

任务一　蓄　能　器

蓄能器是一种将具有液压能的液压油贮存起来，并在系统需要时再将其释放出来的贮能装置，其功能类似于人体的肝脏。

一、蓄能器的结构和性能

蓄能器主要有重锤式、弹簧式和充气式三类，如图 7-1 所示。目前常用的是利用气体压缩和膨胀来储存、释放液压能的充气式蓄能器，它主要有活塞式和气囊式两种。

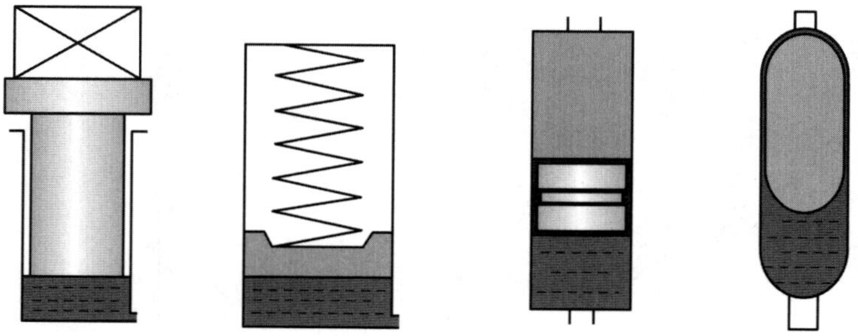

(a) 重锤式　(b) 弹簧式　(c) 活塞式　(d) 气囊式

图 7-1　蓄能器的类型

(一)活塞式蓄能器

活塞式蓄能器内部有一个液体腔和一个气体腔，液体腔和气体腔由活塞隔开，其结构如图 7-2 所示。活塞 1 的上部气体腔由气阀 3 预先充入压缩气体(一般为氮气)，下部液体腔经油孔 a 通向液压系统。当液压系统的油压升高时，液体推动活塞 1 上移，液体充入下腔，上腔气体受到压缩而体积变小；当液压系统的油压降低时，压缩气体膨胀，推动活塞 1 下移，将液体推入液压系统中。活塞 1 随下腔压力油的储存和释放而在缸筒 2 内来回滑动。这种蓄能器主要用于大体积和大流量的工作场合；优点是气体不易混入油液中而使油不易被氧化，系统工作较平稳，结构简单，工作可靠，安装容易，维护方便，寿命长；缺点是由于活塞惯性大，以及因 O 形圈的存在有摩擦阻力，反应不够灵敏。活塞式蓄能器主要用于储能，不适用于吸收压力脉动和压力冲击。

(二)气囊式蓄能器

气囊式蓄能器内部有一个液体腔和一个气体腔,液体腔和气体腔由皮囊 3 隔开,其结构图、实物图及图形符号分别如图 7-3(a)、图 7-3(b)和图 7-3(c)所示。皮囊 3 用耐油橡胶制成,固定在耐高压壳体 2 的上部。在皮囊 3 内充入惰性气体(一般为氮气),皮囊 3 外围的液体腔与液压系统相连。当液压系统的油压升高时,液体充入皮囊 3 外围的液体腔中,皮囊 3 内的气体受到压缩而体积变小;当液压系统的油压降低时,气体膨胀,皮囊 3 变大,将液体推入液压系统中。皮囊 3 随压力油的储存和释放而在壳体内变小或变大。壳体 2 下端的提升阀 4 是一个用弹簧加载的菌形阀,压力油由此通入,并能在油液全部排出时,防止皮囊因膨胀而挤出油口。这种蓄能器使气、液密封可靠,并且因皮囊惯性小而反应灵敏,容易维护;缺点是皮囊及壳体制造困难,工艺性较差。

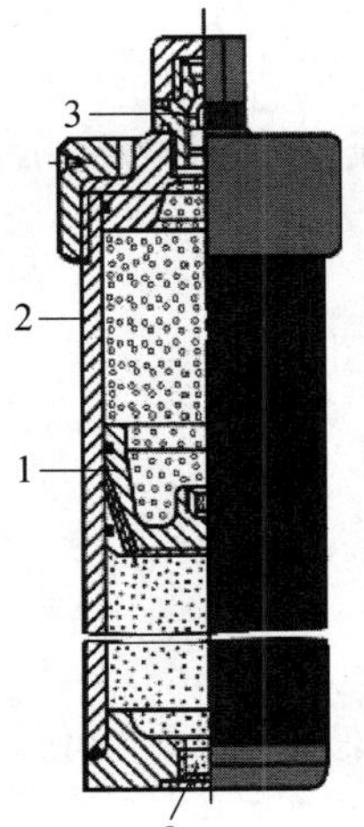

1—活塞;2—缸筒;3—气阀;
a—油孔

图 7-2 活塞式蓄能器的结构

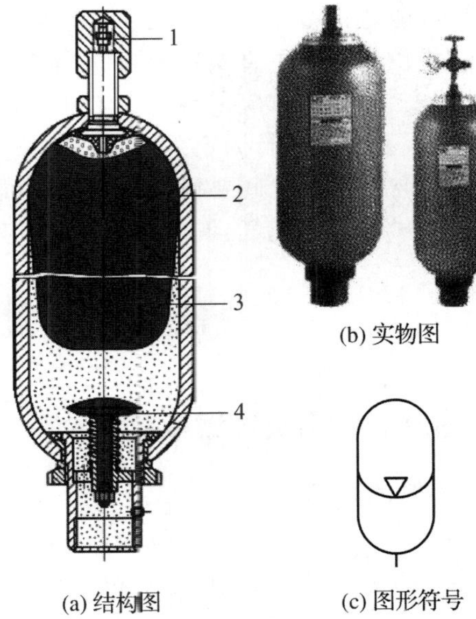

1—气阀;2—壳体;
3—皮囊;4—提升阀

图 7-3 气囊式蓄能器

二、蓄能器的用途

(一)作为辅助动力源

工作时间较短的间歇工作系统或一个循环内速度差别很大的系统在不需要大流量时,可以把液压泵输出的多余压力油液储存在蓄能器内,当需要时再由蓄能器快速释放给系统。这样就可以选用流量(等于液压系统循环周期内的平均流量)较小的液压泵,以减少电动机的功率消耗,降低系统温升。

(二)维持系统压力

在液压泵停止向系统提供油液的情况下,蓄能器将所存储的压力油液供给系统,补偿系统泄漏或充当应急能源,使系统在一段时间内维持系统压力,避免因油源突然中断所造成的机件损坏。

(三)吸收系统脉动,缓和液压冲击

蓄能器既能吸收系统在液压泵突然启动或停止、液压阀突然关闭或开启、液压缸突然运动或停止时所出现的液压冲击,也能吸收液压泵工作时的压力脉动。

三、蓄能器的安装与使用

蓄能器在液压回路中的安装位置随其作用的不同而变化:吸收液压冲击或压力脉动时,宜放在冲击源或脉动源近旁;补油保压时,宜尽可能地接近有关的执行元件。使用蓄能器时,需注意如下几点:

(1)蓄能器是压力容器,使用时,要注意安全;搬运及拆装时,要先排出充入的压缩气体。

(2)蓄能器中应充氮气,禁止充氧气,以免引起爆炸。

(3)不能在充油状态下拆卸蓄能器,蓄能器的铭牌应置于醒目的位置。

(4)应尽可能地将蓄能器安装在靠近振动源处,以吸收冲击和脉动压力,但要远离热源。

(5)气囊式蓄能器应垂直安装,油口向下的安装方式一般应是立式的(气阀在顶部),必要时也允许卧式安装,其上方应留有至少 150 mm 的空间,用于充氮气或检测。安装在管路上的蓄能器需用支板和支架进行固定。

(6)蓄能器与液压泵之间要设置单向阀,以防止压力油向泵倒流;蓄能器与液压系统之间要设置截止阀,供蓄能器充气、调整和检修时使用。

任务二　滤　油　器

一、滤油器的作用及过滤精度

(一)滤油器的作用

滤油器的作用是过滤油液中的杂质,降低液压系统中油液的污染度,以减少相对运动部件的磨损和卡死等,并防止节流阀、油路和小孔堵塞,保证系统正常工作。

(二)滤油器的过滤精度

过滤精度是指通过滤芯的最大硬颗粒的大小,以其直径 d 的公称尺寸(单位:μm)表示。滤油器按其过滤精度的不同,有粗过滤器、普通过滤器、精密过滤器和特精过滤器四种。通过滤芯的最大硬颗粒越小,过滤精度越高。过滤精度分为粗($d \geqslant 100$ μm)、普通(10 μm $\leqslant d <$ 100 μm)、精(5 μm $\leqslant d <$ 10μm)和特精(1 μm $\leqslant d <$ 5 μm)四个等级。不同液压系统有不同的过滤精度要求,具体内容见表 7-1。

表 7-1　各种液压系统的过滤精度要求

系统类别	润滑系统	传动系统			伺服系统
工作压力 p/MPa	0～2.5	<14	14～32	>32	≤21
过滤精度 d/μm	≤100	25～50	≤25	≤10	≤5

二、滤油器的类型及结构

按滤芯的材料和结构形式的不同,滤油器可分为网式滤油器、烧结式滤油器、线隙式滤油

器、纸芯式滤油器及磁性滤油器等；按安放的位置不同，滤油器还可以分为吸滤器、压滤器和回流过滤器。

(一)网式滤油器

图 7-4 所示为网式滤油器，在周围开有很多窗孔的塑料或金属筒形骨架 2 上，包着一层或两层铜丝网 3。过滤精度由网孔的大小和层数决定，有 80、100 和 180 μm 三个等级。网式滤油器结构简单，清洗方便，通油能力大，但过滤精度低，常用于吸油管路上，作为吸滤器，对油液进行粗滤。

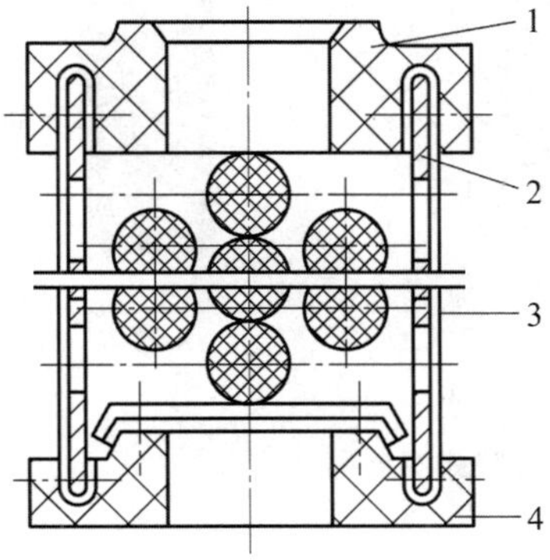

(a) 结构图

(b) 滤芯

1—上盖；2—筒形骨架；3—铜丝网；4—下盖

图 7-4　网式滤油器

(二)烧结式滤油器

图 7-5 所示为金属粉末烧结式滤油器，它由端盖 1、壳体 2、滤芯 3 组成。滤芯可按需要制成不同的形状。选择不同粒度的粉末，将其烧结成不同厚度的滤芯，可以获得不同的过滤精度(10～100 μm)。烧结式滤油器的过滤精度较高，滤芯的强度高，抗冲击性能好，能在较高的温度下工作，有良好的抗腐蚀性且制造简单，可被用在不同的位置。烧结式滤油器的缺点是易堵塞，难清洗，烧结颗粒在使用中可能会脱落，再次造成油液的污染。

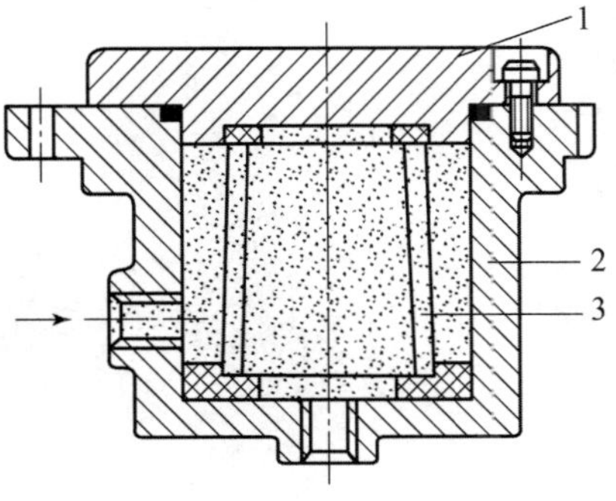

(a) 结构图

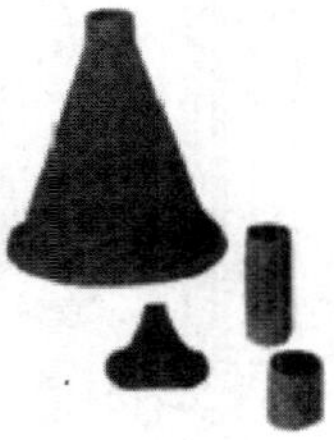

(b) 滤芯

1—端盖；2—壳体；3—滤芯

图 7-5　金属粉末烧结式滤油器

(三)线隙式滤油器

图 7-6 所示为线隙式滤油器。它将铜线或铝线线圈 2 密绕在筒形芯架 1 的外部来组成滤芯，并装在壳体 3 内(用于吸油管路上的滤油器无壳体)。油液经线的间隙和筒形芯架槽孔流

入滤油器内,再从上部孔道流出。这种滤油器结构简单,通油能力大,过滤效果好,可用作吸滤器或回流过滤器,但不易清洗。

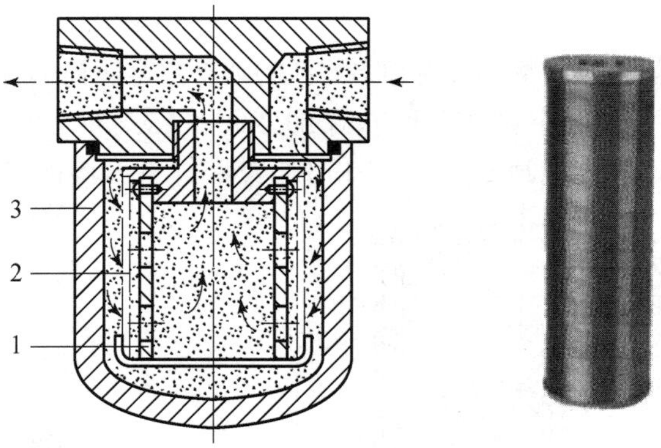

(a) 结构图　　(b) 滤芯

1—筒形芯架;2—线圈;3—壳体

图 7-6　线隙式滤油器

(四)纸芯式滤油器

纸芯式滤油器又称纸质滤油器。图 7-7 所示为纸芯式滤油器,滤芯由三层组成:滤芯外层 2 为粗眼钢板网,滤芯中层 3 为折叠成星状的滤纸,滤芯里层 4 由金属丝网与滤纸折叠组成。这样就提高了滤芯的强度,延长了其使用寿命。纸芯式滤油器的过滤精度高(5～30 μm),可在高压(38 MPa)下工作,结构紧凑,通油能力大,一般配备壳体后用作压滤器。其缺点是无法进行清洗,需经常更换滤芯。

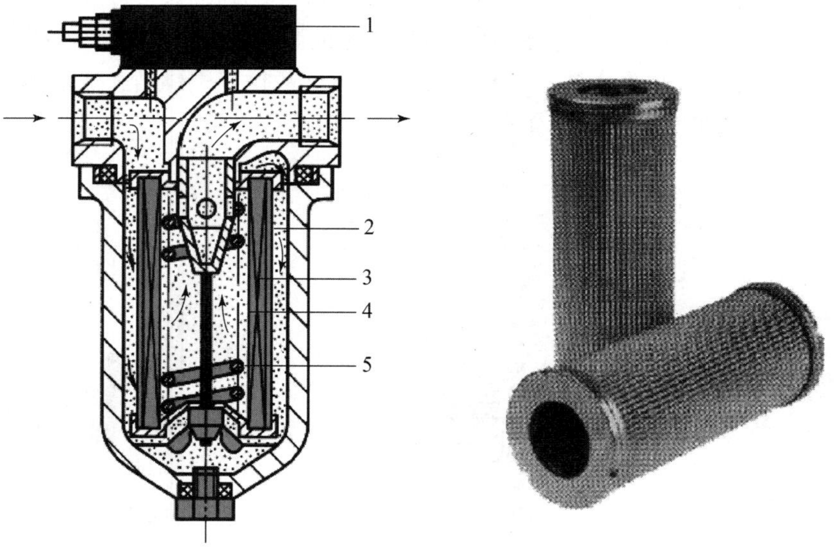

(a) 结构图　　(b) 滤芯

1—堵塞状态发讯装置;2—滤芯外层;3—滤芯中层;4—滤芯里层;5—支承弹簧

图 7-7　纸芯式滤油器

纸芯式滤油器的滤芯能承受的压力差较小(0.35 MPa)。为了保证滤油器能正常工作,不致因杂质逐渐聚集在滤芯上引起压力差增大而压破滤芯,在滤油器的顶部装有堵塞状态发讯装置。堵塞状态发讯装置与滤油器并联，其结构如图 7-8(a)所示，工作原理如图 7-8(b)所示。滤芯进油和出油的压力差作用在活塞 2 上，与弹簧 5 的推力相平衡。当滤芯逐渐被堵塞时，压力差加大，推动活塞 2 和永久磁铁 4 右移，感簧管 6 受永久磁铁 4 的作用吸合，接通电路，报警器 7 发出堵塞信号(发亮或发声)，提醒操作人员更换滤芯。

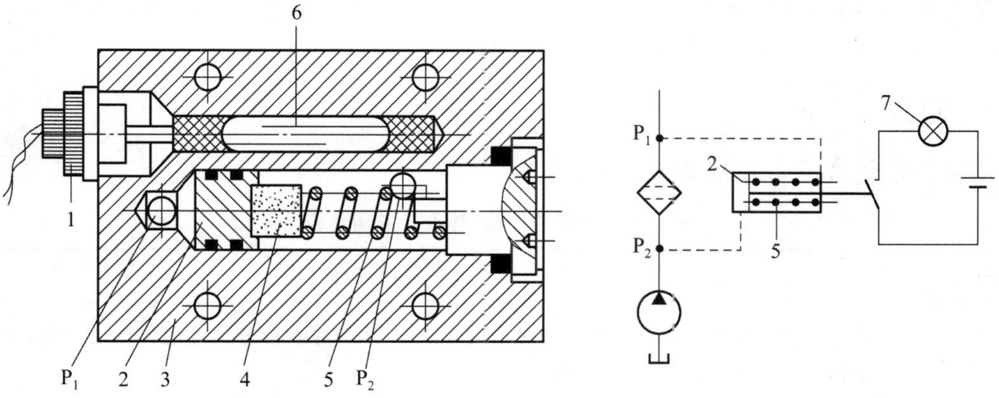

(a) 结构　　　　(b) 工作原理

1—接线柱；2—活塞；3—阀体；4—永久磁铁；5—弹簧；6—感簧管；7—报警器；

P_1—滤油器进口；P_2—滤油器出口

图 7-8　堵塞状态发讯装置

三、滤油器的安装

常见滤油器的安装位置如图 7-9 所示。

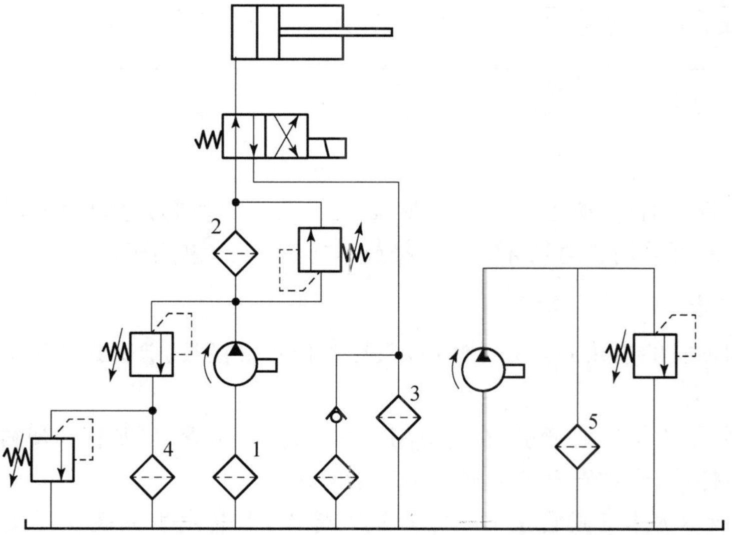

1—安装在吸油管路上；2—安装在压油管路上；

3—安装在回油管路上；4—安装在旁路上；5—单独过滤系统

图 7-9　常见滤油器的安装位置

任务三　油管及管接头

油管及管接头的选用原则是保证管中的油液作层流流动，管路尽量短，以减小压力损失；要根据工作压力、安装位置确定管材与连接结构；与泵、阀等连接时，应由其接口尺寸决定管径。

一、油管

油管的种类、特点和适用场合见表 7-2。

表 7-2　油管的种类、特点和适用场合

种类	特点和适用场合
钢管	价廉，耐油，抗腐，刚性好，但装配时不易弯曲成型；常在装拆方便处用作压力油管；中压以上用无缝钢管，低压用焊接钢管
紫铜管	价高，抗振动能力差，易使油液氧化，但易弯曲成型，只用于仪表和装配不便处
尼龙管	乳白色，半透明，可观察流动情况；加热后可任意弯曲成型和扩口，冷却后即定型；承压能力因材料而异，其值为 2.8～8.0 MPa
塑料管	耐油，价低，装配方便，长期使用会老化，只用作低于 0.5 MPa 的回油管与泄油管
橡胶管	用于相对运动间的连接，分为高压和低压两种。高压橡胶管由耐油橡胶夹钢丝编织网（层数越多，耐压越高）制成，价高，用于压力回路；低压橡胶管由耐油橡胶夹帆布制成，用于回油管路

二、管接头

管接头是油管和油管、油管和其他元件（如泵、阀、集成块等）之间的可拆卸连接件。管接头与其他元件之间可采用普通细牙螺纹连接或锥螺纹连接（多用于中、低压）。

（一）硬管接头

按管接头和油管的连接方式分，硬管接头有扩口式管接头、卡套式管接头和焊接式管接头三种。

图 7-10(a)所示为扩口式管接头，它适用于紫铜管、薄钢管、尼龙管和塑料管等低压油管的连接。拧紧接头螺母，通过管套就会使管子压紧密封。

图 7-10(b)所示为卡套式管接头。拧紧接头螺母，卡套发生弹性变形便将管子夹紧。它对轴向尺寸要求不严，装拆方便，但对油管连接处尺寸精度的要求较高，需采用冷拔无缝钢管，用于高压系统。

图 7-10(c)和 7-10(d)所示为焊接式管接头。接管与接头体之间的密封方式有球面与锥面接触密封[图 7-10(c)]和平面加 O 形圈密封[图 7-10(d)]两种。前者有自位性，密封可靠性稍差，适用于工作压力不高的液压系统（约 8 MPa 以下的系统）；后者可用于高压系统。

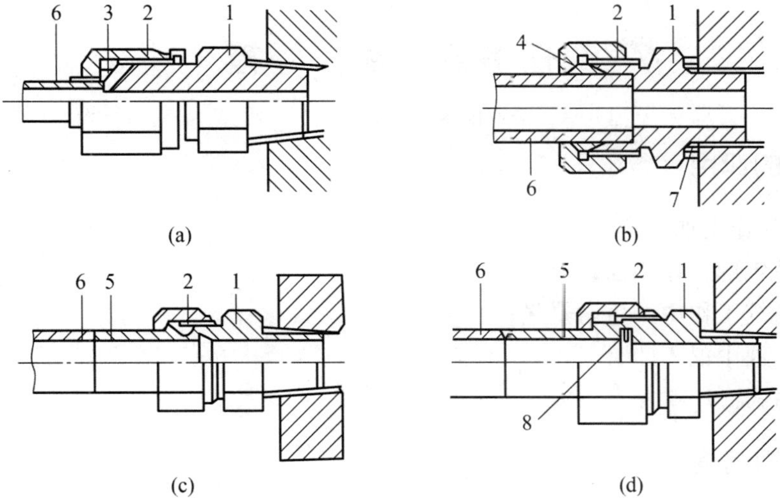

1—接头体；2—接头螺母；3—管套；4—卡套；
5—接管；6—管子；7—组合密封垫圈；8—O 形圈

图 7-10　硬管接头

(二)胶管接头

胶管接头有可拆式和扣压式两种，各有 A、B、C 三种类型。随管径的不同，胶管接头可用于工作压力为 6～40 MPa 的系统。图 7-11 所示为 A 型扣压式胶管接头，装配时需剥离外胶层，然后在专门设备上进行扣压。

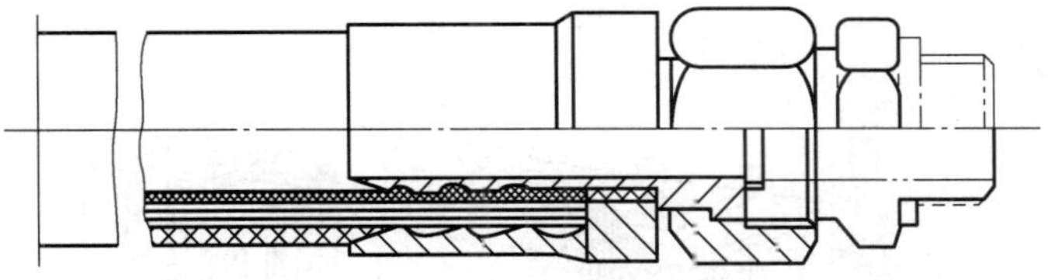

图 7-11　A 型扣压式胶管接头

(三)快速接头

快速接头的全称为“快速装拆管接头”，它的装拆无须工具，适用于需经常装拆处。图 7-12 所示为快速接头。当需要断开油路时，可用力把外套 6 向左推，再拉出内接头体 10，钢球 8(有 6～8 颗)即从内接头体 10 的槽中退出；与此同时，单向阀 4、11 的锥形阀芯分别在弹簧 3、12 的作用下将两个阀口关闭，油路即被断开。

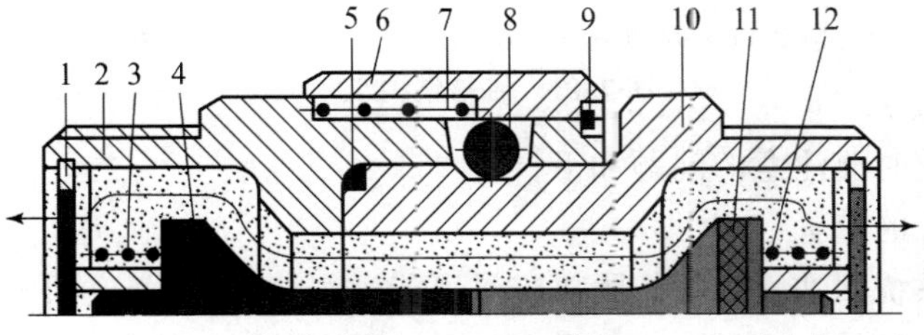

1—卡环；2—外接头体；3、7、12—弹簧；4、11—单向阀；
5—密封圈；6—外套；8—钢球；9—卡环；10—内接头体

图 7-12　快速接头

任务四　油　　箱

一、油箱的作用

油箱的主要作用如下：

(1)储存系统的工作用油；

(2)散发系统工作中产生的热量；

(3)分离油液中混入的空气；

(4)沉淀污物。

二、油箱的结构

为了在相同的容量下得到最大的散热面积，油箱外形以立方体或长六面体为宜。油箱的顶盖上一般要安放泵和电机(也有的置于油箱旁边或油箱下面)以及阀的集成装置等，这基本上决定了箱盖的尺寸；油面最高只允许达到箱高的 80%。据此两点可决定油箱三个方向上的尺寸。油箱一般用 2.5～4.0 mm 的钢板焊成，顶盖要适当加厚，并用螺钉通过焊在箱体上的角钢加以固定。顶盖可以是整体的，也可以分为几部分。泵、电机和阀的集成装置既可以直接固定在顶盖上，也可以固定在如图 7-13 所示的安装板上。安装板与顶盖间应垫上橡胶板，以缓和振动。油箱的底脚高度应在 150 mm 以上，以便散热、搬移和放油。油箱四周要有吊耳，以便起吊装运。油箱应有足够的刚度，大容量且较高的油箱要采用骨架式结构。油箱结构示意图如图 7-13 所示。

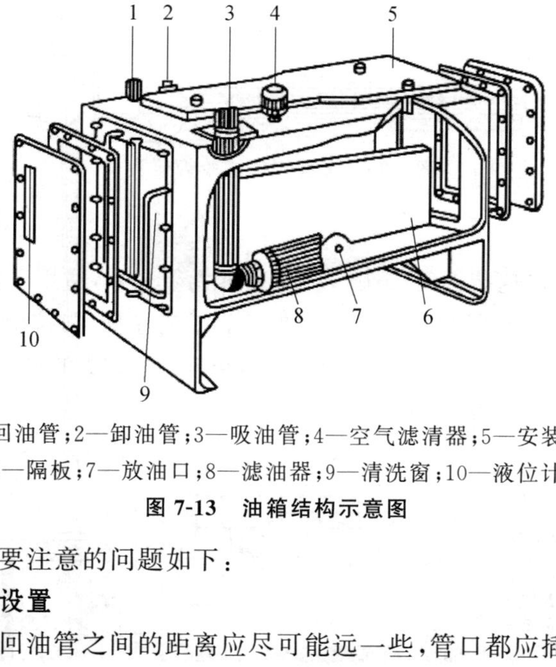

1—回油管；2—卸油管；3—吸油管；4—空气滤清器；5—安装板；
6—隔板；7—放油口；8—滤油器；9—清洗窗；10—液位计

图 7-13　油箱结构示意图

设计与使用油箱时要注意的问题如下：

1. 吸、回、泄油管的设置

泵的吸油管与系统回油管之间的距离应尽可能远一些，管口都应插于最低油面之下，但与箱底的距离要大于管径的 2～3 倍，以免吸空和飞溅起泡。回油管口应截成 45°斜角，以增大通流截面，并面向箱壁，以利于散热和沉淀杂质。吸油管端部所安装的滤油器离箱壁要有 3 倍管径的距离，以便四面进油。阀的泄油管口应在油面之上，以免产生背压；液压马达和液压泵的泄油管则应插入油面之下，以免吸入空气。

2. 隔板的设置

在油箱中设置隔板的目的是将吸、回油隔开，使油液循环流动，利于散热和沉淀。

3. 空气滤清器与液位计的设置

空气滤清器的作用是使油箱与大气相通，保证泵的自吸能力，滤除空气中的灰尘杂物，兼作加油口用。它一般布置在顶盖上靠近油箱边缘处。液位计用于监测油面高度，因此其窗口的尺寸应能满足对最高与最低液位的观察。二者皆为标准件，可按需要选用。

4. 放油口与清洗窗的设置

图 7-13 中的油箱底面被做成斜面，在最低处设放油口，平时用螺塞堵住，换油时将其打开放走污油。换油时，为便于清洗油箱，大容量的油箱一般均在侧壁设清洗窗，清洗窗的位置安排应便于滤油器的装拆。

5. 防污密封

油箱盖板和窗口连接处均需加密封垫圈，各进、出油管通过的孔都需要装有密封垫圈。

6. 油温控制

油箱正常的工作温度应在 15～65℃，必要时安装温度计、温控器和热交换器。

7. 油箱内壁的加工

新油箱经喷丸、酸洗和表面清洁后，四壁可涂一层与工作液相容的塑料薄膜或耐油清漆。

任务五　压力表及压力表开关

一、压力表

压力表可观测液压系统中各工作点的压力，以便控制和调整系统压力。液压系统中最常用的压力表是弹簧弯管式压力表，如图 7-14 所示。弹簧弯管 1 是一根弯成 C 字形、横截面呈扁圆形的空心金属管，它的封闭端通过传动机构与指针 2 相连，另一端与进油管接头相连。测量压力时，压力油进入弹簧弯管的内腔，使管内产生弹性变形，导致它的封闭端向外扩张偏移，拉动杠杆 4 使扇形齿轮 5 摆动，与扇形齿轮啮合的小齿轮 6 便带动指针偏转，即可从刻度盘 3 上读出压力值。

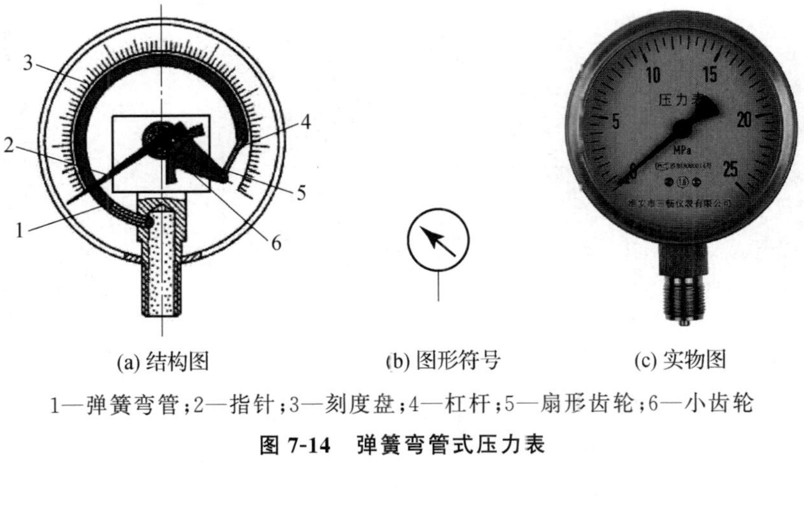

(a) 结构图　　(b) 图形符号　　(c) 实物图

1—弹簧弯管；2—指针；3—刻度盘；4—杠杆；5—扇形齿轮；6—小齿轮

图 7-14　弹簧弯管式压力表

二、压力表开关

压力表开关用于切断或接通压力表和油路之间的通道。压力表开关的通道很小，有阻尼作用，测压时可以减轻压力表的急剧跳动，防止压力表损坏。在无须测压时，用压力表开关切断油路，也保护了压力表。压力表开关按其所能测量的测点数目分为一点和多点等若干种。多点压力表开关可以使一个压力表分别和几个被测油路相通，以测量几部分油路的压力。

图 7-15 所示为板式连接的压力表开关。图示位置是非测量位置，此时，压力表与油箱接通。若将手柄推进去，使阀芯的沟槽 S 将测压接口 A 与压力表接通，并将压力表连接油箱的通道隔断，便可测出测压接口 A 处的压力。若将手柄转到另一位置，便可测出另一个测压接口 B 处的压力。

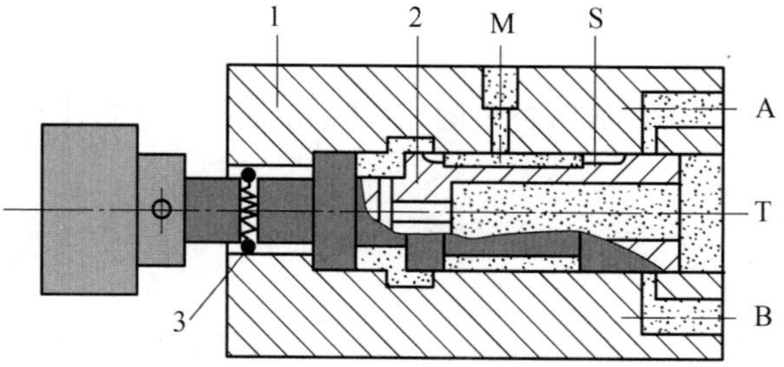

1—阀体；2—阀芯；3—定位钢球；

M—压力表接口；S—沟槽；A、B—测压接口；T—油箱接口

图 7-15　板式连接的压力表开关

思考练习题

1. 液压系统中常用的油管有哪几种？它们的适用范围有何不同？
2. 常用的油管接头有哪几种形式？各适用于什么场合？
3. 滤油器有哪几种类型？各有什么特点？它们一般安装在什么位置？
4. 蓄能器有什么作用？安装与使用蓄能器时，要注意哪些问题？
5. 油箱有哪些作用？设计与使用油箱时，要注意哪些问题？

项目八　液压基本回路及其调试

液压元件要真正实现它们的功能，必须按照一定的方式和方法连接起来组成一个完整的液压系统，而任何液压传动和控制系统都是由一些基本液压回路组成的。所谓液压基本回路，就是由相关的液压元件组成，具有某种特定功能的液压元件组合。按照不同的分类方法，液压基本回路可以分成很多种。通常把液压基本回路按照功能分为压力控制回路、速度控制回路、方向控制回路、多缸工作控制回路等。只有掌握了各种液压基本回路的组成、工作过程和特点，才能分析各种各样的液压回路。

任务一　压力控制回路

控制或调节液压系统主油路或某一支路压力的回路叫压力控制回路。利用压力控制回路可对系统进行调压、卸荷、减压、增压、保压和平衡以及缓冲、补油等各种控制，以满足液压执行元件对力或转矩的要求。

一、调压回路

调压回路的作用是调定或限定系统整体或部分的压力。在定量泵供油系统中，液压泵的供油压力可以通过溢流阀来调节；在变量泵系统中，用溢流阀(安全阀)限定系统的最高安全压力，防止系统过载。当系统在不同的工作时间内需要不同的工作压力时，可采用二级或多级调压回路；当系统的负载多变，并需要系统能够自动调压时，可以用无级压力控制回路。

(一)单级调压回路

如图 8-1 所示，液压泵 1 和溢流阀 2 并联连接，即可组成单级调压回路。通过调节溢流阀的压力，可以改变泵的输出压力。当溢流阀的调定压力确定后，液压泵就在溢流阀的调定压力下工作，从而实现对液压系统的调压和稳压控制。

如果将液压泵改为变量泵，溢流阀将起到安全阀的作用，用于限定系统的最高工作压力。只有当系统压力高于限定值时，溢流阀才开启，并将液压泵的工作压力限制在溢流阀的调定压力下，使液压系统不致因压力过载而受到破坏。

(二)远程调压或多级调压回路

如图 8-2 所示，若在先导式溢流阀 2 的远程控制口处接一个远程调压阀 4(或小流量溢流阀)就形成了远程调压回路，通过二位二通电磁阀 3 的控制可使液压泵出口得到两级不同的压力调整。在这个调压回路中，远程调压阀 4 的调定压力要低于先导式溢流阀 2 的调定压力。

若在远程控制口处再并联上多个远程调压阀和换向阀即可实现多级调压，多级调压回路如图 8-3 所示。其实质是用三个溢流阀分别对一个主溢流阀进行控制，使系统得到四种不同的调定压力和一个卸荷压力。注射机液压系统常采用这种调压回路。

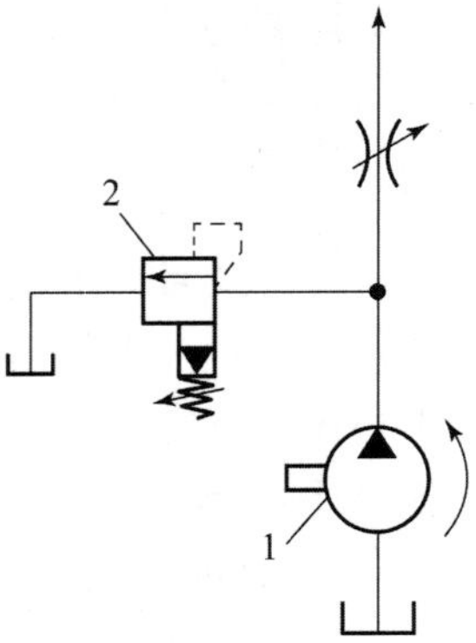

1—液压泵；2—溢流阀

图 8-1　单级调压回路

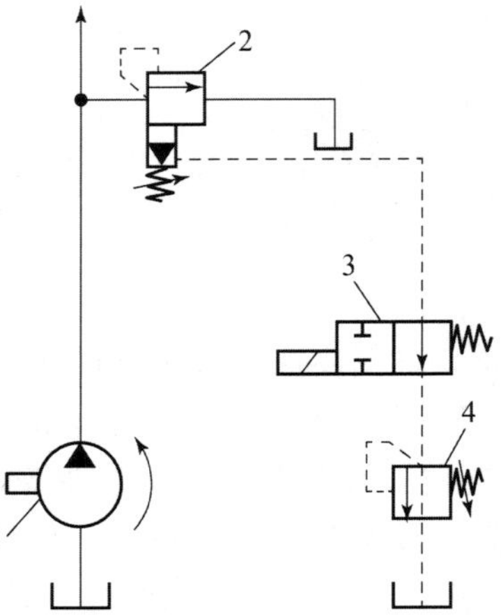

1—液压泵；2—先导式溢流阀；
3—二位二通电磁阀；4—远程调压阀

图 8-2　远程调压回路

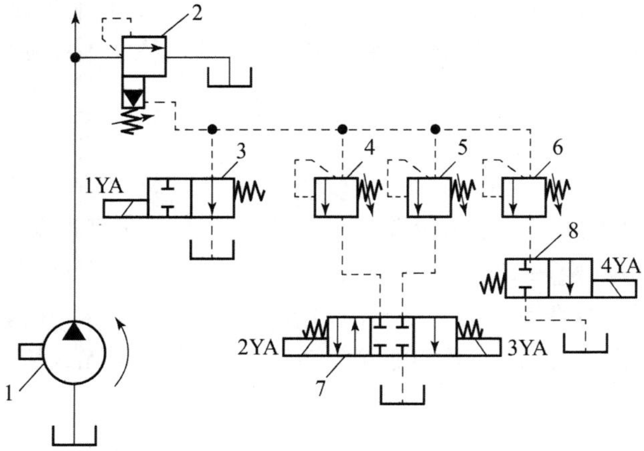

1—液压泵；2—主溢流阀；3—二位二通电磁阀；
4、5、6—远程调压阀；7—三位四通换向阀；8—二位二通电磁阀

图 8-3　多级调压回路

多级调压回路对于动作复杂、负载和流量变化较大的液压系统功率的合理匹配和节能、降温具有重要作用。

(三)无级调压回路

当需要对一个动作复杂的液压系统进行更多级压力控制时，采用上述多级调压回路能够实现这一功能要求，但回路的组成元件多，油路结构复杂，而且系统的压力变化级数有限。

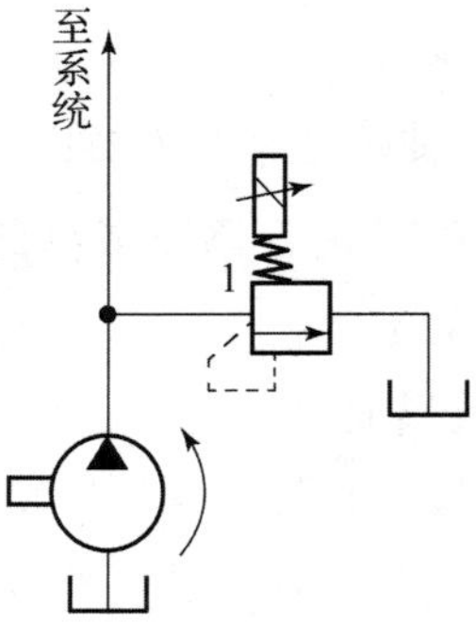

1—比例溢流阀

图 8-4　无级调压回路

采用电液比例溢流阀同样可以满足多级调压的要求，在一定范围内连续无级地调压，且回路结构简单，可实现远距离控制。图 8-4 所示为无级调压回路，它是通过比例式溢流阀进行无级调压的比例调压回路。系统根据执行元件工作过程中各个

阶段不同压力的要求，通过输入装置将所需要的多级压力所对应的电流信号输入比例溢流阀1的控制器中，即可达到调节系统工作压力的目的。

二、卸荷回路

在液压系统工作过程中，有时执行元件短时间停止工作，不需要液压系统传递能量，或者执行元件在某段工作时间内保持一定的力，而运动速度极慢，甚至停止运动。在这些情况下，不需要液压泵输出油液，或只需要很小流量的液压油，这时液压泵输出的压力油全部或绝大部分从溢流阀流回油箱，造成能量的消耗，引起油液发热，使油液加快变质，而且还影响液压系统的性能及泵的使用寿命。因此，需要采用卸荷回路。卸荷回路的作用是在液压泵驱动电机不频繁启闭的情况下，使液压泵在功率输出接近于零的情况下运转，以减少功率损耗和系统发热，延长泵和电机的使用寿命。液压泵的输出功率为其流量和压力的乘积，二者中任一个近似为零，则功率损耗即近似为零，因此液压泵的卸荷有流量卸荷和压力卸荷两种。流量卸荷主要使用变量泵，使变量泵仅为补偿泄漏而以最小流量运转，但泵仍处在高压状态下运转，磨损比较严重。压力卸荷就是使泵在接近零压的状态下运转。

常见的卸荷回路有以下几种：

（一）采用换向阀的卸荷回路

当M、H和K型中位机能的三位换向阀处于中位时，泵即卸荷。图8-5(a)所示为采用M型中位机能主换向阀的卸荷回路。

（二）采用二位二通电磁换向阀的卸荷回路

图8-5(b)所示为采用二位二通电磁换向阀的卸荷回路。在这种卸荷回路中，主换向阀的中位机能为O型，利用与液压泵和溢流阀同时并联的二位二通电磁换向阀的通与断，实现系统的卸荷与保压功能。但要注意：二位二通电磁换向阀的压力和流量参数要完全与对应的液压泵相匹配。

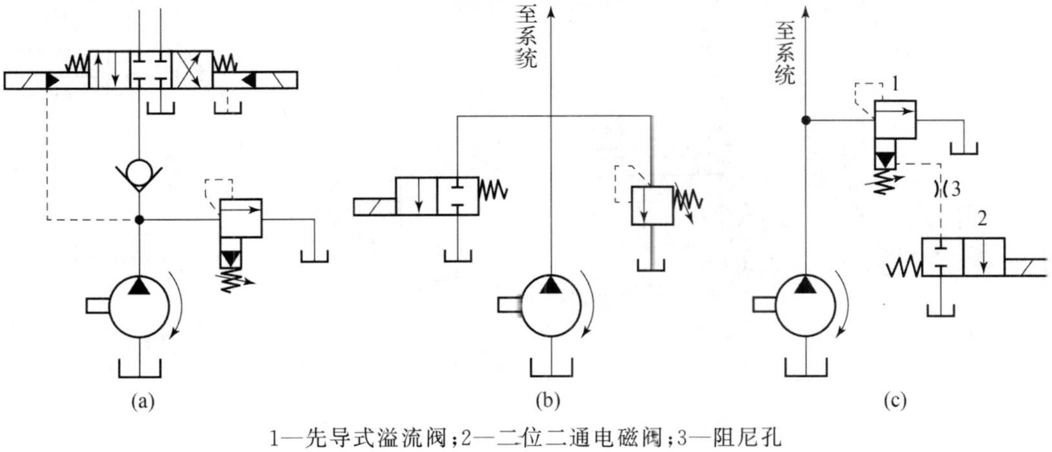

1—先导式溢流阀；2—二位二通电磁阀；3—阻尼孔

图8-5　卸荷回路

（三）采用先导式溢流阀和小流量二位二通电磁阀的卸荷回路

图8-5(c)所示为采用二位二通电磁阀控制先导式溢流阀的卸荷回路。当先导式溢流阀1的远程控制口通过二位二通电磁阀2接通油箱时，先导式溢流阀1的溢流压力为溢流阀的卸

荷压力，液压泵输出的油液以很低的压力经先导式溢流阀 1 和二位二通电磁阀 2 流回油箱，实现泵的卸荷。为防止系统卸荷或升压时产生压力冲击，一般在先导式溢流阀远程控制口与二位二通电磁阀之间设置阻尼孔 3。这种卸荷回路可以实现远程控制，同时二位二通电磁阀可以选用小流量规格。

(四)采用限压式变量泵的流量卸荷回路

利用限压式变量泵的压力反馈来控制流量变化的特性，可以实现流量卸荷。如图 8-6 所示，系统中的溢流阀 4 被用作安全阀，以防止泵的压力补偿装置的零漂和动作滞缓导致系统的压力异常。这种回路在卸荷状态下具有很高的控制压力，特别适用于各类成型加工机床模具的合模保压控制，可使机床的液压系统在卸荷状态下实现保压，有效减少了系统的功率匹配，极大地降低了系统的功率损失和发热。

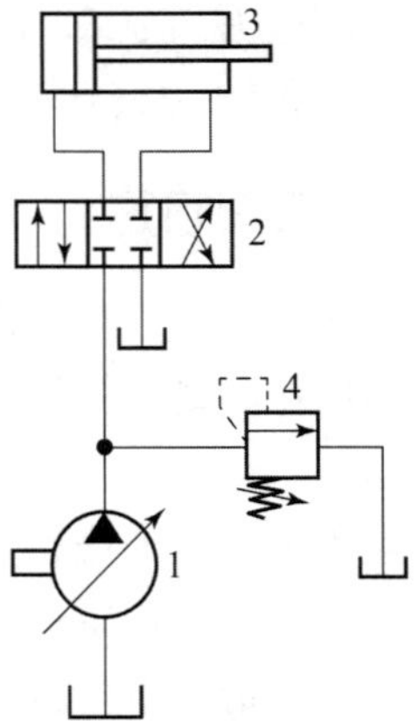

1—液压泵；2—换向阀；
3—液压缸；4—溢流阀
图 8-6 流量卸荷回路

三、减压回路

当泵的输出压力是高压而局部回路或支路要求低压时，可以采用减压回路。如机床液压系统中的定位、夹紧等，它们往往需要比主油路低的压力。减压回路较为简单，一般是在需要低压的支路上串接减压阀。采用减压回路虽能方便地使某支路获得稳定的低压，但压力油经过减压阀口时要产生压力损失，这是它的缺点。

最常见的减压回路是通过定值减压阀与主油路相连的，如图 8-7 所示。回路中的单向阀可防止当主油路的压力低于减压阀的调整压力时油液倒流，起到短时保压作用。减压回路中也可以采用类似两级或多级调压的方法获得二级或多级减压。如图 8-8 所示，利用先导式减压阀 3 的远程控制口，接一个远程控制溢流阀 5，则可由阀 3、阀 5 各调得一种低压。但要注意，阀 5 的调定压力值一定要低于阀 3 的调定压力值。

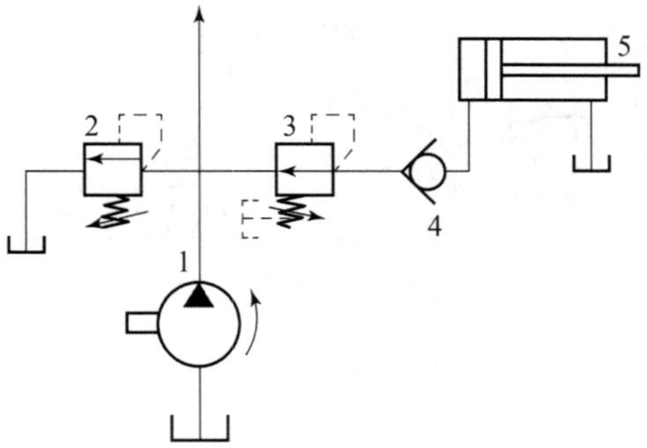

1—液压泵；2—溢流阀；3—减压阀；
4—单向阀；5—液压缸
图 8-7 减压回路

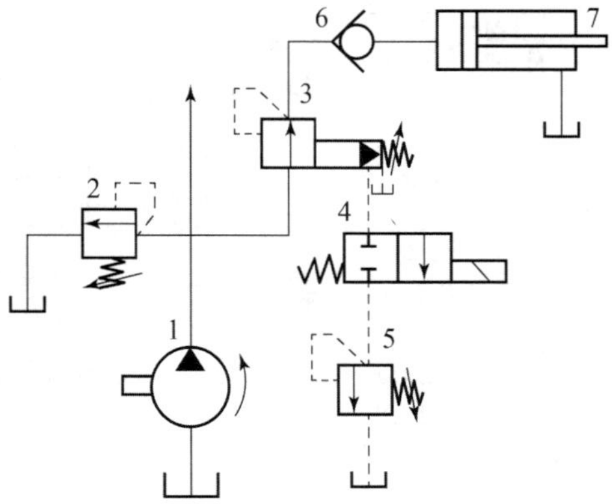

1—液压泵；2—溢流阀；3—先导式减压阀；
4—换向阀；5—远程控制溢流阀；
6—单向阀；7—液压缸
图 8-8 多级减压回路

为了使减压回路工作可靠，减压阀的最低调整压力不应小于 0.5 MPa，最高调整压力应至少比系统压力小 0.5 MPa。当减压回路中的执行元件需要调速时，调速元件应放在减压阀的后面，以避免减压阀泄漏对执行元件的速度产生影响。

四、增压回路

国内外常规液压系统的最高压力等级只能达到 32～40 MPa，如果系统或系统的某一支路需要压力较高但流量又不大的压力油，而采用高压泵不经济，或者根本就没有必要增设高压泵时，可以通过增压回路来满足这一要求。这样不仅易于选择液压泵，而且系统工作较可靠，噪声小。增压回路用于使系统中某一支路获得比系统压力更高的压力油。增压回路中实现油液压力放大的主要元件是增压缸或增压器，增压器的增压比取决于增压器大、小活塞的面积之比。

（一）单作用增压缸的增压回路

图 8-9(a)所示为利用增压缸的单作用增压回路。当系统在图示位置工作时，系统的供油压力 p_1 进入增压缸的大活塞腔 a 中，此时在小活塞腔 b 中即可得到所需的较高压力 p_2；当二位四通电磁换向阀左位接入系统时，增压缸返回，辅助油箱中的油液经单向阀补入小活塞中。因此，该回路只能单方向增压，被称为单作用增压回路。

（二）双作用增压缸的增压回路

图 8-9(b)所示的采用双作用增压缸的增压回路能连续输出高压油。在图示位置，液压泵输入的压力油经换向阀 5 和单向阀 1 进入增压缸左端的大、小活塞腔中，右端大活塞腔的回油连通油箱，右端小活塞腔增压后的高压油经单向阀 3 输出，此时单向阀 2、4 被关闭。当增压缸活塞移到右端时，换向阀 5 通电换向，增压缸活塞向左移动。同理，左端小活塞腔输出的高压油经单向阀 2 输出。这样，增压缸的活塞不断地往复运动，两端便交替输出高压油，从而实现了连续增压。

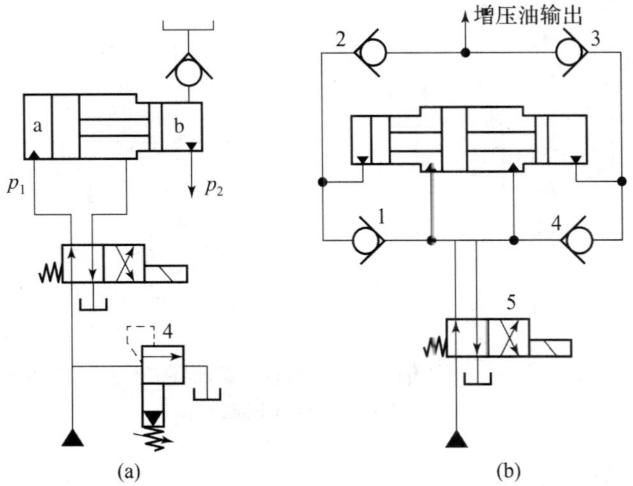

1、2、3、4—单向阀；5—换向阀

图 8-9　增压回路

五、保压回路

保压回路的功能是使系统在液压缸加载不动或因工件变形而产生微小位移的工况下能保持稳定不变的压力。保压性能的两个主要指标为保压时间和压力稳定性。最简单的保压回路是密封性能较好的液控单向阀回路，但是阀类元件处的泄漏使得这种回路的保压时间不能维持太久。常用的保压回路有以下几种：

(一)采用液压泵的保压回路

采用液压泵的保压回路就是在保压过程中，液压泵仍以较高的压力(保压所需的压力)进行工作。此时，若采用定量泵，则压力油几乎全经溢流阀流回油箱，系统功率损失大，易发热，因此这种保压回路只在小功率的系统中且保压时间较短的场合下才使用。若采用变量泵，在保压时泵的压力较高，但输出流量几乎等于零，液压系统的功率损失小。这种保压方法能随泄漏量的变化而自动调整输出流量，因此其效率较高。

(二)采用蓄能器的保压回路

如图 8-10(a)所示，当换向阀在左位工作时，液压缸向右运动且压紧工件，进油路压力升高至调定值，压力继电器动作使二位二通阀通电，泵即卸荷，单向阀自动关闭，液压缸则由蓄能器保压。当缸中压力不足时，压力继电器复位使泵重新工作。保压时间的长短取决于蓄能器的容量，调节压力继电器的工作区间即可调节缸中压力的最大值和最小值。图 8-10(b)所示为多缸系统中的保压回路，当主油路压力降低时，单向阀 3 关闭，支油路由蓄能器 4 进行保压及补偿泄漏。压力继电器 5 的作用是当支油路的压力达到预定值时发出信号，使主油路开始动作。

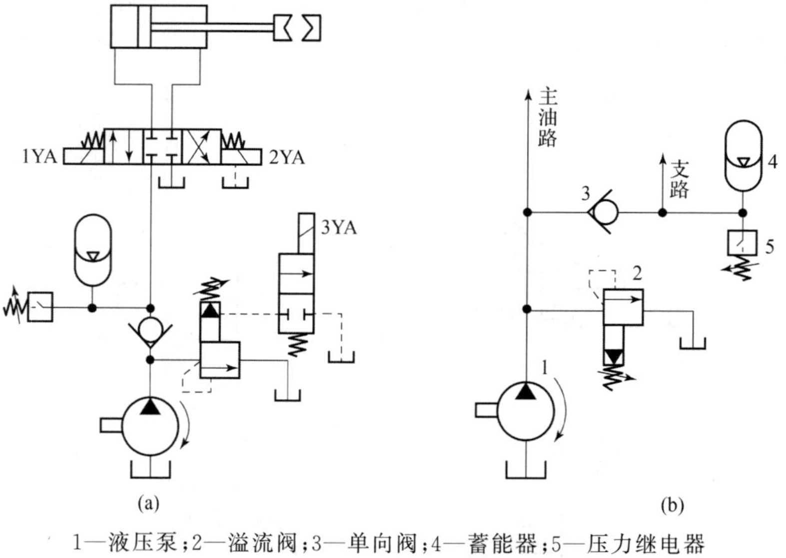

1—液压泵；2—溢流阀；3—单向阀；4—蓄能器；5—压力继电器

图 8-10 保压回路

(三)自动补油的保压回路

图 8-11 所示为自动补油的保压回路，它采用液控单向阀 4、电接触式压力表 6 进行自动补油保压。它利用了液控单向阀结构简单并具有一定保压性能的优点，避免了直接用泵供油保压而大量消耗功率的缺点。当换向阀 3 左位接入回路时，活塞下降。当无杆腔的压力上升到

电接触式压力表6的触点调定的上限压力时，电接触式压力表发出电信号，使换向阀3中位接入回路，液压泵1卸荷，液压缸由液控单向阀4保压；当无杆腔的压力下降至电接触式压力表6的触点调定的下限压力时，电接触式压力表又发出电信号，使换向阀3左位接入回路，液压泵1又向液压缸供油，使压力回升。这种回路的保压时间长，压力稳定性高，液压泵基本处于卸荷状态，系统功率损失小。

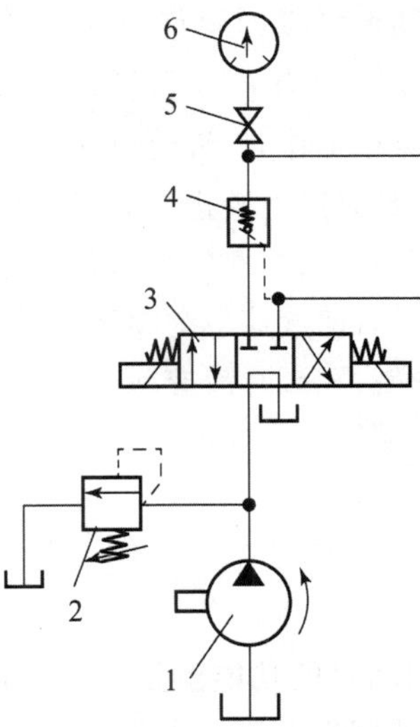

1—液压泵；2—溢流阀；3—换向阀；
4—液控单向阀；5—截止阀；
6—电接触式压力表；7—液压缸

图8-11 自动补油的保压回路

六、平衡回路

许多机床或机电设备的执行机构是沿垂直方向或倾斜方向运动的，这些机床或机电设备的液压系统在工作或停止时，始终都会受到执行机构较大重力负载的作用。如果没有相应的平衡措施将重力负载平衡掉，就会造成机床或机电设备执行装置的自行下滑或操作时的动作失控，其后果将十分危险。平衡回路的功能在于使液压执行元件的回油路上始终保持一定的背压，以平衡执行机构重力负载对液压执行元件的作用力，使之不会因自重而自行下滑，实现液压系统对机床设备动作的平稳、可靠控制。

(一)采用单向顺序阀的平衡回路

图8-12(a)所示为采用单向顺序阀的平衡回路，当1YA通电活塞下行时，回油路上就存在一定的背压，只要将这个背压调节到能支承住活塞和与之相连的工作部件，活塞就可以平稳地下落。当换向阀处于中位时，活塞就停止运动，不再继续下移，但活塞和与之相连的工作部件会因单向顺序阀和换向阀的泄漏而缓慢下落，因此它只适用于工作部件质量不大、活塞被锁住时定位要求不高的场合。单向顺序阀的调定压力应略大于垂直工作部件的自重在油缸下腔形成的压力。由于回油有背压，这种平衡回路的功率损失较大。

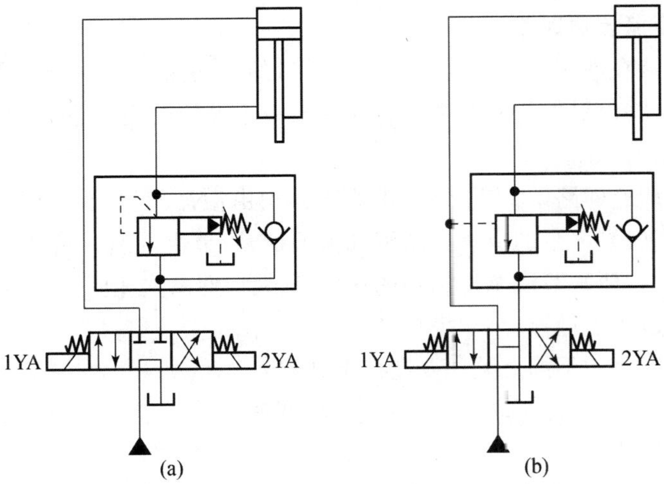

图8-12 平衡回路

(二)采用液控单向顺序阀的平衡回路

图 8-12(b)所示为采用液控单向顺序阀的平衡回路。当活塞下行时,控制压力油打开液控单向顺序阀;当停止工作时,液控单向顺序阀关闭,以防止活塞和工作部件因自重而下降。这种平衡回路的优点是只有上腔进油时,活塞才会下行,比较安全可靠;由于回油没有背压,平衡回路的效率较高。这种平衡回路的缺点是活塞下行时的平稳性较差。这是因为当活塞下行时,液压缸上腔的油压降低,使液控单向顺序阀关闭。当液控单向顺序阀关闭时,活塞停止下行,使液压缸上腔的油压升高,又打开液控单向顺序阀。因此,液控单向顺序阀始终工作于启、闭的过渡状态,而影响工作的平稳性。这种平衡回路适用于运动部件质量不是很大、停留时间较短的液压系统。

任务二　速度控制回路

速度控制回路的功能就是控制液压系统中执行元件的运动速度。常用的速度控制回路有调速回路、增速回路和速度换接回路等形式。

一、调速回路

调速回路的功能是调节执行元件的运动速度。在不考虑泄漏的情况下,对于液压缸,其运动速度 $v=q/A$,液压马达的转速 $n=q/V$。因此,对于液压缸和定量马达,只能通过改变输入或输出流量的方法来改变速度。对于变量马达,既可以通过改变流量又可以通过改变自身排量来调节速度。据此,可以把液压系统的调速分为节流调速、容积调速和容积-节流调速三种形式。

(一)节流调速回路

在用定量泵供油的液压系统中,通过调节流量控制阀来改变输入或输出执行元件的流量而实现调速的回路称为节流调速回路。节流调速回路由定量泵、流量控制阀、溢流阀和执行元件等组成,通过改变流量控制阀阀口的开度来控制输入或输出液压执行元件的流量,从而调节执行元件的速度。

根据流量控制阀在回路中安装位置的不同,节流调速回路又可分为进油路节流调速回路、回油路节流调速回路和旁油路节流调速回路三种调速回路。

1.进、回油路节流调速回路

将流量控制阀装在液压泵出口至执行元件进口的进油路上,则构成进油路节流调速回路,如图 8-13(a)所示。将流量控制阀装在执行元件出口至油箱的回油路上,则构成回油路节流调速回路,如图 8-13(b)所示。

在这两种节流调速回路中,定量泵的供油压力均由溢流阀调定。液压缸的速度通过节流阀的开度大小来控制,泵多余的流量经溢流阀流回油箱,节流调速回路既有溢流损失又有节流损失,功率损失较大。两种节流调速回路的速度-负载特性基本相同。这两种节流调速回路结构简单,价格低廉,适用于低速、小功率场合。

两种节流调速回路的不同之处主要有以下几点:

(1)承受负值负载的能力不同,即进油路节流调速回路不能承受负值负载,回油路节流调速回路能承受负值负载;

(2)进油路节流调速回路相对于回油路节流调速回路来说更易实现压力控制;

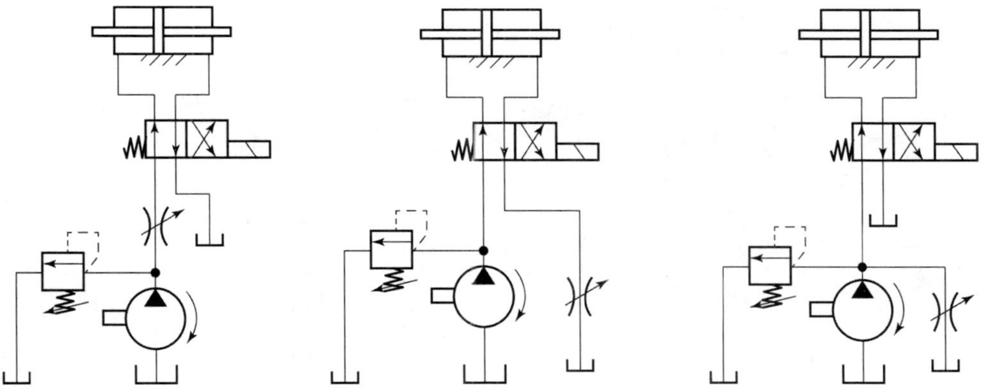

(a)　　(b)　　(c)

图 8-13　节流调速回路

(3)进油路节流调速回路的启动较平稳，回油路节流调速回路的启动冲击较大；

(4)低速运动的平稳性不同，节流阀设置在进油路上能获得更低的稳定速度。

2. 旁油路节流调速回路

将流量控制阀装在与执行元件并联且终端接油箱的旁泊路上，则构成旁油路节流调速回路，如图 8-13(c)所示。

在这种节流调速回路中，通过调节节流阀的通流面积，可以实现调速。溢流阀起到安全阀的作用，常态时关闭。节流调节回路中只有节流损失，没有溢流损失，功率损失较小，系统效率较高。但由于速度-负载特性较差、启动不平稳等缺点，这种节流调速回路仅用于高速、重载、对速度平稳性要求不高的场合，如牛头刨床的主传动系统。

用节流阀的节流调速回路有一个共同特点，即执行元件的运动速度都随负载的增大而减小，这主要是因为负载变化引起节流阀前后的压力差发生变化。若用调速阀，则其速度的稳定性将得到很大改善。

由以上分析得知，节流调速回路结构简单，调节方便，调速范围较大，低速稳定性较好，价格较为低廉，但功率损耗较大，系统效率较低，一般用于中、小功率液压系统。

(二)容积调速回路

通过改变变量泵或变量马达的排量来调节执行元件运动速度的回路称为容积调速回路。根据液压泵和液压马达(或液压缸)组合的不同，容积调速回路也分为三种形式：

(1)由变量泵和定量马达(或液压缸)组成的容积调速回路(图 8-14)；

(2)由定量泵和变量马达组成的容积调速回路；

(3)由变量泵和变量马达组成的容积调速回路。

按油路循环方式的不同，容积调速回路可分为开式和闭式两种。在开式回路中，液压泵从油箱中吸油，将压力油输给执行元件，执行元件回油到油箱。液压油经油箱循环，油液得到充分的冷却和过滤，但空气和杂质也容易侵入回路[图 8-14(a)]。在闭式回路中，液压泵出口与执行元件进口相连，液压泵进口接执行元件出口，油液在液压泵和执行元件之间循环，不经过油箱[图 8-14(b)]。这种容积调速回路结构紧凑，空气和杂质不易进入，但散热效果差，且需补油装置。表 8-1 简述了容积调速回路的主要特点。

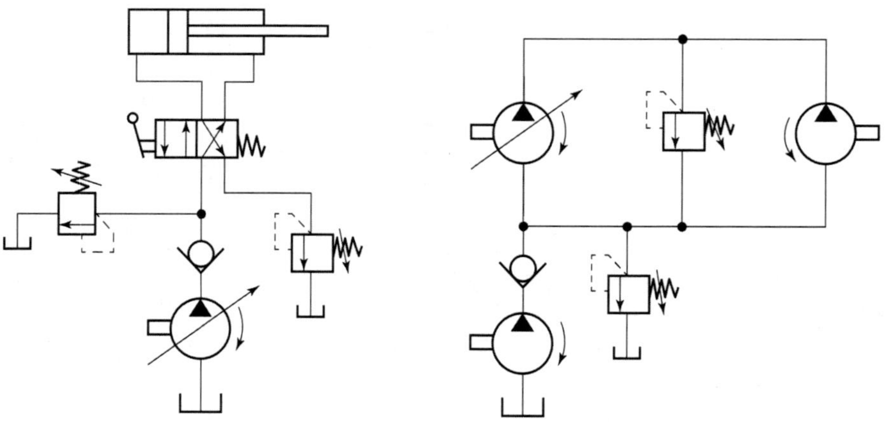

(a)　　　　(b)

图 8-14　容积调速回路

表 8-1　容积调速回路的主要特点

种类	主要特点
变量泵和定量马达（或液压缸）调速回路	马达的转速随变量泵排量的增大而加快，且调速范围较大
	马达输出的转矩一定，属于恒转矩调速
	马达的输出功率随马达转速的改变呈线性变化
	功率损失小，系统效率高
	元件泄漏对速度刚性的影响大
	价格较贵，适用于功率较大的场合，如插床、拉床、压力机和升降机等大功率液压系统
定量泵和变量马达调速回路	马达的转速随定量泵排量的增大而减慢，且调速范围较小
	马达的转矩随转速的增大而减小
	马达输出的最大功率不变
	功率损失小，系统效率高
	元件泄漏对速度刚性的影响大
	调速范围较小，价格较贵，一般很少单独使用
变量泵和变量马达调速回路	在第一阶段，保持马达排量为最大值不变，由泵的排量调节转速，采用恒转矩调速；在第二阶段，保持泵的排量为最大值不变，由马达排量调节转矩，采用恒功率调速
	调速范围大
	适用于大功率且调速范围大的场合，如各种行走机械、牵引机械等

在容积调速回路中，泵的全部流量进入执行元件，且泵口压力随负载变化，没有溢流损失和节流损失，功率损失较小，系统效率较高。但随着负载的增加，容积调速回路的泄漏量增大而使速度降低，尤其是低速时速度稳定性更差。容积调速回路一般用于功率较大而对低速稳定性要求不高的场合。

(三)容积-节流调速回路

通过改变变量泵的排量和调节流量控制阀的流量来控制执行元件运动速度的回路，称为容积-节流调速回路。图 8-15 所示为容积-节流调速回路，它是由限压式变量叶片泵与调速阀组成的。限压式变量叶片泵输出的油液经调速阀进入液压缸，调节调速阀即可改变进入液压缸的流量而实现调速，此时限压式变量叶片泵的供油量会自动地与之相适应。

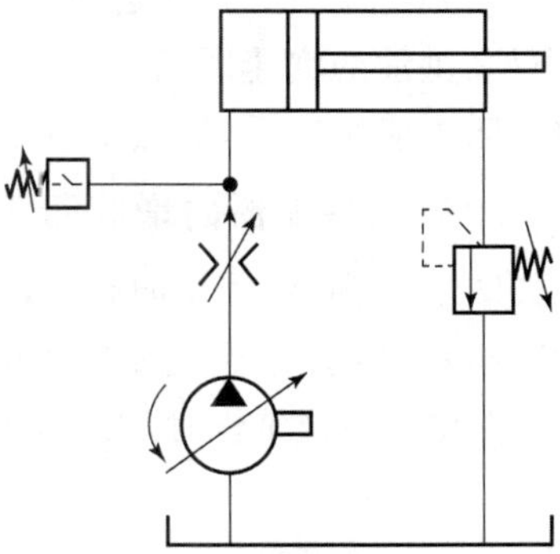

图 8-15　容积-节流调速回路

容积-节流调速回路无溢流损失，效率较高，调速范围大，速度刚性好，一般用于空载时需快速、承载时要稳定的中、小功率液压系统，如组合机床液压系统。

二、增速回路

增速回路又叫快速运动回路，其作用是使执行元件在空行程时获得尽可能大的运动速度，提高生产效率。以下介绍几种机床上常用的增速回路。

(一)采用差动连接的增速回路

差动连接回路是在不增加液压泵输出流量的情况下，提高工作部件运动速度的一种快速回路，其实质是改变了液压缸的有效作用面积，特点是液压缸的推力有所减小，回路结构简单，适用于单向增速的场合。

图 8-16 所示为采用差动连接的增速回路。当只有电磁铁 1YA 通电时，换向阀 3 为左位工作，压力油可进入液压缸的左腔，同时右腔回油并经阀 5 的左位与液压缸的右腔连通形成差动连接，活塞快速右移。此时，若电磁铁 3YA 也通电，阀 5 换为右位工作，则液压缸右腔只能经阀 4 中的调速阀回油，实现慢速运动。当 2YA、3YA 同时通电时，压力油经换向阀 3、阀 4 中的单向阀和换向阀 5 进入液压缸右腔，左腔回油，活塞快速退回。这种增速回路方法简单，较经济，但快、慢速度的换接不够平稳。

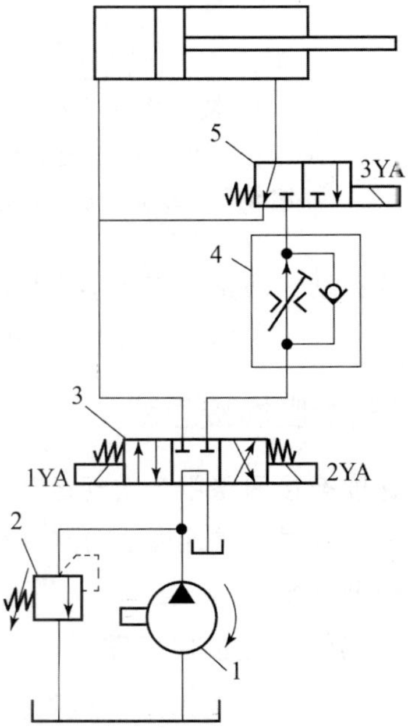

1—液压泵；2—溢流阀；3、5—换向阀；
4—调速阀和单向阀

图 8-16　采用差动连接的增速回路

(二)双泵供油的增速回路

这种增速回路是使低压大流量泵和高压小流量泵并联为系统供油，如图 8-17 所示。

图 8-17 中的液压泵 1 为高压小流量泵，用于实现工进运动；液压泵 2 为低压大流量泵，用于实现快速运动。在快速运动时，液压泵 2 输出的油经单向阀 4 与液压泵 1 输出的油共同向系统供油。在工进时，系统压力升高，打开液控顺序阀 3 使液压泵 2 卸荷，此时单向阀 4 关闭，由液压泵 1 单独向系统供油。溢流阀 5 控制液压泵 1 的供油压力，而液控顺序阀 3 使液压泵 2 在快速运动时供油、在工进时卸荷，因此液控顺

序阀 3 的调整压力应比快速运动时系统所需的压力高，但比溢流阀 5 的调整压力低。

双泵供油的增速回路的功率利用合理、效率高，并且速度换接较平稳，在快、慢速度相差较大的机床中应用广泛，缺点是成本高，油路系统也稍复杂。

(三)采用蓄能器的增速回路

如图 8-18 所示，当换向阀 5 处于中位时，液压缸不工作，液压泵经单向阀 4 向蓄能器 1 充油。当蓄能器内的油压达到液控顺序阀 2 的调定压力时，液控顺序阀 2 被打开，使液压泵卸荷。当换向阀 5 左位或右位工作时，液压泵和蓄能器 1 同时向液压缸供油，使液压缸实现快速运动。

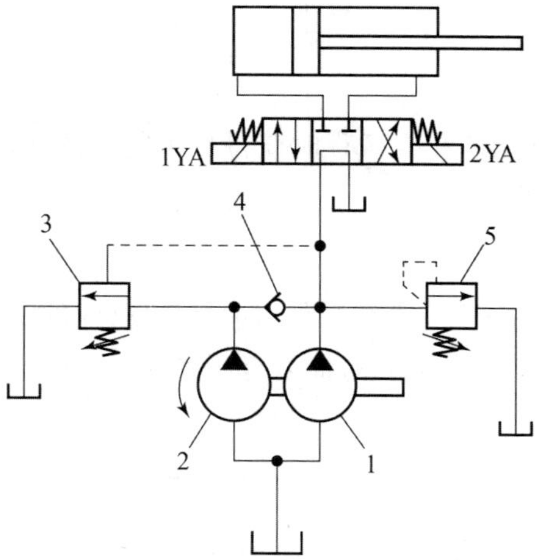

1、2—液压泵；3—液控顺序阀；

4—单向阀；5—溢流阀

图 8-17　双泵供油的增速回路

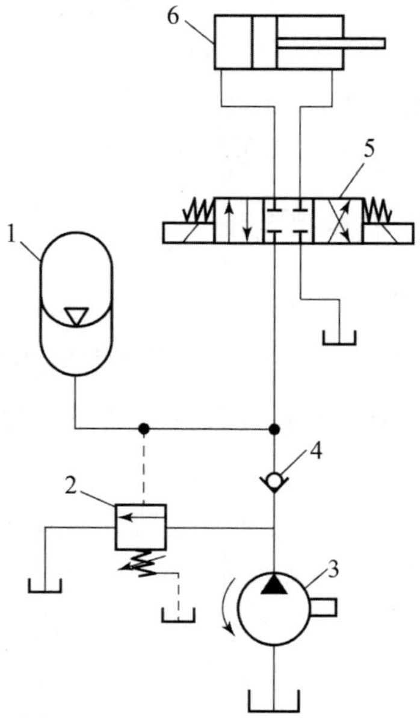

1—蓄能器；2—液控顺序阀；3—液压泵；

4—单向阀；5—换向阀；6—液压缸

图 8-18　用蓄能器的增速回路

这种增速回路可用较小流量的液压泵获得较高的运动速度，其缺点是当蓄能器充油时，液压缸必须停止工作，在时间上有些浪费。

三、速度换接回路

速度换接回路用于实现运动速度的变换，即在原来设计或调节好的几种运动速度中，由一种速度换成另一种速度。对这种回路的要求是速度换接要平稳，即不允许在速度变换的过程中有前冲现象。

(一)快慢速换接回路

图 8-19 所示为采用行程调速阀的速度换接回路。在图示位置，液压缸 3 右腔的回油可经行程阀 4 和换向阀 2 流回油箱，使活塞快速向右运动。当快速运动到达所需位置时，活塞上挡块压下行程阀 4，将其通路关闭，这时液压缸 3 右腔的回油就必须经过调速阀 6 流回油箱，活塞的运动转换为工进。当操纵换向阀 2 使活塞换向后，压力油可经换向阀 2 和单向阀 5 进入液压缸 3 的右腔，使活塞快速向左退回。

在这种速度换接回路中，行程阀接通油路是由液压缸活塞行程控制阀阀芯的移动来逐渐关闭的，因此换接时的位置精度高，冲出量小，运动速度的变换也比较平稳。这种速度换接回路在机床液压系统中的应用较多，它的缺点是行程控制阀的安装位置受一定限制（要由挡铁压下），所以有时管路连接稍复杂。行程控制阀也可以用电磁换向阀来代替，这时电磁换向阀的安装位置不受限制（挡铁只需压下行程开关），但其换接精度及速度变换的平稳性较差。

图 8-20 所示为利用液压缸自身结构的速度换接回路。在图示位置，活塞快速向右移动，液压缸右腔的回油经油路 1 和二位四通换向阀流回油箱。当运动到活塞将油路 1 封闭时，液压缸右腔的回油需经调速阀 3 流回油箱，活塞则由快速运动变换为工进运动。

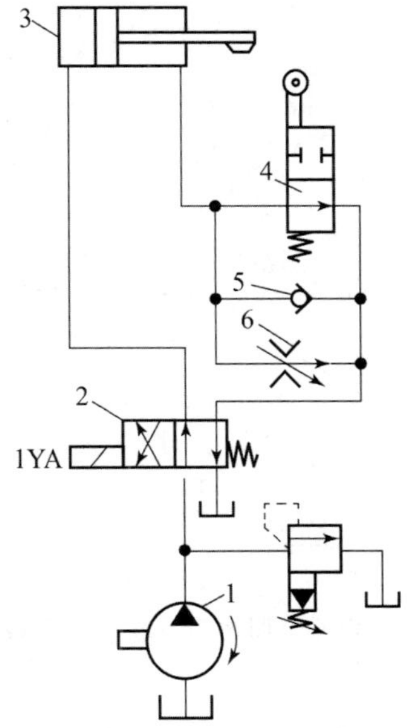

1—液压泵；2—换向阀；3—液压缸；
4—行程阀；5—单向阀；6—调速阀

图 8-19　采用行程调速阀的速度换接回路

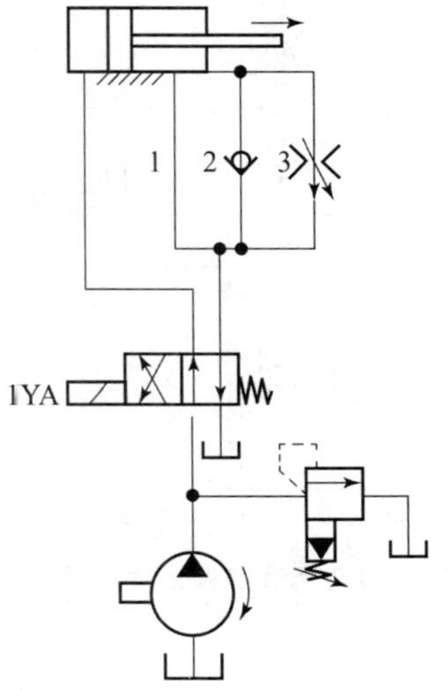

1—油路；2—单向阀；3—调速阀

图 8-20　利用液压缸自身结构的速度换接回路

这种速度换接回路方法简单，换接较可靠，但速度换接的位置不能调整，工作行程也不能过长，以免活塞过宽，所以仅适用于工作情况固定的场合。这种速度换接回路也常用作活塞运动到达端部时的缓冲制动回路。

（二）两种慢速的速度换接回路

对于某些自动机床、注塑机等，需要在自动工作循环中变换两种以上的工进速度，这时需要采用两种（或多种）工进速度的换接回路。

图 8-21 所示为将两个调速阀串联的慢速换接回路。当电磁铁 1YA 通电时，压力油通过调速阀 1 及二位电磁阀的左位进入液压缸的左腔，使执行元件得到由调速阀 1 调节的第一种慢速运动速度；当电磁铁 1YA 和 3YA 同时通电时，二位电磁阀断开油路，压力油必须通过调速阀 1 和调速阀 2 才能进入液压缸的左腔。由于调速阀 2 的开度比调速阀 1 的开度小，从而使执行元件获得由调速阀 2 调节的第二种更慢的运动速度，实现了两种慢速的转换。在这种速度换接回路中，调速阀 2 的开度必须比调速阀 1 的开度小，否则调速阀 2 不起作用。

图 8-22 所示为将两个调速阀并联的慢速换接回路。当电磁铁 1YA 通电时，压力油通过

调速阀 1 进入液压缸的左腔，执行元件得到由调速阀 1 调节的第一种慢速运动速度，调速阀 2 不起作用；当电磁铁 1YA 与 3YA 同时通电时，压力油通过调速阀 2 进入液压缸的左腔，执行元件得到由调速阀 2 调节的第二种慢速运动速度，而调速阀 1 此时不起作用。这种速度换接回路用两个调速阀分别调节两种运动速度，在速度换接时执行元件会出现前冲现象。

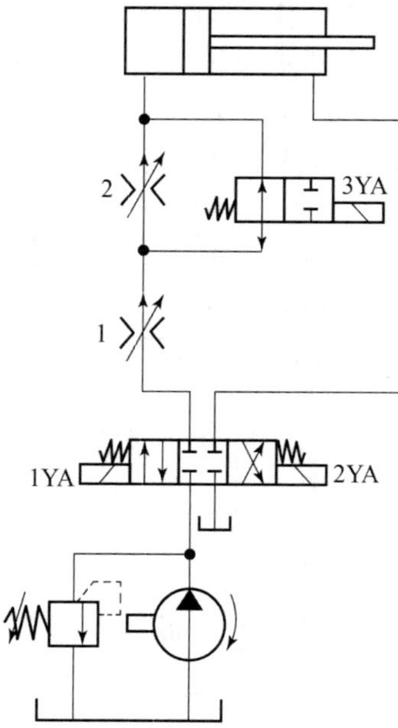

1、2—调速阀

图 8-21　将两个调速阀串联的慢速换接回路

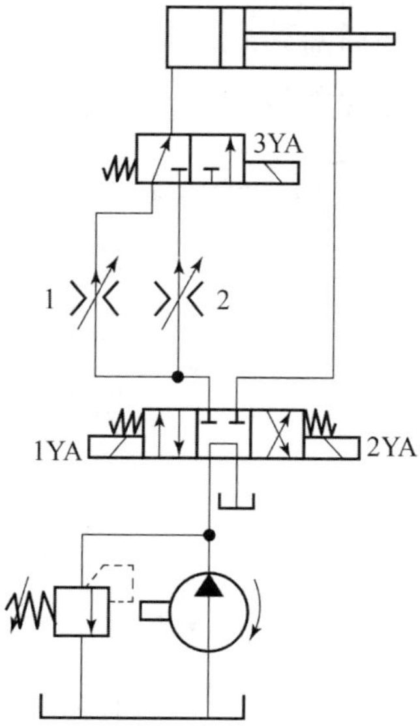

1、2—调速阀

图 8-22　将两个调速阀并联的慢速换接回路

任务三　方向控制回路

方向控制回路的作用是控制执行元件的启动、换向、制动、锁紧和定位等工作状态。它主要是通过各种方向控制阀控制油路的通断及油液的流动方向来实现方向控制的。方向控制回路有多种形式，如换向回路、制动回路、锁紧回路、连续往复运动回路、液压缸定位回路、限程回路等。本任务只介绍换向回路、制动回路和锁紧回路。

一、换向回路

运动部件的换向一般可通过各种换向阀来实现。在容积调速的闭式回路中，双向变量泵可以控制油液的流动方向，从而实现液压缸（或液压马达）的换向。

依靠重力或弹簧返回的单作用液压缸可以采用二位三通换向阀进行换向，如图 8-23 所示。双作用液压缸的换向一般都采用二位四通（或五通）及三位四通（或五通）换向阀来进行换向，按不同用途还可选用不同控制方式的换向回路。

电磁换向阀的换向回路应用得最为广泛，尤其是在自动化程度要求较高的组合机床液压系统中被普遍采用。对于流量较大和对换向平稳性要求较高的场合，电磁换向阀的换向回路已不能适应上述要求，往往采用将手动换向阀或机动换向阀作为先导阀、以液动换向阀为主阀的换向回路，或者采用电液动换向阀的换向回路。

图 8-24 所示为采用换向阀的换向回路。回路中用辅助液压泵 2 提供低压控制油，通过手动先导阀 3 来控制液动换向阀 4 的阀芯移动，实现主油路的换向。当手动先导阀 3 在右位时，控制油进入液动换向阀 4 的左端，右端的油液经手动先导阀 3 流回油箱，使液动换向阀 4 左位工作，活塞下移。当手动先导阀 3 切换至左位时，控制油使液动换向阀 4 换向，活塞向上退回。当手动先导阀 3 处于中位时，液动换向阀 4 两端的控制油通往油箱，在弹簧力的作用下，其阀芯回复到中位，主液压泵 1 卸荷。这种换向回路常用于大型油压机上。

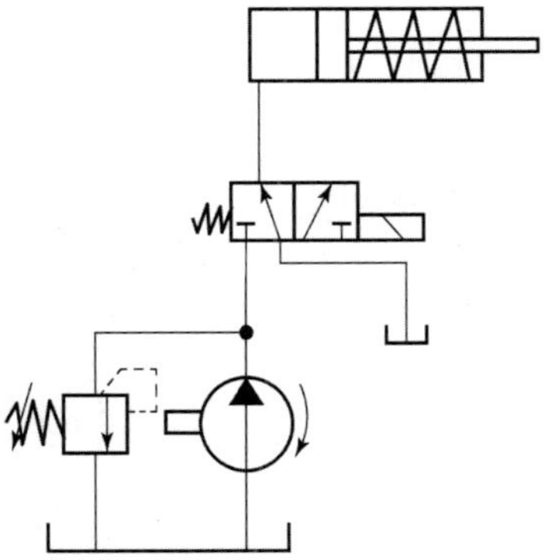

图 8-23　单作用液压缸的换向回路

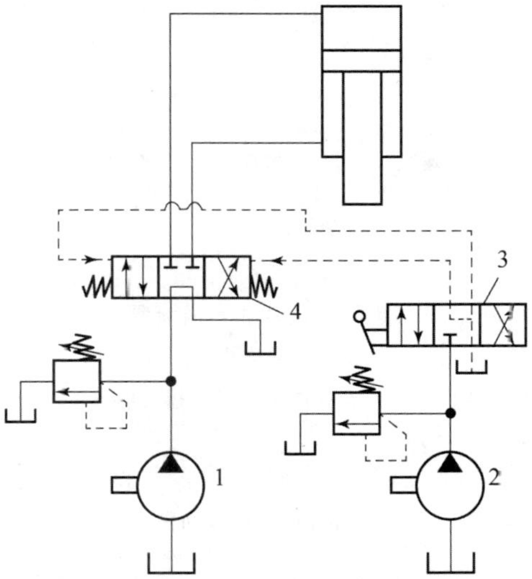

1、2—液压泵；3—手动先导阀；4—液动换向阀

图 8-24　采用换向阀的换向回路

在采用液动换向阀的换向回路或电液动换向阀的换向回路中，除了由辅助液压泵供给控制油液外，在一般的系统中也可以把控制油路直接接入主油路。但当主阀采用 M 型或 H 型中位机能时，必须在回路中设置背压阀，保证控制油液有一定的压力，以控制换向阀阀芯的移动。在机床夹具、油压机和起重机等不需要自动换向的场合，常常采用手动换向阀来进行换向。

二、制动回路

制动回路的作用是使执行元件迅速停止运动。制动回路主要是指液压马达的制动回路。

根据制动元件的不同，制动回路可分为用溢流阀制动的制动回路、用制动缸制动的制动回路、用制动阀制动的制动回路、用蓄能器制动的制动回路等种类。这里以前两种为例进行介绍。

（一）用溢流阀制动的制动回路

如图 8-25 所示，当电磁换向阀 3 断电时，溢流阀 4 的远程控制口通油箱，溢流阀 2 的远程控制口关闭，液压马达 1 平稳地加速至最大速度。当电磁换向阀 3 通电时，溢流阀 2 的远程控制口通油箱，液压泵卸荷，溢流阀 4 的远程控制口关闭，使液压马达 1 制动，制动力由溢流阀 4 来调节。

（二）用制动缸制动的制动回路

如图 8-26 所示，当换向阀 2 切换至左位或右位工作时，压力油先进入制动缸 4，使制动缸 4 松开，然后再使液压马达 6 回转。为了保证液压马达 6 有足够的启动力矩，压力油经 3 中的节流阀再流入制动缸 4 中。需要制动时，换向阀 2 切换至中位，制动缸靠弹簧力通过 3 中的单向阀回油，制动器 5 被压紧，使液压马达 6 制动。该方式产生的制动力稳定，且制动力不受油路泄漏的影响，安全可靠。

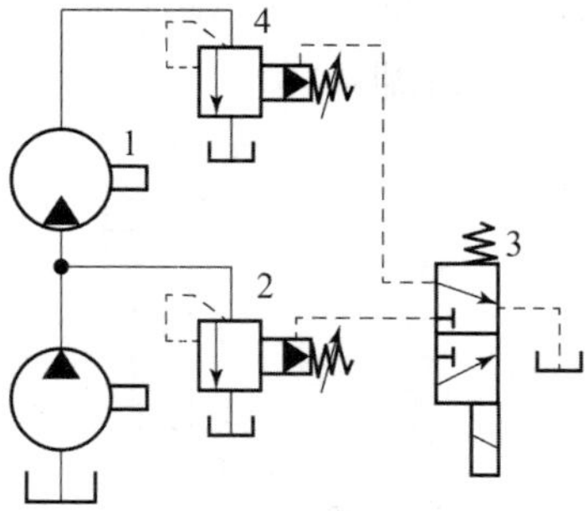

1—液压马达；2、4—溢流阀；
3—电磁换向阀

图 8-25　用溢流阀制动的制动回路

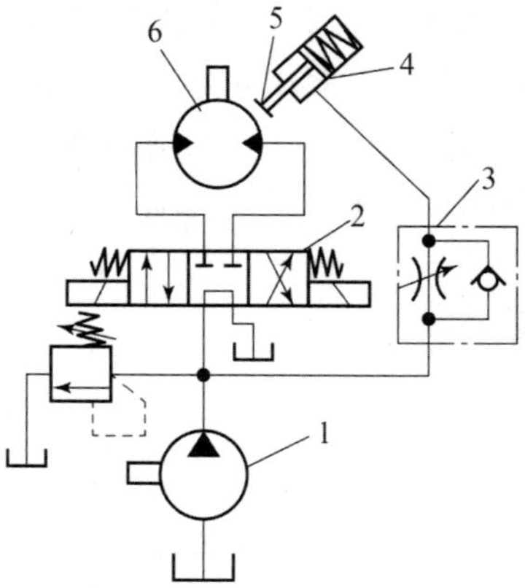

1—液压泵；2—换向阀；3—节流阀和单向阀；
4—制动缸；5—制动器；6—液压马达

图 8-26　用制动缸制动的制动回路

需要注意，当采用串联的多路换向阀时，本回路只能安排在最末一级；否则，后面的换向阀切换后，压力油会使制动器松闸。

三、锁紧回路

锁紧回路的作用是使工作部件能在任意位置上停留，以及在停止工作时，防止工作部件在受力的情况下发生移动。

凡采用 O 型或 M 型中位机能的换向阀的回路都能使执行元件锁紧。但由于受到滑阀泄漏的影响，可能产生松动而使活塞产生少量漂移，因此锁紧效果较差。

图 8-27 所示为采用液控单向阀的锁紧回路。当换向阀在左位时，压力油经液控单向阀 1 进入缸的无杆腔，同时将液控单向阀 2 打开，使缸的有杆腔的油液能经液控单向阀 2 及换向阀流回油箱；反之，当换向阀在右位时，压力油进入缸的有杆腔并将液控单向阀 1 打开，使缸的无杆腔回油。而当换向阀处于中位或者泵停止供油时，两个液控单向阀立即关闭，活塞停止运动。因只受液压缸少量内泄漏的影响，该锁紧回路的锁紧精度较高。

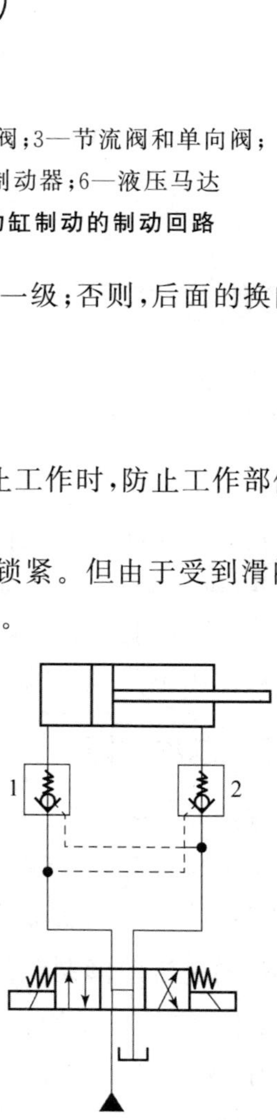

1、2—液控单向阀

图 8-27　采用液控单向阀的锁紧回路

对于采用液控单向阀的锁紧回路，其换向阀的中位机能应为 H 型或 Y 型，这样能使液控单向阀立即关闭，活塞停止运动。假如采用 O 型机能，在换向阀位于中位时，由于液控单向阀的控制油路被封死而不能使其立即关闭，直到换向阀的内泄漏使控制油液泄压后，液控单向阀才能被关闭，从而影响锁紧回路的锁紧精度。

这种锁紧回路主要用于汽车起重机的支腿油路和矿山机械的液压支架油路中。

任务四 多缸工作控制回路

在液压系统中，往往是一个油源驱动多个执行元件工作。当系统工作时，要求这些执行元件或按一定顺序动作，或同步动作，或防止相互干扰，因而需要实现这些要求的多缸工作控制回路。

一、顺序动作回路

在多缸液压系统中，往往需要各缸按照规定的顺序动作，如夹紧机构的定位和夹紧动作等。

顺序动作回路的功能就是在多缸液压系统中实现各缸的顺序动作。按控制方式的不同，顺序动作回路主要分为用压力控制和用行程控制的顺序动作回路两类。

(一)用压力控制的顺序动作回路

用压力控制的顺序动作回路就是利用油路本身的压力变化来控制液压缸的先后动作顺序。它主要利用压力继电器和顺序阀来控制顺序动作。

1.用压力继电器控制的顺序动作回路

图 8-28 所示为用压力继电器控制的顺序动作回路，它用于机床的夹紧、进给系统。按下启动按钮，1YA 通电，液压泵输出的压力油进入夹紧缸 1 的无杆腔，有杆腔回油，活塞向右移动将工件夹紧，完成动作①。夹紧后，液压缸无杆腔的压力升高，当油压超过压力继电器 1KP 的调定值时，压力继电器 1KP 发出电信号，使电磁铁 3YA 通电，进给液压缸 2 的活塞向右运动，完成动作②。按返回按钮，1YA、3YA 断电，4YA 通电，进给液压缸 2 的活塞退回，完成动作③。进给液压缸 2 退回原位后，油路压力升高，压力继电器 2KP 发出电信号，使 2YA 通电，夹紧缸 1 的活塞后退，完成动作④。回路中要求先夹紧后进给，工件没有夹紧则不能进给，这一动作的顺序是由压力继电器 1KP 保证的，压力继电器 1KP 的调整压力应比减压阀的调整压力低 0.3～0.5 MPa。

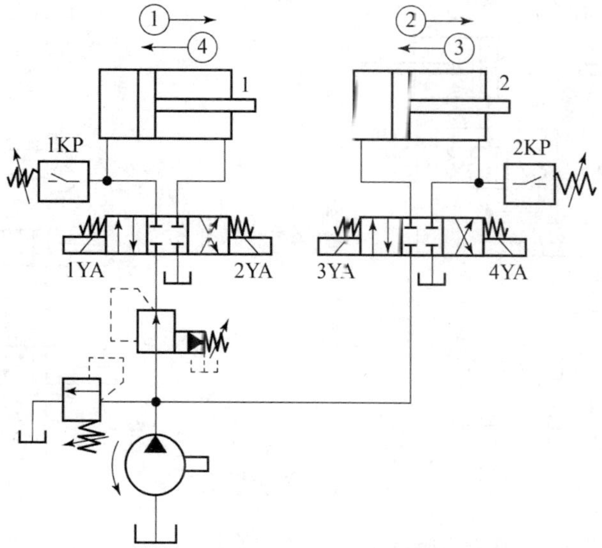

1—夹紧缸；2—进给液压缸

图 8-28 用压力继电器控制的顺序动作回路

2. 用顺序阀控制的顺序动作回路

图 8-29 所示为用顺序阀控制的顺序动作回路。当换向阀 2 左位工作时，压力油进入液压缸 4 的左腔，右腔经单向顺序阀 3 中的单向阀回油，实现动作①，此时由于压力较低，单向顺序阀 6 关闭。当液压缸 4 的活塞运动至终点时，油压升高，达到单向顺序阀 6 的调定压力后，单向顺序阀 6 开启，压力油进入液压缸 5 的左腔，右腔直接回油，实现动作②。当液压缸 5 的活塞右移达到终点后，换向阀 2 换为右位工作，此时压力油进入液压缸 5 的右腔，左腔经单向顺序阀 6 中的单向阀回油，实现动作③。当液压缸 5 的活塞到达终点时，压力油升高，打开单向顺序阀 3，使液压缸 4 的活塞返回，从而完成动作④。

这种顺序动作回路可以按照要求调整液压缸的动作顺序。回路的可靠性在很大程度上取决于单向顺序阀的性能及其压力调整值。单向顺序阀的调整压力应比先动作液压缸的工作压力高 0.8～1.0 MPa，以免在系统压力波动时发生误动作。

(二)用行程控制的顺序动作回路

用行程控制的顺序动作回路是利用工作部件到达一定位置时，发出信号来控制液压缸的先后动作顺序。它可以利用行程开关、行程阀或顺序缸来控制顺序动作。

图 8-30 所示为用行程开关控制的顺序动作回路，其动作顺序是：在图示状态下，电磁阀 1、2 均不通电，两液压缸活塞处于右端位置。当电磁阀 1YA 通电时，压力油进入 A 缸的右腔，A 缸的左腔回油，活塞左移实现动作①。当 A 缸工作部件上的挡块碰到行程开关 S_1 时，S_1 发出信号使 2YA 通电，电磁阀 2 换为左位工作。这时，压力油进入 B 缸的右腔，B 缸的左腔回油，活塞左移实现动作②。当 B 缸工作部件上的挡块碰到行程开关 S_2 时，S_2 发出信号使 1YA 断电，电磁阀 1 换为右位工作。这时，压力油进入 A 缸的左腔，A 缸的右腔回油，活塞右移实现动作③。当 A 缸工作部件上的挡块碰到行程开关 S_3 时，S_3 发出信号使 2YA 断电，电磁阀 2 换为右位工作。这时，压力油又进入 A 缸的左腔，A 缸的右腔回油，活塞右移实现动作④。当 A 缸工作部件上的挡块碰到行程开关 S_4 时，S_4 又发出信号使 1YA 通电，开始下一个工作循环。

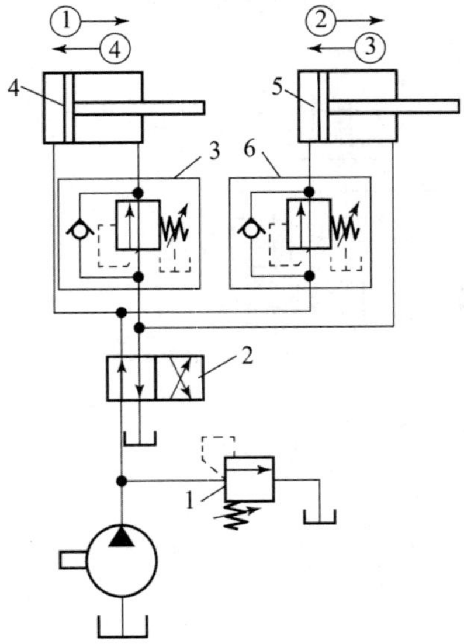

1—溢流阀；2—换向阀；3、6—单向顺序阀；4、5—液压缸

图 8-29　用顺序阀控制的顺序动作回路

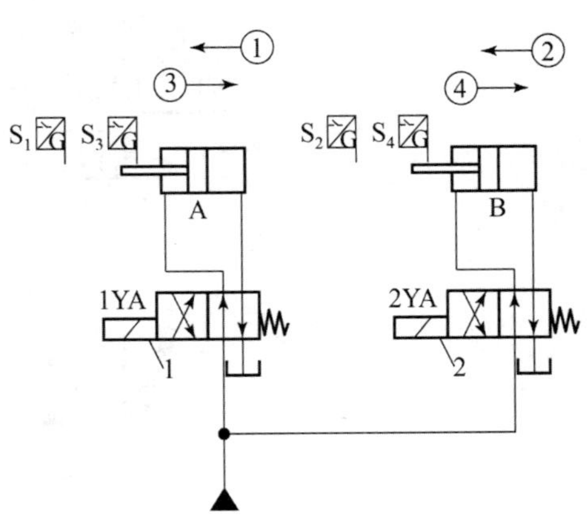

1、2—电磁阀；A、B—液压缸

图 8-30　用行程开关控制的顺序动作回路

用行程开关控制的顺序动作回路的优点是调整行程大小和改变动作顺序均很灵活方便，液压系统简单，可实现自动控制；缺点是转换顺序时有冲击声，可靠性由电气元件的质量决定。

二、同步回路

能使两个或多个液压缸保持相同速度或相同位移的回路称为同步回路。

(一)串联液压缸的同步回路

图 8-31 所示为串联液压缸的同步回路，液压缸 1 回油腔排出的油液被送入液压缸 2 的进油腔。如果两个液压缸串联油腔活塞的有效面积相等，便可实现同步运动。这种回路中的两个液压缸能承受不同的负载，但泵的供油压力要大于两个液压缸的工作压力之和。

泄漏和制造误差影响了串联液压缸的同步精度，当活塞往复多次后，会产生严重的失调现象，为此要采取补偿措施。图 8-32 所示为采取补偿措施的串联液压缸同步回路。为了达到同步运动，两个液压缸串联油腔活塞的有效面积相等，即液压缸 5 有杆腔的有效面积应与液压缸 6 无杆腔的有效面积相等。在两个液压缸活塞下行的过程中，如果液压缸 5 的活塞杆先运动到底，压下行程开关 S_1，使电磁铁 3YA 通电，电磁阀 3 左位工作，压力油经电磁阀 3、液控单向阀 4 向液压缸 6 的上腔补油，使液压缸 6 的活塞杆继续运动到底。如果液压缸 6 的活塞杆先运动到底，触动行程开关 S_2，使电磁铁 4YA 通电，电磁阀 3 右位工作，此时压力油便经电磁阀 3 进入液控单向阀 4 的控制油口，液控单向阀 4 反向导通，液压缸 5 能通过液控单向阀 4 和电磁阀 3 回油，使液压缸 5 的活塞杆继续运动到底，从而对失调现象进行补偿。

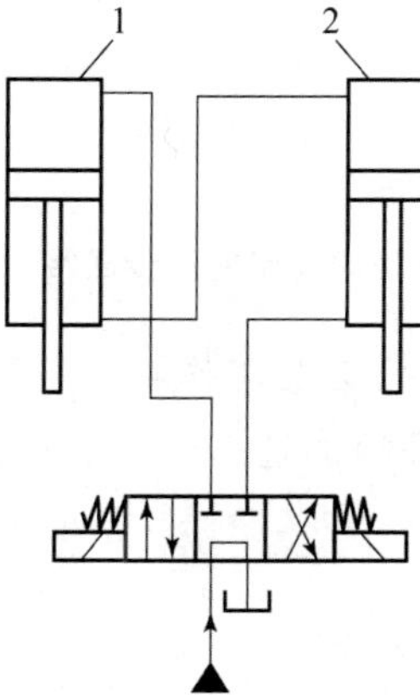

1、2—液压缸

图 8-31 串联液压缸的同步回路

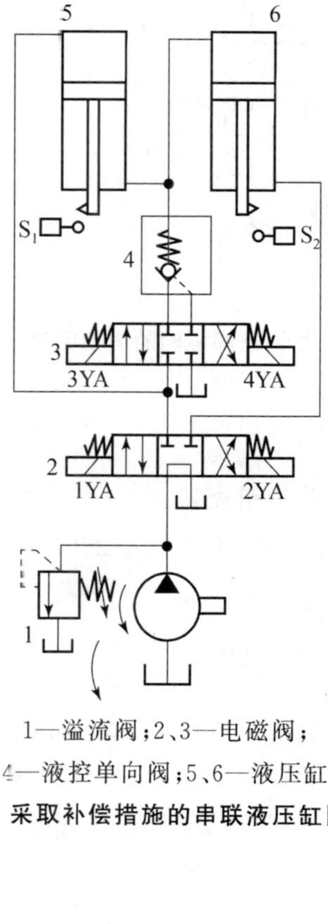

1—溢流阀；2、3—电磁阀；
4—液控单向阀；5、6—液压缸

图 8-32 采取补偿措施的串联液压缸同步回路

(二)流量控制式同步回路

1. 用调速阀控制的同步回路

图 8-33 所示为用调速阀控制的同步回路,回路上两个并联的液压缸分别用调速阀进行控制。两个调速阀分别调节两个液压缸活塞的运动速度,当两个液压缸的有效面积相等时,则流量也应调整得相同;当两个液压缸的有效面积不相等时,则改变调速阀的流量也能实现同步运动。

用调速阀控制的同步回路结构简单,并且可以调速,但是由于受到油温变化以及调速阀性能差异等的影响,同步精度较低,一般为 5%~7%。

2. 用比例调速阀控制的同步回路

图 8-34 所示为用比例调速阀控制的同步回路。回路中使用了一个普通调速阀 1 和一个比例调速阀 2,它们装在由多个单向阀组成的桥式回路中,并分别控制液压缸 4 和 3 的运动。当两个活塞出现位置误差时,检测装置就会发出信号,调节比例调速阀的开度,使液压缸 4 的活塞跟上液压缸 3 的活塞的运动而实现同步运动。

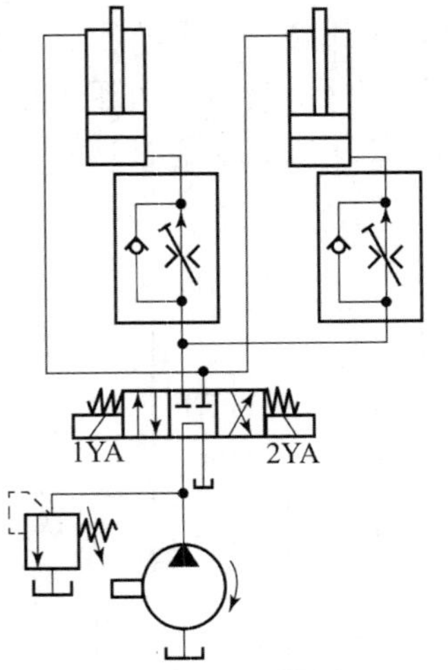

图 8-33 用调速阀控制的同步回路

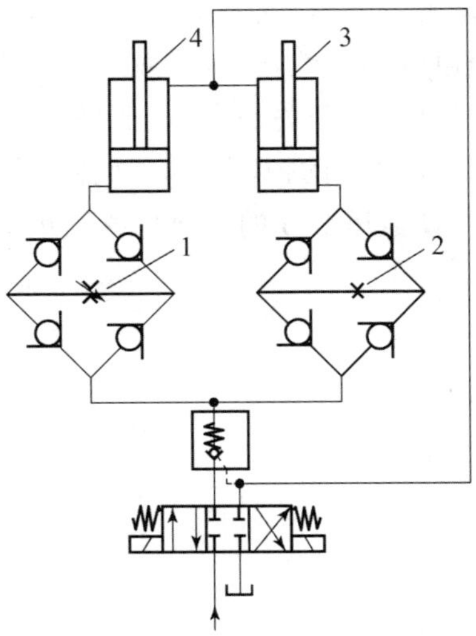

1—普通调速阀;2—比例调速阀;

3、4—液压缸

图 8-34 用比例调速阀控制的同步回路

这种回路的同步精度较高,位置精度可达 0.5 mm,已能满足大多数工作部件所要求的同步精度。比例阀的性能虽然比不上伺服阀,但费用较低,系统对环境的适应性强。因此,用比例阀来实现同步控制被认为是一个新的发展方向。

三、互不干扰回路

在一泵多缸的液压系统中,往往由于一个液压缸的快速运动,造成液压系统的压力下降,影响其他液压缸的正常工作,因此在工进要求比较平稳的多缸系统中,必须采用快慢速互不干扰回路。互不干扰回路的作用是使系统中的几个执行元件在完成各自工作循环时,彼此互不影响。

图 8-35 所示为双泵供油的快慢速互不干扰回路。图中的液压缸 13 和 14 要分别完成"快

进-工进-快退”的自动工作循环，且要求工进速度平稳。液压泵1为高压小流量泵，供给各液压缸工进所需的压力油；液压泵2为低压大流量泵，为各液压缸的快进或快退输送低压油，它们的压力分别由溢流阀3和4调定。

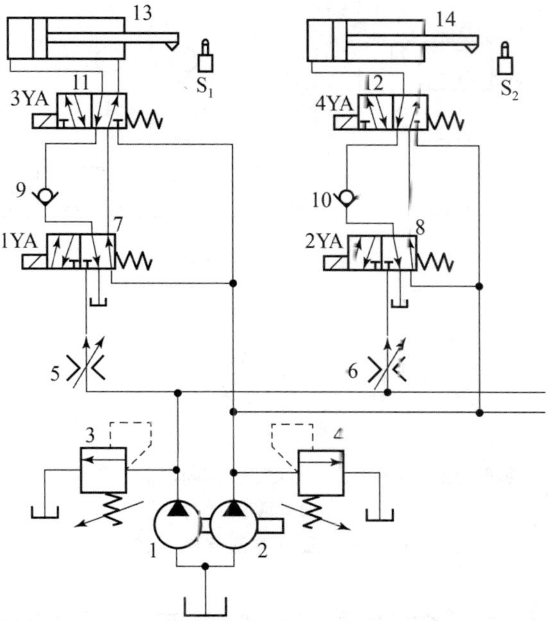

1、2—液压泵；3、4—溢流阀；5、6—调速阀；7、8、11、12—换向阀；9、10—单向阀；13、14—液压缸

图8-35　双泵供油的快慢速互不干扰回路

当开始工作时，3YA、4YA同时通电，液压缸13、14均由液压泵2供油，并形成差动连接，实现快进动作。若液压缸13先完成快进动作，挡块压下行程开关S_1，使电磁铁1YA通电、3YA断电，液压缸13由液压泵1单独供油，由快进转换成工进(其速度由调速阀5调节)，不受液压缸14的影响。当两个液压缸都转换为工进且都由液压泵1供油时，如果液压缸14变为由液压泵2供油，其活塞快速退回，而液压缸13仍由液压泵1供油，则由于调速阀5使液压泵1仍然保持溢流阀3的调整压力，液压缸13继续完成工进，而不受液压缸14快退的影响，防止了相互干扰。当所有电磁铁都断电时，两个液压缸均停止运动。

四、互锁回路

多缸液压系统有时要求一个液压缸运动时，另外一个缸不能运动，这时可采用液压缸互锁回路。

如图8-36所示，当电磁换向阀5处于中位，液压缸B停止工作时，二位二通液动换向阀1右端的控制油路经电磁换向阀5的中位与油箱连通，因此二位二通液动换向阀1的左位接入系统。这时，压力油可经过二位二通液动换向阀1、电磁换向阀2进入A缸使其工作。当电磁换向阀5左位或右位工作时，压力油进入B缸使其工作，同时还进入了二位二通液动换向阀1的右端，使二位二通液动换向阀1的右位接入系统，切断了A缸的进油路，使A缸不能工作，从而实现了两缸运动的互锁。

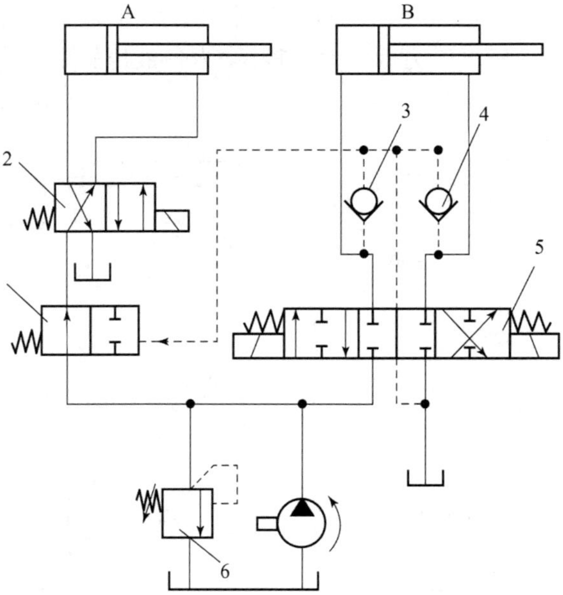

1—二位二通液动换向阀；2、5—电磁换向阀；3、4—单向阀；6—溢流阀；
A、B—液压缸

图 8-36　双缸并联互锁回路

训练　安装与调试液压基本回路

一、训练目的

(1)了解液压基本回路的组成及工作原理；

(2)学会液压基本回路的设计、元件选择、安装调试方法；

(3)了解液压基本回路的常见故障及其排除方法，学会分析液压基本回路的性能。

二、训练设备和工具

液压传动综合试验台和常用工具。

三、训练内容与注意事项

(一)设计液压基本回路

设计下列中的一个液压基本回路，要求该回路能够实现一定的功能，并符合规范，安全可靠。另外，要求说明设计的液压基本回路的功能和特点。

(1)换向阀的换向回路；

(2)压力调定回路；

(3)减压阀的减压回路；

(4)进油、回油节流调速回路。

(二)安装调试所设计的液压基本回路

(1)设计方案经指导教师审核后方可进行安装；

(2)要求选取元件，组装液压基本回路；

(3)安装完毕后，应仔细校对液压基本回路和元件是否有错，经指导教师同意后方可开机调试；

(4)要求自行调试液压基本回路，排除故障。

(三)注意事项

(1)安装调试液压基本回路时，注意人身安全和设备安全；

(2)安装调试液压基本回路时，注意不要损坏元件，要节省实训成本；

(3)安装调试完毕后，整理工具及设备，养成良好的职业素养。

四、讨论

(1)该液压基本回路的功能和特点是什么？

(2)该液压基本回路的功能还可以用什么回路来实现？

(3)安装调试液压基本回路时要注意什么事项？

(4)该液压基本回路在使用中要注意哪些问题？

思考练习题

一、填空题

1. 常用的液压基本回路有________控制回路、________控制回路、________控制回路和________回路四大类。

2. 调压回路和减压回路所采用的主要液压元件分别是________和________；卸荷回路的作用是当液压系统的执行元件停止运动后，液压泵的油液以最小的________直接流回油箱。

3. 控制或调节液压系统主油路或某一支油路压力的回路叫作压力控制回路。利用压力控制回路可对系统进行________、________、________、________、________和________以及缓冲、补油等各种控制，以满足液压执行元件对________的要求。

4. 调速回路主要有________、________和________三种方式。

5. 由于液控元件不同，用压力控制的顺序动作回路可分为用________的顺序动作回路和用________的顺序动作回路。

6. 利用中位机能为________型或________型的换向阀可以实现液压缸的锁紧。

二、选择题

1. 下列元件中，不能实现回路保压的是(　　)。

A. 蓄能器　　B. 增压缸

C. 变量泵　　D. 定量泵组合

2. 液压调压回路所使用的安全阀的作用是(　　)。

A. 背压　　B. 稳定工作压力

C. 卸荷　　D. 限定系统的最高压力

3. 以下属于方向控制回路的是(　　)。

A. 换向回路和锁紧回路　　B. 调压回路和卸荷回路

C. 节流调速回路和速度换接回路

4. 以下关于容积节流调速回路的论述，正确的是(　　)。
A. 主要由定量泵和调速阀组成
B. 工作稳定，效率较高
C. 在较低的速度下工作时，运动不够稳定
D. 比进油、回油两种节流调速回路的平稳性差
5. 节流调速回路采用的主要液压元件是(　　)。
A. 变量泵
B. 调速阀
C. 节流阀
6. 以下属于顺序动作回路采用的元件的是(　　)。
A. 顺序阀、压力继电器和行程开关
B. 换向阀、溢流阀和节流阀
C. 调速阀、减压阀和单向阀

三、判断题

1. 增压回路的增压比取决于大、小缸直径的比值。(　　)
2. 减压回路中的执行元件如果需要调速，调速元件应放置在减压阀的下游。(　　)
3. 换向回路、卸荷回路等都是速度控制回路。(　　)
4. 进油、回油及旁路节流调速回路中的溢流阀都是起安全阀的作用，常态时关闭。(　　)
5. 采用液控单向阀的锁紧回路比采用换向阀的锁紧回路的锁紧效果好。(　　)
6. 用节流阀代替调速阀，可使节流调速回路活塞的运动速度不随负荷的变化而波动。(　　)

四、简答题

1. 分析远程调压回路的工作原理，试设计一个三级调压回路。
2. 调速回路有哪几类？各适用于哪些场合？
3. 快慢速转换回路有哪几种形式？各有什么优缺点？
4. 同步动作回路有什么作用？有哪些类型？

五、综合分析计算

1. 如图 8-37 所示的液压回路中包含哪几种液压基本回路？试填写其电磁铁的动作顺序(表 8-2)。通电用“＋”表示，不通电用“－”表示。

表 8-2　电磁铁的动作顺序

	1YA	2YA	3YA	4YA
快进				
工进Ⅰ				
工进Ⅱ				
快退				

2.图 8-38 所示为夹紧回路，溢流阀的调整压力 $p_1=5$MPa，减压阀的调整压力 $p_2=2.5$MPa，试分析当活塞快速运动时，A、B 两点的压力各为多少？减压阀的阀芯处于什么状态？工件夹紧后，A、B 两点的压力各为多少？减压阀的阀芯又处于什么状态？

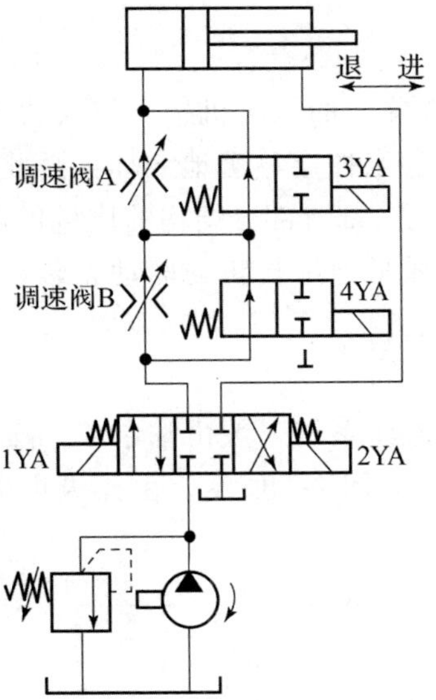

图 8-37　液压回路

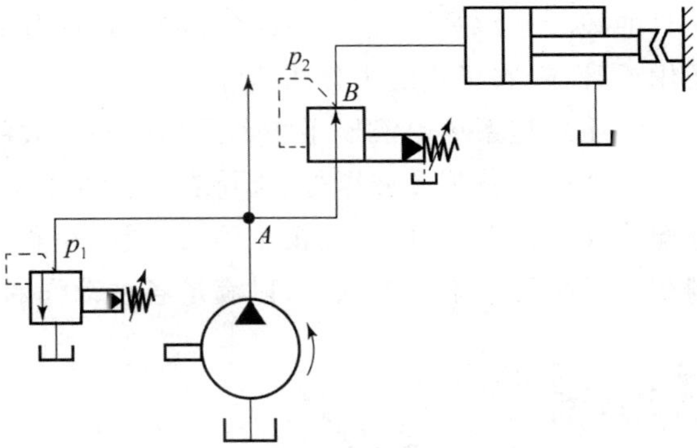

图 8-38　夹紧回路

项目九　拖拉机液压悬挂系统检修

悬挂式农机具被悬挂装置悬吊在拖拉机上，所以不必具有独立的行走机构。在大功率拖拉机上，由于采用重型或宽幅农机具配合其工作，拖拉机组的稳定性会显著地变坏。因此，要采用半悬挂式连接，即农机具无论是在工作状态还是在运输状态，都有部分结构的质量仍由农机具的地轮来承受。液压悬挂系统除实现部分农机具的结构质量向拖拉机的驱动轮转移外，还用于升、降农机具的工作机构。

液压悬挂系统由液压系统和悬挂机构两大部分组成。

为了产生并传递液压能，维持农机具处于某种工作状态，液压系统一般由油泵 4、油缸 2、分配器 3 和辅助装置(如油箱 1 等)组成一个循环的液压油路，如图 9-1 所示。由操纵机构控制液压系统处于不同的状态，以满足各种动作的要求。

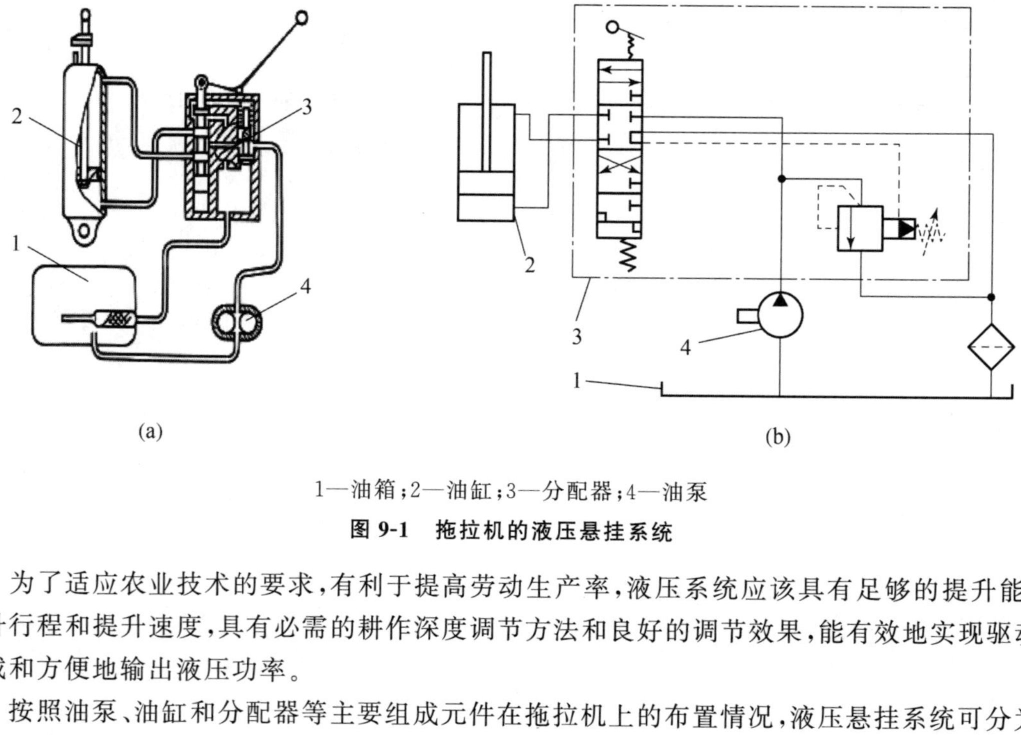

1—油箱；2—油缸；3—分配器；4—油泵

图 9-1　拖拉机的液压悬挂系统

为了适应农业技术的要求，有利于提高劳动生产率，液压系统应该具有足够的提升能力、提升行程和提升速度，具有必需的耕作深度调节方法和良好的调节效果，能有效地实现驱动轮加载和方便地输出液压功率。

按照油泵、油缸和分配器等主要组成元件在拖拉机上的布置情况，液压悬挂系统可分为分置式、半分置式和整体式三种类型。

任务一　分置式液压悬挂系统检修

图 9-1 所示的液压悬挂系统是一种分置式液压悬挂系统，油泵 4、油缸 2、分配器 3 分别布置在拖拉机的不同部位上，相互间用油管连接。这种液压悬挂系统的优点是液压元件标准化、

系列化、通用化的程度高；拆装比较方便，可根据不同情况和要求，将油缸布置在拖拉机的有关部位，组成后悬挂、前悬挂、侧悬挂等形式。其缺点是布置分散，管路较长，防尘和防漏等比较困难，力调节和位调节的传感机构不好布置。

一、分置式液压悬挂系统的组成

如图 9-1 所示，液压系统由油泵 4、油缸 2、分配器 3、油箱 1 和高、低压油管等组成压油调节容积封闭式油路。驾驶员可用手直接操纵分配器 3 中的主控制阀，分别形成提升农机具（提升）、用高度法控制耕深（浮动）、强制农机具入土（强降）和保持拖拉机与农机具处在某一相对位置不变（中立）四种工作情况。

（一）油泵

油泵是 CB-46 型齿轮泵，其工作原理和结构在前面已讲述。

（二）油缸

YG-110 型双作用油缸如图 9-2。油缸体由上盖 5、下盖 11 和缸套 6 三部分组成。双作用活塞 9 将缸筒分为 A、B 上、下两腔，分别接分配器的两个压力油道。油缸的下盖 11 与拖拉机铰接，活塞杆 8 的上端与提升杆铰接。当油缸上腔 A 充入压力油后，便推动活塞向下移动，即强制农机具下降；当油缸下腔 B 充入压力油后，便推动活塞向上移动，即推举农机具上升。上盖 5 上还设有缓降阀和定位阀 2。

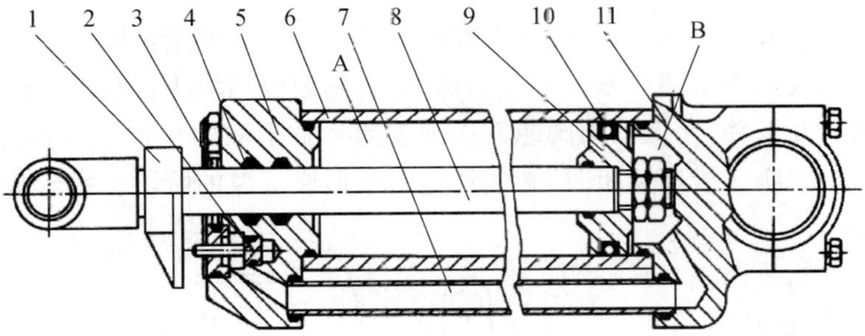

1—定位挡块；2—定位阀；3—除尘片；4—油封；5—上盖；
6—缸套；7—油管；8—活塞杆；9—双作用活塞；10—牛皮-橡胶圈；11—下盖；
A—油缸上腔；B—油缸下腔

图 9-2 YG-110 型双作用油缸

1. 缓降阀

缓降阀用于减缓农机具的下降速度，以免农机具因快速落地与地面发生碰撞而损坏。如图 9-3 所示，缓降阀由阀体 1、阀片 2 和挡销 3 组成，装在通向油缸下腔的油管接头内，以控制油缸下腔排油时的排油速度。当需要使农机具降落时，油缸下腔向外排油。如图 9-3(a)所示，油液将使阀片 2 冲向阀体 1，封闭四周大片的出油口通道，仅剩下阀片 2 中间的小孔排油，因节流作用而使农机具缓缓沉降；反之，如图 9-3(b)所示，当需要提升农机具时，流往下腔的油液将先冲开阀片 2，使阀片 2 紧贴在挡销 3 上。此时，油液除从阀片 2 中间的小孔流入外，阀片 2 四周的切口处都可以流入油液。

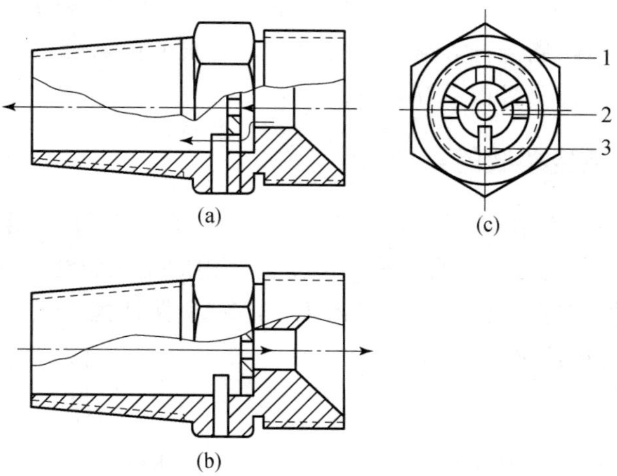

1—阀体；2—阀片；3—挡销

图 9-3 缓降阀

2. 定位阀

定位阀用于控制油缸中活塞停止沉降的位置，也就是控制农机具沉降后的悬挂高度。不管农机具是否带有限深装置，利用定位机构都能保证农机具沉降到预选的悬挂高度。此外，在运输悬挂的农机具时，还可以按下定位阀，以锁定农机具，使农机具不会自动沉降，起到安全阀的作用。如图 9-4(a)所示，定位阀由定位阀阀芯 2 和阀座 3 组成，与固定在活塞杆 5 上的定位挡块 1 配合工作。当农机具沉降时，油缸下腔的油液经过开启的定位阀阀芯 2 向外排出，固定在活塞杆 5 上的定位挡块 1 随活塞杆 5 一起移动，直到定位挡块 1 接触到定位阀阀芯 2 后，它便推动定位阀阀芯 2 下移，使定位阀阀芯 2 逐渐关闭油缸下腔的排油通道，如图 9-4(b)所示。当定位阀阀芯 2 与阀座 3 接近关闭时，必然经过一个形成缝隙的阶段。由于节流作用，在定位

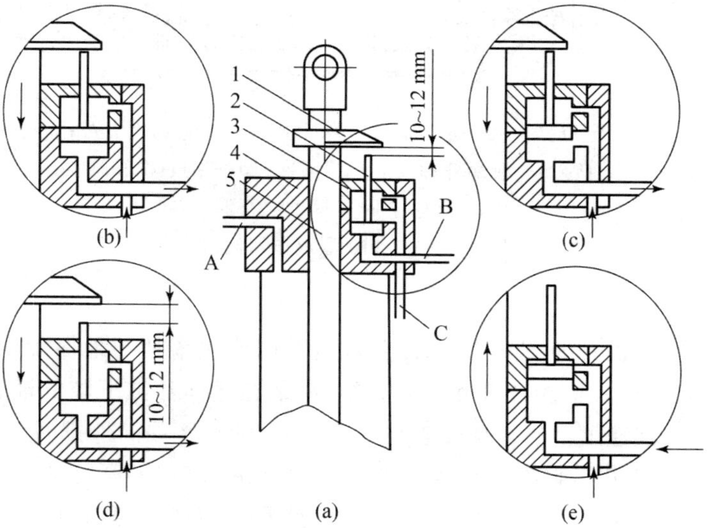

1—定位挡块；2—定位阀阀芯；3—阀座；4—油缸；5—活塞杆；
A—通分配器下油道；B—通分配器上油道；C—通油缸下腔

图 9-4 定位阀

阀阀芯 2 的上、下两面产生压力差，使定位阀阀芯 2 脱离定位挡块 1，以比活塞杆 5 更快的速度下降，迅速关闭排油通道并落位，油缸下腔便停止排油，活塞杆 5 也不再下移，使固定在活塞杆 5 上的定位挡块 1 与定位阀阀芯 2 之间出现一定的间隙(10～12mm)，如图 9-4(d)所示。

当需要提升农机具时，如图 9-4(c)和图 9-4(e)所示，由于有一个 10～12 mm 的间隙存在，来自分配器的压力油先顶开定位阀阀芯 2，进入油缸下腔，推动活塞杆上行，固定在活塞杆 5 上的定位挡块 1 也随之上移，这样既提升了农机具，也为定位阀阀芯 2 的进一步打开创造了条件。定位挡块 1 在活塞杆 5 上固定的位置是根据需要，由驾驶员调定的。定位挡块 1 在活塞杆 5 上固定的位置越高，顶推定位阀阀芯 2 起作用的过程越晚，农机具停止沉降的位置就越低；反之，农机具悬吊的位置则越高。

(三)分配器

FP-75A 型分配器如图 9-5 所示，由主控制阀阀芯 1、回油阀 3、安全阀 4 以及操纵手柄 2、定位装置 5 和回位弹簧 6 等组成。主控制阀阀芯 1 是一个四位五通滑阀，由阀芯上的六道密封带与阀体上的五道油槽配合，其作用原理可按阀芯结构的上、中、下三段进行阐述。上段控制回油阀的开与关；中段承担控制液压系统内部油液流动方向的任务，使农机具分别形成提升、中立、强降和浮动四种工况；下段装有阀芯的定位与自动回位机构。

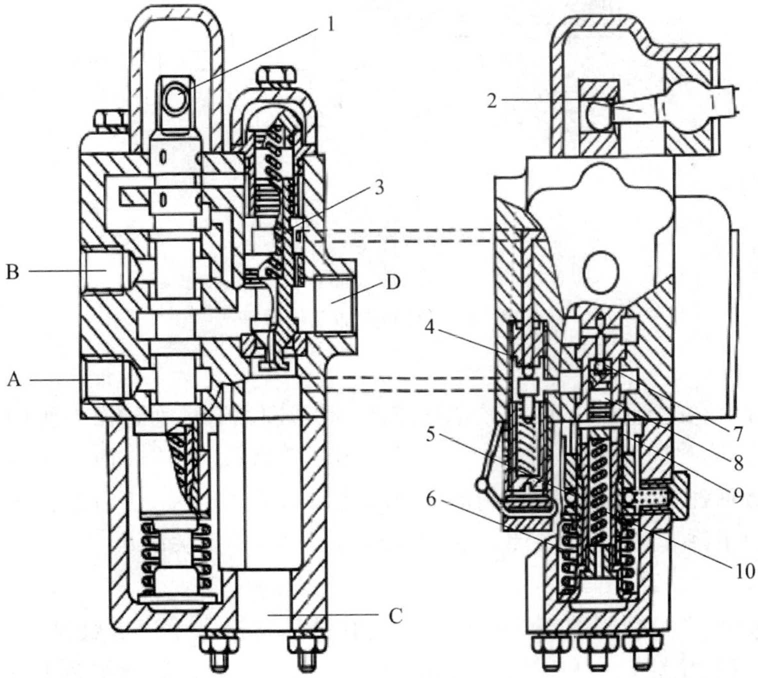

1—主控制阀阀芯；2—操纵手柄；3—回油阀；4—安全阀；5—定位装置；
6—回位弹簧；7—球阀；8—增力阀；9—分离套筒；10—增力阀弹簧；
A—通油缸上腔；B—通油缸下腔；C—通油箱；D—通油泵

图 9-5　FP-75A 型分配器

1. 回油阀

回油阀是一个一端带有锥形密封面的节流平衡式活塞阀。当主控制阀阀芯 1 在提升或强降位置时，如图 9-6(a)所示，在回油阀弹簧的作用下，回油阀被紧压在回油阀阀座上。在回油阀活塞的台肩上，钻有直径为 2.5 mm 的节流小孔。当主控制阀阀芯 1 在浮动或中立位置时，来自油泵的油液通过此节流小孔经油道 W 和 T 流回油箱。在此过程中，回油阀活塞两端形成节流压力差，回油阀自动开启，如图 9-6(b)所示。

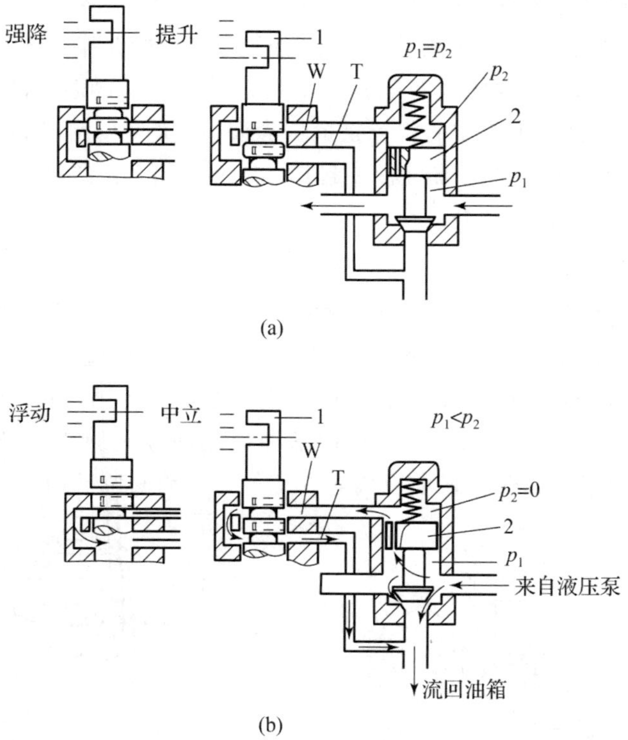

1—主控制阀阀芯；2—回油阀；

W、T—油道

图 9-6 回油阀的工作原理

2. 安全阀

如图 9-5 所示，安全阀 4 虽然仍是单向球阀，但其进油通道通过回油阀的节流小孔，即当液压系统的压力超过安全阀控制的压力时，安全阀便开启，油液流经回油阀的节流小孔，从开启的安全阀中流回油箱，从而在回油阀活塞两端造成节流压力差，使回油阀开启而回油，直至液压系统的压力下降后，安全阀关闭，节流作用消失，回油阀就关闭。

3. 主控制阀

如图 9-5 所示，主控制阀的工作状态是由驾驶员移动操纵手柄 2 获得的。在主控制阀阀芯 1 的下部，装有定位装置 5 和回位弹簧 6。定位装置 5 由主控制阀阀芯 1 下端的上、下定位槽和定位钢球(有的是定位弹簧)组成，用于配合操纵手柄 2 的动作，将主控制阀阀芯 1 准确地固定在某一工作状态。自动回位机构由主控制阀阀芯 1 下端的回位弹簧 6 以及装在主控制阀阀芯 1 里面的增力阀 8 等组成，主要用于在提升农机具的过程中产生自动停升，即当农机具被提升到最高位置后，自动将主控制阀推回到中立位置。在强降过程中，只要驾驶员放松操纵手柄 2，主控制阀阀芯 1 也会被回位弹簧 6 推回到中立位置。若未及时放松操纵手柄，安全阀便开启，并与回油阀交替工作。

在很多情况下，为了对分配器进行故障检查、排除和修理，需要把分配器从拖拉机上进行拆卸与装配。分配器在拖拉机上的安装位置高于油箱，所以拆卸时不需放出油箱中的油，但在拆装过程中应注意以下几点：

(1)滑阀与分配器壳体是分组选配的，对多阀式分配器应注意进行标记，不得错乱。

(2)将滑阀装入壳体前，应检查升压阀钢球的密封性。把钢球放入深孔后，灌注煤油进行试验，1 min 内不得有漏油现象。

(3)当安装升压阀时，在升压阀的表面涂以液压油，将其装入滑阀后，应能依靠自身质量在孔中滑动，无卡滞现象。支承销被装入后，其两端不得凸出分离套筒的表面，同时和升压阀支座应保持过盈配合。

(4)升压阀弹簧的自由长度有缩短现象时，应加适当厚度的垫片，以恢复弹簧的弹力。

(5)在安装滑阀总成前，应涂以液压油，装入后要求其滑动灵活。

(6)滑阀弹簧固定螺塞必须拧到底，并用锁片翻边锁紧。

(7)装配回油阀时，应保持回油阀弹簧具有一定的预加载压力。如果弹性减弱，可适当配加垫片。

(8)装配回油阀后，用手上下移动回油阀，不得有卡滞现象。另外，把回油阀壳体倒置，注入煤油，在进油孔处观察，1 min 内回油阀锥面上不得有漏油现象。

(9)装配安全阀后，也应从壳体工艺孔中注入煤油或柴油，检查钢球与阀座的密封性，1 min 内不得有漏油现象。发现泄漏时，可将安全阀的弹簧取出，用锤子敲击冲头，使钢球压迫阀座变形贴合。

(四)液压油箱

液压油箱安装在驾驶座位的下面，内装柴油机机油 12 L(作为工作油液)。液压油箱的加油口处装有加油滤网和油尺。滤清器装在液压油箱的回油口处，使回油全部被过滤。滤清器是一个环形壳体，内装滤芯和旁通阀。当滤芯堵塞或油温过低时(油压达 245.25 kPa)，旁通阀便自行开启。

二、液压悬挂系统的工作过程

(一)中立状态

如图 9-7 所示，主控制阀阀芯 1 由回位弹簧 5 维持在中立位置。分配器壳体 2 的上进出油道 B 和下进出油道 A 都被主控制阀阀芯 1 封闭，而分配器壳体 2 上端的控制油道 E 却被打开。油泵来油便可由回油阀 3 的节流孔道 F 经分配器的控制油道 E 流回油箱。回油阀 3 的活塞两端则因其节流孔道 F 通油而产生压力差，压缩回油阀弹簧使回油阀 3 开启，油液便经回油阀 3 流回油箱。由于上、下进出油道 B、A 均被主控制阀阀芯 1 堵死，油缸上、下腔的油液也被封闭，农机具便停止在某位置进行工作。

(二)提升过程

如图 9-8 所示，将操纵手柄向上提，即将主控制阀阀芯 1 推向最低位置。回位弹簧 5 被压缩，定位钢球被嵌入主控制阀阀芯 1 的上定位槽中。油泵来油从压力油腔经上进出油道 B 推开油缸上的定位阀，直通油缸下腔，压力油便向上推动活塞，提升农机具。与此同时，油缸上腔的油液经分配器壳体 2 的下进出油道 A 返回油箱，而控制油道 E 被主控制阀阀芯 1 堵塞，因此回油阀 3 处于关闭状态。

当农机具被提升到最高位置后，油泵仍不断地向分配器供油，压力腔的油压便逐渐升高，直到推开球阀，使增力阀4承受液压作用，压缩增力阀弹簧，推动分离套筒，将定位钢球从定位槽中挤出。主控制阀阀芯1便在回位弹簧5的作用下，回复到中立位置。

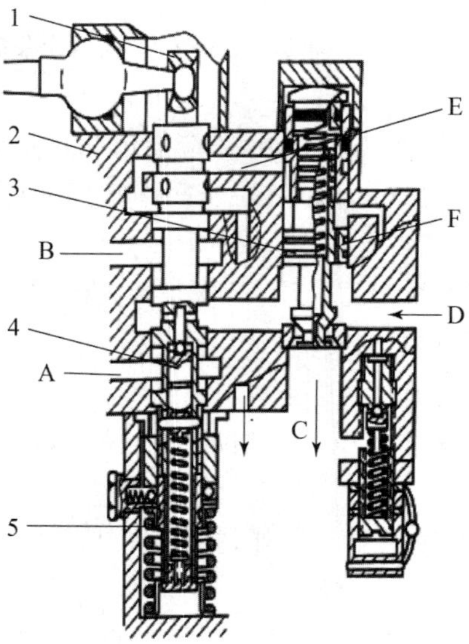

1—主控制阀阀芯；2—分配器壳体；
3—回油阀；4—增力阀；5—回位弹簧；
A—下进出油道；B—上进出油道；C—通油箱；
D—通油泵；E—控制油道；F—节流孔道

图9-7　中立状态

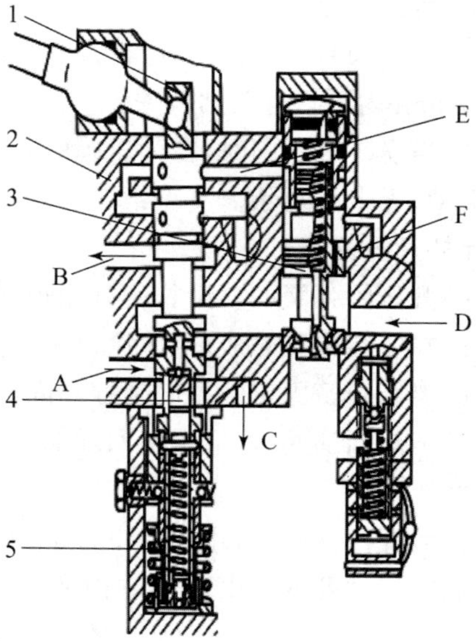

1—主控制阀阀芯；2—分配器壳体；
3—回油阀；4—增力阀；5—回位弹簧；
A—下进出油道；B—上进出油道；C—通油箱；
D—通油泵；E—控制油道；F—节流孔道

图9-8　提升过程

（三）强降过程

将操纵手柄由中立位置向下移动一挡，即主控制阀阀芯1向上提升一挡，如图9-9所示，定位钢球被嵌入主控制阀阀芯1的下定位槽中，回位弹簧5被压缩。油泵来油从压力腔经下进出油道A直通油缸上腔，推动活塞下移，农机具被强制下降或入土。与此同时，油缸下腔的油液经分配器壳体2的上进出油道B排回油箱。驾驶员可根据需要，自行控制强降的程度和时间。由于主控制阀阀芯1的下定位槽很浅，只给予操纵者定位的感觉，操纵者一旦放松操纵手柄，回位弹簧便将主控制阀阀芯1推回到中立位置。

若操纵者一直将操纵手柄控制在强降位置，农机具被强降，直到油缸上的定位阀堵死油缸下腔的回油口，农机具才停止下降，并保持在该位置。此后，若操纵者未能及时松脱操纵手柄，油泵就不断供油，压力腔的油压就不断升高。由于操纵者用力控制着主控制阀阀芯1，回位弹簧5不能将主控制阀推回到中立位置。压力不断升高的压力油不得不穿过回油阀的节流孔道，顶开安全阀而泄压。而当节流孔道F中一旦有油液通过，回油阀活塞两端便产生压力差而被开启。只要操纵者未放松操纵手柄，安全阀与回油阀便进行交替开、闭工作，使高压油液泄流回油箱。所以，使用强降时，要注意强降的程度，适时松脱操纵手柄，勿使液压系统长期超载。

（四）浮动状态

将操纵手柄由强降位置下移一挡，即将主控制阀阀芯提升到最高位置。如图9-10所示，主控制阀阀芯 1 上的支承套下端被定位钢球卡住,回位弹簧被进一步压缩,上、下进出油道 B、A 分别与油箱相通,油缸上、下腔均无压力油作用。农机具可在自重作用下自由升降,而分配器的控制油道 E 被打开。油泵来油可经过回油阀上的节流孔道 F,绕分配器壳体 2 上的控制油道 E 流回油箱。由于节流孔道 F 中有油液通过,回油阀 3 便在节流压力的作用下被打开,油液大量由此排出。此种状态也无自动回位作用,操纵者可根据需要,适时地将操纵手柄移至中立位置。

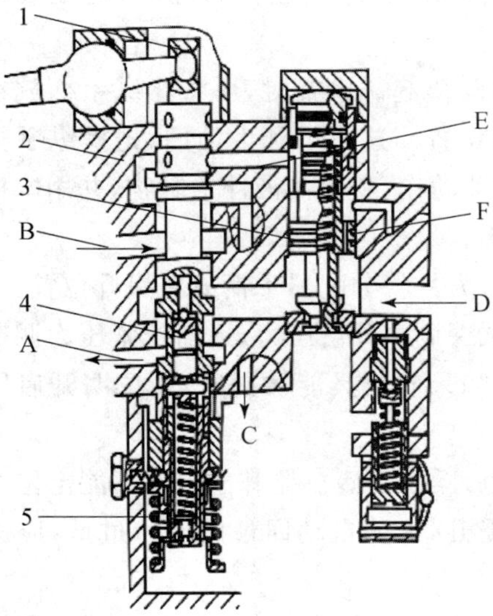

1—主控制阀阀芯;2—分配器壳体;3—回油阀;
4—增力阀;5—回位弹簧;
A—下进出油道;B—上进出油道;C—通油箱;
D—通油泵;E—控制油道;F—节流孔道

图 9-9　压降过程

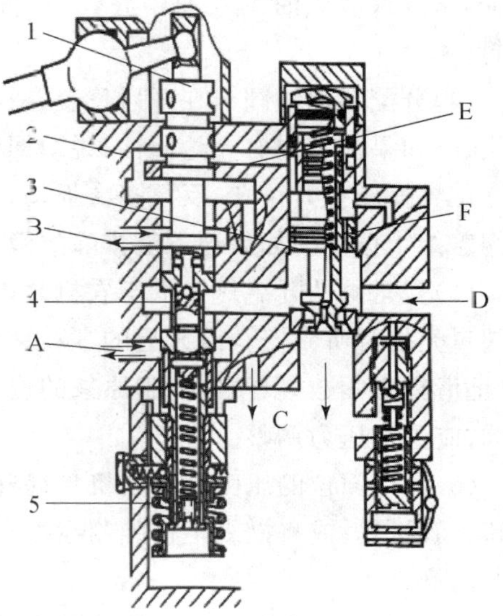

1—主控制阀阀芯;2—分配器壳体;
3—回油阀;4—增力阀;5—回位弹簧
A—下进出油道;B—上进出油道;C—通油箱;
D—通油泵;E—控制油道;F—节流孔道

图 9-10　浮动状态

三、使用分置式液压悬挂系统的注意事项

在使用分置式液压悬挂系统时,应注意以下几点

(1)油泵的接合和分离应在发动机启动前进行。不需液压系统时,应将牙嵌离合器分离,使油泵不转动,以免损耗功率和引起安全事故。

(2)浮动是分置式液压系统的主要工况;强降只有在推土、开沟、破土或土壤很坚硬,不能靠农机具自重入土等情况下才使用。农机具强降入土后,应立即将手柄扳到浮动位置。

(3)当转移机组时,将农机具提升到运输状态,再用手按下定位阀即可。此时,油缸中的油液由定位阀与主控制阀封闭,农机具不会自行下落。

四、分置式液压悬挂系统的常见故障及其排除方法

(一)农机具不能被提升

农机具不能被提升的根本原因是油缸内不能建立起正常的油压。

(1)液压油箱内的油量不足。这时,应添加油液至规定的油面高度。

(2)油泵连接器没有接合或自行断开,油泵不供液压油。这时,应将手柄接合或检修定位装置及爪盘联轴节。

(3)油泵吸进空气。将手柄放在中立位置,油箱内会产生气泡,在油泵出口处发出“啪啪”的响声,说明油泵吸入了空气。这时,应先检查进油管路的各接头是否松动或管路有无破裂处,再检查油泵弯管接头的密封圈是否损坏。如果故障仍未排除,可能是油泵主动轴的自紧油封损坏,以致液压油流入油箱底壳,使液压油箱的油量不足。遇到这种情况时,应更换自紧油封。

(4)分配器回油阀卡在开启位置,或有脏物将回油阀垫起。检查时,可将操纵手柄放在提升位置,如果油箱内有大量回油,说明回油阀卡在开启位置。这时可开大油门,把操纵手柄由中立位置换到提升位置,反复多次扳动,使回油阀作开关动作,利用油液冲走脏物,并用木柄敲击阀盖给予振动。如果还不能排除故障,应拆洗回油阀。

(5)安全阀的开启压力低于农机具提升所需要的压力。将分配器手柄放在提升位置,在安全阀罩壳处可听到安全阀开启的“吱吱”声。这时,可试探调整开启压力,逐渐拧紧压力调节螺钉(记清拧紧圈数,以便回复到原来的位置)。拧紧后,如果农机具能被提升,则证明开启压力过低,应进行压力调整。

(6)自动回位的压力低于农机具提升所需要的压力,操纵手柄在提升位置上不能定位。如果卸下农机具,或将操纵手柄强制在提升位置上继续提升,说明自动回位的压力过低,应进行压力调整。

(7)油泵磨损严重。如轴套与壳体磨损、齿轮与轴套端面磨损(使卸压密封圈失效)和卸压密封圈损坏等,造成油泵内的高压区和低压区相通,不能建立必需的工作压力。目前出现的不能建立起油压多是由卸压密封圈失效造成的。排除故障的方法是更换密封圈,或在后轴套下面加适当的垫片,以求压紧。

(二)农机具提升缓慢

农机具提升缓慢和提升时振抖的根本原因是油液流量不足,油压建立缓慢和不稳定,供油不连续。

(1)油路中的阻力过大,影响农机具的提升速度。产生原因是将缓冲阀装反或错装在通往上腔的接头上,缓冲阀的节流小孔或油箱的滤清器被阻塞。应拆下节流小孔或滤清器进行清洗。

(2)液压系统漏油,以致油量、油压不足。外漏可以查出,内漏可能发生在分配器和油缸内部。产生原因是油缸活塞的密封圈磨损,上、下腔串油;滑阀、壳体孔磨损,间隙增大,造成油路内部泄漏,工作压力降低。应更换磨损件,检修滑阀和壳体内孔。

(3)分配器的回油阀和安全阀关闭不严,一部分油液从回油阀流回油箱,使油压建立缓慢。

(4)油箱内缺油、吸油管路漏气和油泵磨损等,也会造成农机具提升缓慢。

(三)分配器的手柄不能定位或过早回位

产生故障的主要原因及排除方法如下:

(1)定位弹簧失效。此时,除中立位置外,其余各位置均不能定位。应更换定位弹簧。

(2)滑阀定位机构的分离套筒和支承套筒的各定位台肩磨损过大。应修复磨损部位。

(3)自动回位压力过低,提升时自动回位过早。应调整回位压力,并更换升压阀弹簧。

(4)油缸定位阀卡在阀座内,定位阀杆与定位挡板之间无间隙,提升位置不能定位,同时农机具也不能提升。可用手钳把定位阀从阀座内抽出,将定位挡板上移。当定位阀杆变形时,应拆下定位阀杆并进行修理。

(四)分配器的手柄不能自动回位

农机具已被提升到运输高度,但手柄不能跳回中立位置.其主要原因及排除方法如下:

(1)滑阀卡阻。熄火后,扳动手柄有卡涩的感觉,稍用力仍可扳动,这是由于油液中有脏物而造成卡阻。应在液压系统工作时,扳动手柄,使滑阀停留在各位置上往复几次,即可排除该故障。

(2)升压阀卡阻。熄火后,用手扳动手柄时有机械卡碰的感觉,这是升压阀卡阻现象。原因是升压阀支承销松动脱出,卡在定位弹簧套的内壁上。应更换直径较大的升压阀支承销。

(3)滑阀弹簧失效。熄火后,从中立位置向各位置扳动手柄,感到手柄松弛无力,而从各位置向中立位置扳动手柄也没有自动弹回的感觉,这是滑阀弹簧折断、弹力过弱的现象。应更换滑阀弹簧。

(4)安全阀的开启压力低,即安全阀的开启压力低于自动回位压力,但高于农机具提升所需要的压力。农机具可以被提升,而手柄不能自动回位,并可听到安全阀开启的“吱吱”声。可试探调整安全阀的开启压力,回位压力过高时也应进行压力调整。

(五)运行中农机具的沉降量过大

(1)起升油路外漏。可从外表观察起升油路,一般多为接头不紧或密封不严。油缸下腔的直立油管两端容易漏油,应注意检查。

(2)油缸内泄漏。农机具被提升到运输高度后,压下定位阀,使油缸下腔封闭,拆去通往油缸下腔的软管。这时,如果向外漏油,活塞杆向下沉降,表明是油缸内泄漏,即活塞与缸筒、活塞与活塞杆之间的密封圈失效,造成漏油。应拆下相关部件,检查密封圈。

(3)分配器的滑阀内漏。如果油缸没有内泄漏,产生故障的原因则是滑阀与阀孔的磨损而导致配合间隙增加;如果滑阀磨损过大,应修复或更换滑阀。

(六)液压油温度过高

根本原因是液压系统油路中的阻力过大,油箱中的油液得不到足够的冷却。

(1)油箱中的油量不足,油液的循环次数相对增加,得不到充分的冷却。

(2)油箱内的滤清器堵塞,油液在较大的压力下通过滤清器的安全阀,使油道压力增大,油温升高。应清洗滤清器。

(七)高压软管破裂

(1)使用中立位置进行耕地作业。地面起伏不平、农机具颠簸迫使活塞上下移动.由于分配器处于中立位置,高压软管内的压力剧增,造成高压软管破裂。因此,耕地时应将手柄放在浮动位置。

(2)农机具被提升后在中立位置运输,不用定位阀封闭油缸下腔以及机车在不平整的地面上高速行驶等,也会造成高压软管的破裂。因此,拖拉机带悬挂农机具在不平整的地面上运输时,应压下定位阀,低速行驶。

(3)油缸与活塞密封不良。虽已压下定位阀,但在运输时油缸下腔的油液在农机具的重力和惯性的作用下进入上腔,由于上腔油路被滑阀关闭,油压便升高,使高压软管破裂。应更换活塞油封。

（4）拆装高压软管时有扭转、拆伤，降低了高压软管的承压能力，即使在正常的工作压力下，高压软管也会被压破。

任务二　半分置式液压悬挂系统检修

如图 9-11 所示，半分置式液压悬挂系统的元件除油泵 3 单独安装在拖拉机的适当部位外，其余元件（如油缸、分配器和操纵机构等）都布置在一个称之为提升器 1 的总成内。提升器 1 固定在传动箱的上部，提升器壳体即构成传动箱的上盖。半分置式液压悬挂系统的油缸、分配器、力调节和位调节传感机构等都布置得集中、紧凑，油泵可以标准化、系列化、通用化，并实现独立驱动，但其总体布置常常受到拖拉机结构的限制。现以东方红-1004/1204 型拖拉机为例，说明半分置式液压悬挂系统的检修方法。

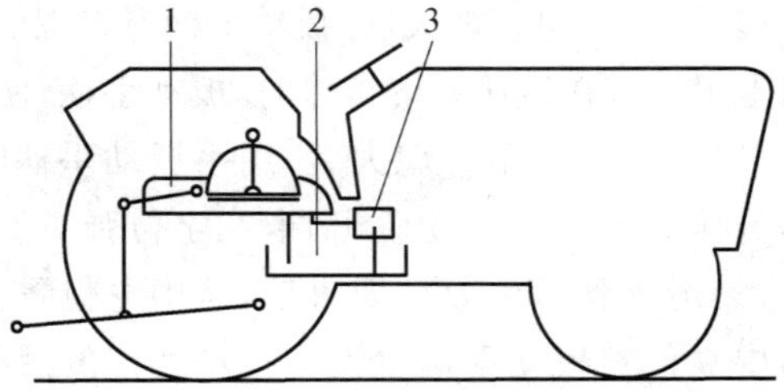

1—提升器；2—油箱；3—油泵

图 9-11　半分置式液压悬挂系统

一、半分置式液压悬挂系统的组成

东方红-1004/1204 型拖拉机液压悬挂系统由滤清器 F、液压泵 P、分配器 D、安全阀 V 和辅助油缸及油管等组成，如图 9-12 所示。除液压泵、滤清器作为单独的部件安装在发动机处外，分配器与油缸连成一体，连同其操纵机构等统一构成一个提升器总成，兼作后桥壳体上盖。它属于压油式油路并以传动箱润滑油作为工作油液。

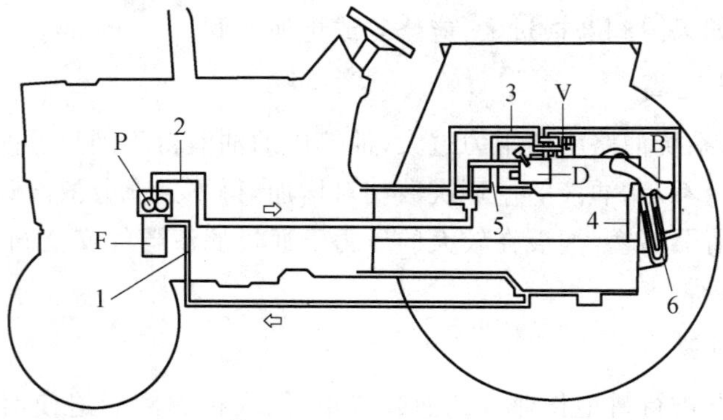

1、2、3、4、5—油管；6—通气口；

B—提升臂；D—分配器；F—滤清器；V—安全阀；P—液压泵

图 9-12　东方红-1004/1204 型拖拉机液压悬挂系统

二、半分置式液压悬挂系统的功能

半分置式液压悬挂系统有位控制手柄、力控制手柄、机外位控制手柄、灵敏度控制手柄、下降速度控制手柄、快速升降按钮等操纵机构，能实现位控制、力控制、浮动控制、力位综合控制、灵敏度控制、下降速度控制和快速升降控制等功能。

(一)位控制

位控制是指在耕作过程中,保持拖拉机与农机具的相对位置不变。使用时,需要先将力控制手柄 E(图 9-13)推到最前方,然后操作位控制手柄 D(图 9-13)来升降农机具。当位控制手柄 D 向前移动时,农机具下降,反之农机具提升。农机具升降的移动量与位控制手柄 D 的移动距离成比例。

为了方便驾驶员站在地面上操纵农机具的升降,设置了机外位控制手柄 B(图 9-14)。当机外位控制手柄 B 逆时针转动时,农机具下降,反之农机具上升。农机具的升降距离与机外位控制手柄 B 的转动距离成比例。注意:当操纵机外位控制手柄 B 时,驾驶员和其他人都必须避开悬挂的杆件和农机具。

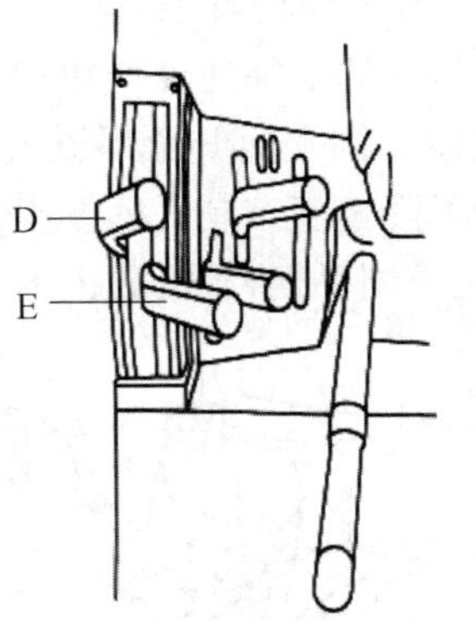

D—位控制手柄;E—力控制手柄

图 9-13 力、位、浮动、力位综合控制

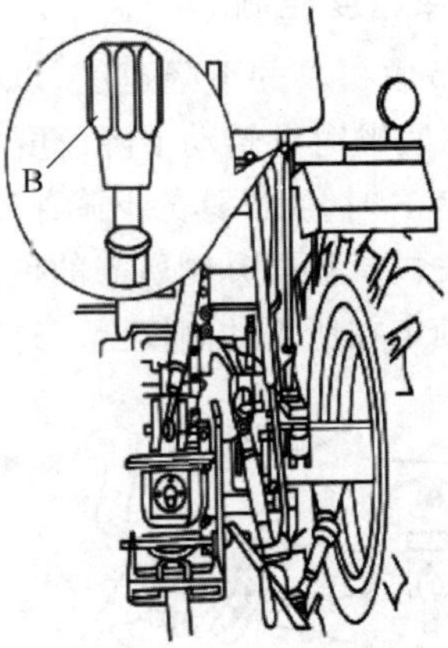

B—机外位控制手柄

图 9-14 机外位控制

(二)力控制

力控制是指在耕作过程中,使农机具在一定的耕深范围内作业,自动保持农机具的牵引阻力基本不变。

使用时,先将位控制手柄推到最前方,然后将力控制手柄慢慢向前移,当农机具下降入土达到所要求的耕深时,力控制手柄即停止不动。

(三)浮动控制

浮动控制是指在耕作过程中,液压系统处于浮动状态,提升臂可以自由摆动,由农机具上的限深轮控制耕深,使机组沿地面仿形耕作。

使用时,先将力控制手柄向前推到底,然后再将位控制手柄也向前推到底,农机具即下降入土,直到限深轮与地面接触,农机具就在此耕深下作业。此时,应将提升杆上的长孔与下拉杆连接。

(四)力位综合控制

力位综合控制是指在耕作过程中,力控制和位控制同时对农机具进行耕深控制。当拖拉机在土壤比阻变化较大的土壤上耕作时,力位综合控制可以防止在土壤比阻突然减小的情况下,农机具下降过猛而把深层生土翻到地表。

操作时,像力控制一样,先将位控制手柄向前推到底,再将力控制手柄缓缓推向前方,当农机具下降到所要求的耕深后，再慢慢向后移动位控制手柄，直到提升臂有上升的倾向或趋势时为止。

(五)灵敏度控制

拖拉机用力控制或力位综合控制时，灵敏度主要用于调节农机具升降时的反应速度，以改善耕深控制性能。灵敏度越低，耕作过程中农机具向拖拉机转移附着质量的速度就越慢，过程也越长，这就大大改善了拖拉机的牵引性能，同时也可减小农机具的振动。灵敏度控制手柄A(图9-15)有4个工作位置可供选择。灵敏度控制手柄A向前移动(+)，可延长调节作用的时间，即降低灵敏度；灵敏度控制手柄A向后移动(—)，可缩短调节作用的时间，即提高灵敏度。可根据土壤状态的不同，选择合适的灵敏度控制手柄的位置。

(六)下降速度控制

为了调节农机具的下降速度，以及将农机具锁定在所需的位置上，设有下降速度控制手柄F(图9-16)。当顺时针转动下降速度控制手柄F时，农机具的下降速度增快；当反时针转动下降速度控制手柄F时，农机具的下降速度变慢。当下降速度控制手柄F全部退出后，就起到液压锁的作用。当农机具被提升到所需的位置后，逆时针转动下降速度控制手柄F至最大位置，农机具就被液压锁锁定在所需的高度上。这时，即使移动力、位控制手柄，农机具也不下降。

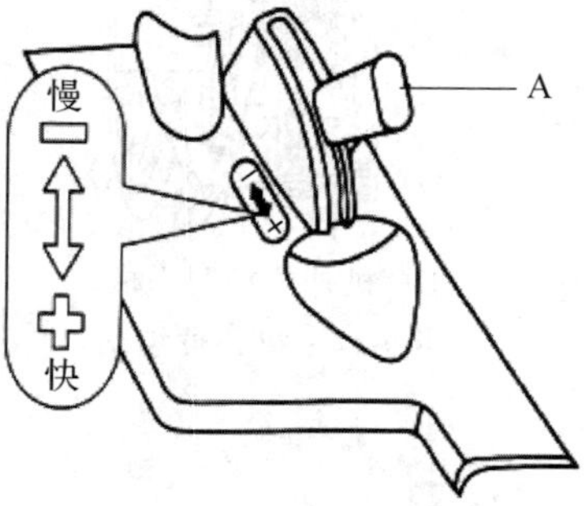

A—灵敏度控制手柄

图9-15　灵敏度控制

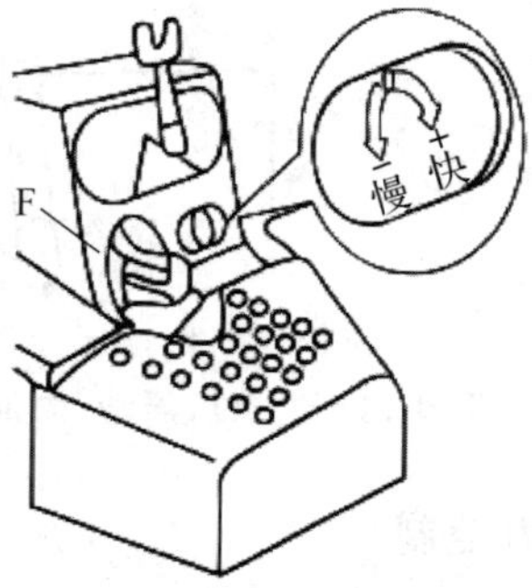

F—下降速度控制手柄

图9-16　下降速度控制

在工作中，应根据农机具的轻重和地面的软硬，选择适当的农机具下降速度，以免下降速度过快损坏农机具。注意：当拖拉机悬挂农机具在道路上行驶时，应将下降速度控制手柄逆时针方向旋出，将农机具锁定在运输位置上。

(七)快速升降控制

为了当耕作到地头时能快速升降农机具，以降低驾驶员的劳动强度，设置了快速升降按钮C(图9-17)来控制农机具的快速升降。

将快速升降按钮C按入“1”的位置，悬挂的农机具就会下降，而将快速升降按钮C向后拉出到“2”的位置，悬挂的农机具就会被提升到运输位置。

当进行力位综合控制时，在地头起落农机具只可操作快速升降按钮C；进行位控制、力控制、浮动控制时，在地头起落农机具可操作位控制手柄，但操作快速升降按

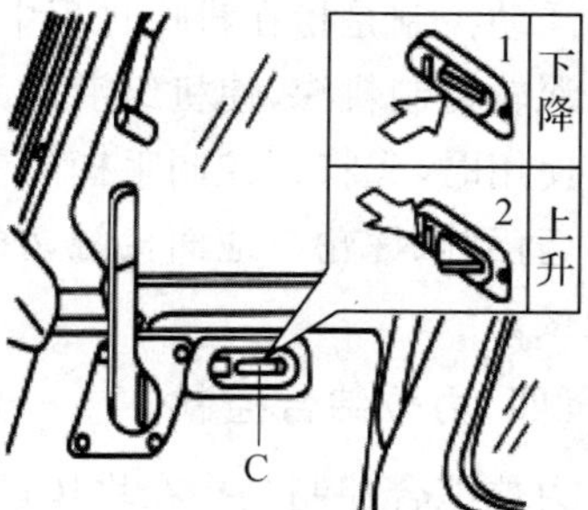

C—快速升降按钮

图9-17　农机具快速升降控制

钮C起落农机具更加方便。注意:当动力输出轴装有农机具时,只有当农机具与拖拉机的匹配合理时,才能使用快速升降按钮。通常要将提升杆调整到最长的尺寸,以免损坏传动轴等零件。

三、分配器的组成及工作原理

东方红-1004/1204型拖拉机的液压悬挂系统具有位控制、力控制、力位综合控制、浮动控制、灵敏度控制、下降速度控制、快速升降控制等功能,这些功能主要是通过控制分配器来实现的。

(一)分配器的组成

分配器如图9-18所示,包括主控制阀1、回油阀3、单向阀11等组成部分。在分配器壳体的油缸油道上,还装有油缸安全阀7和下降速度控制阀8。回油阀3的一侧装有回油阀弹簧,另一侧装有由活塞套4、活塞5、螺塞6等组成的灵敏度控制阀。主控制阀1有提升、中立、下降三个位置,回油阀3只有开启和关闭两个位置。

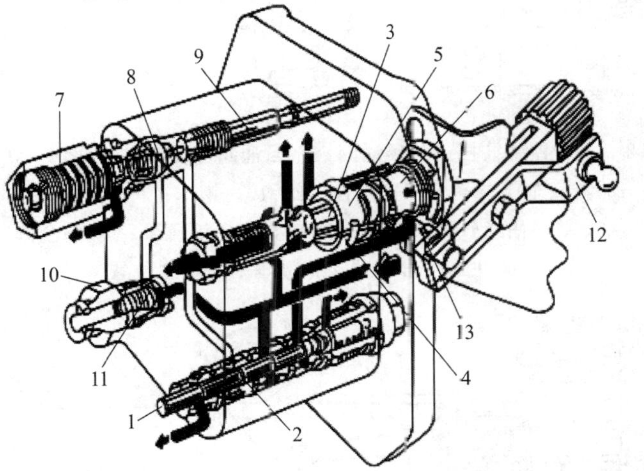

1—主控制阀;2—阀套;3—回油阀;4—活塞套;5—活塞;6—螺塞;7—油缸安全阀;8—下降速度控制阀;9—下降速度控制阀调节销;10—到油缸的输油接头;11—单向阀;12—灵敏度控制手柄;13—灵敏度调节销

图9-18　分配器

(二)分配器的工作原理

1. 主控制阀阀芯在中立位置

如图9-19所示,当主控制阀1处在中立位置时,油液通过灵敏度控制阀7流向活塞5,克服回油阀弹簧4的作用力并推动回油阀3向右移动,将回油口打开,使油液流回传动箱。油缸中的液压油被主控制阀1封闭,农机具停留在原来的位置。油缸安全阀8保护油缸的压力油路,而安全阀V保护液压泵的压力油路。

2. 主控制阀阀芯在下降位置

如图9-20所示,当主阀回位弹簧3将主控制阀1向右推时,在农机具负荷的作用下,下降速度控制阀8被打开,油缸中的油液通过下降速度控制阀8流回油箱;油泵来油通过阀孔F_1和灵敏度控制阀7流向活塞5,活塞5使回油阀4保持在图示位置,这样就使液压泵P的来油通过回油阀4流回油箱。提升臂的下降速度取决于下降速度控制手柄9的位置。旋松下降速度控制手柄9,使通过下降速度控制阀8和分配器壳体的回油受阻,农机具下降的时间就会增加(慢速);拧紧下降速度控制手柄9,回油腔的空间变大,农机具的下降速度就会加快(快速)。

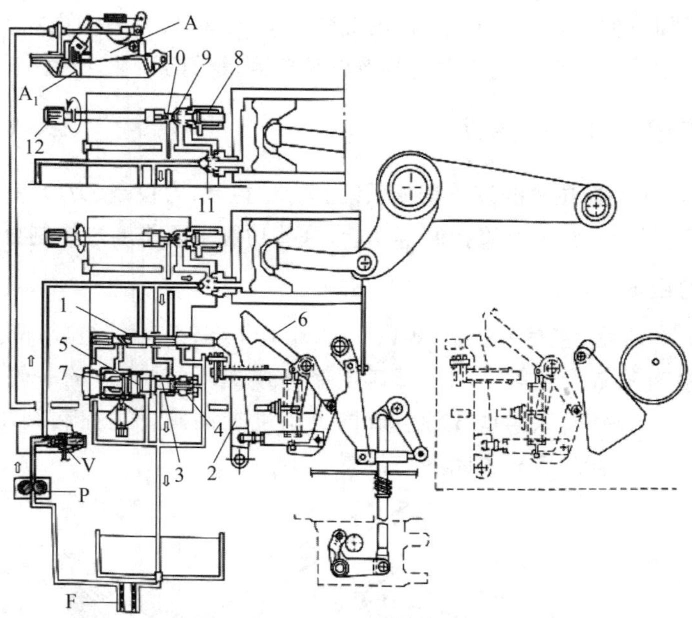

1—主控制阀；2—主阀控制杠杆；3—回油阀；4—回油阀弹簧；5—活塞；6—快速升降内杠杆；7—灵敏度控制阀；8—油缸安全阀；9—下降速度控制阀；10—钢球；11—单向阀；12—下降速度控制手柄；A、A_1—快速升降按钮；F—滤清器；P—液压泵；V—安全阀

图 9-19　分配器工作原理——中立位置

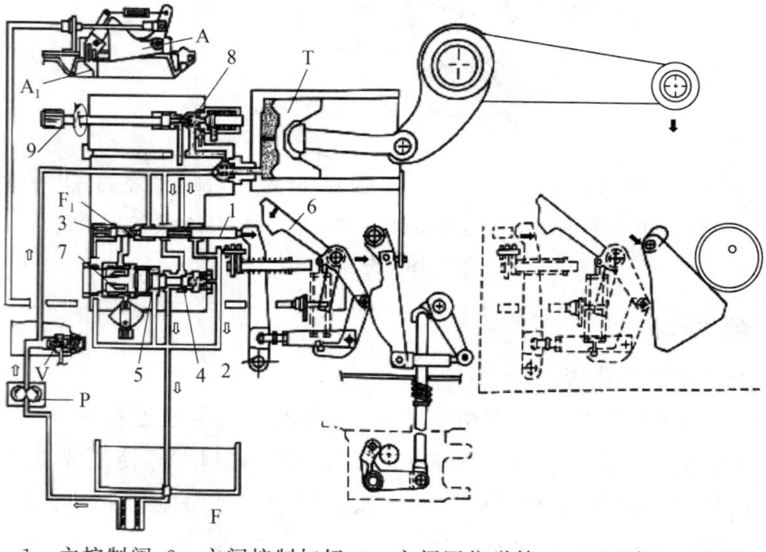

1—主控制阀；2—主阀控制杠杆；3—主阀回位弹簧；4—回油阀；5—活塞；6—快速升降内杠杆；7—灵敏度控制阀；8—下降速度控制阀；9—下降速度控制手柄；A、A_1—快速升降按钮；F—滤清器；F_1—阀孔；P—液压泵；T—活塞；V—安全阀

图 9-20　分配器工作原理——下降位置

3. 主控制阀阀芯在提升位置

如图 9-21 所示，当主控制阀 1 向左移动时，通过活塞 6 的油液被切断，回油阀 3 在回油阀弹簧 4 的作用下左移，将回油口关闭。压力油将单向阀 8 打开，推动活塞 T 和辅助油缸活塞，农机具被提升。阻力反应灵敏度可通过灵敏度控制手柄 9 来调节，灵敏度控制手柄 9 控制活

塞套5。当活塞套5右移时，活塞6封闭活塞套孔 T_1、T_2，回油只能通过灵敏度控制阀阀孔 T_3，这使回油时间延长，提升器的反应时间增加，灵敏度则随之下降。当活塞套5左移时，活塞套孔 T_1、T_2 被打开，可通过三个孔 T_1、T_2、T_3 迅速排油，提升器的反应时间随之缩短，灵敏度提高。

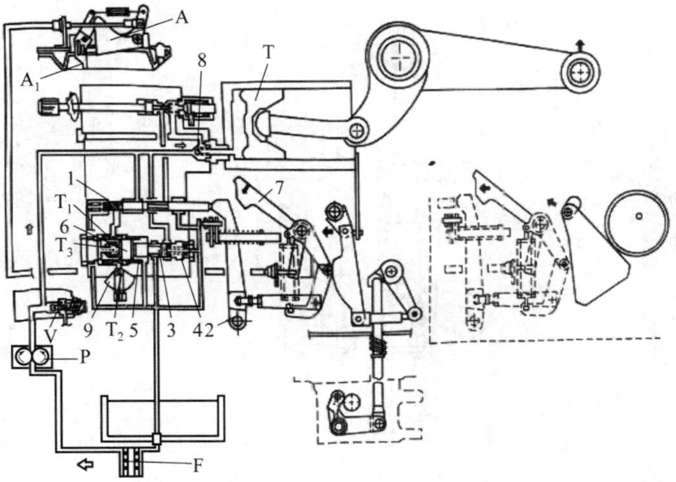

1—主控制阀；2—主阀控制杠杆；3—回油阀；4—回油阀弹簧；5—活塞套；
6—活塞；7—快速升降内杠杆；8—单向阀；9—灵敏度控制手柄；
A、A_1—快速升降按钮；F—滤清器；P—液压泵；T—活塞；T_1、T_2—活塞套孔；
T_3—灵敏度控制阀阀孔；V—安全阀

图 9-21　分配器工作原理——提升位置

4. 快速升降

如图9-22所示，按下快速升降按钮 A_1，使快速升降按钮A松开，快速升降按钮A由弹簧在其尾部拉紧，这样使软轴松开，弹簧将快速升降内杠杆3往回拉，使主控制阀1处于最大提升位置。

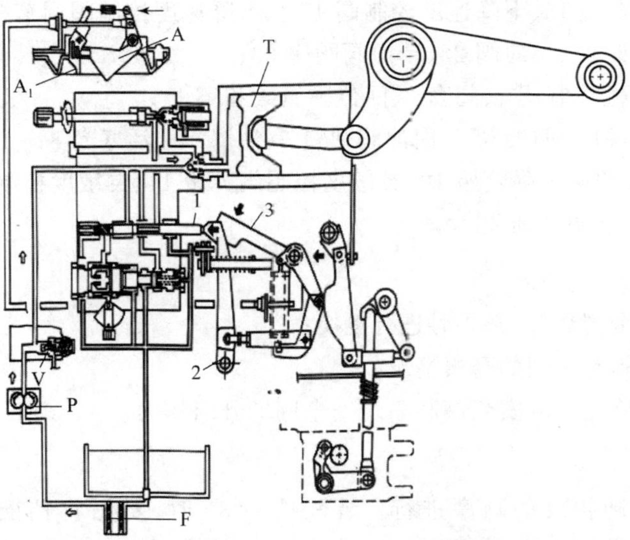

1—主控制阀；2—主阀控制杠杆；3—快速升降内杠杆；
A、A_1—快速升降按钮；F—滤清器；P—液压泵；T—活塞；V—安全阀

图 9-22　分配器工作原理——快速升降

四、分配器检修

分配器的具体构造如图 9-23 所示。

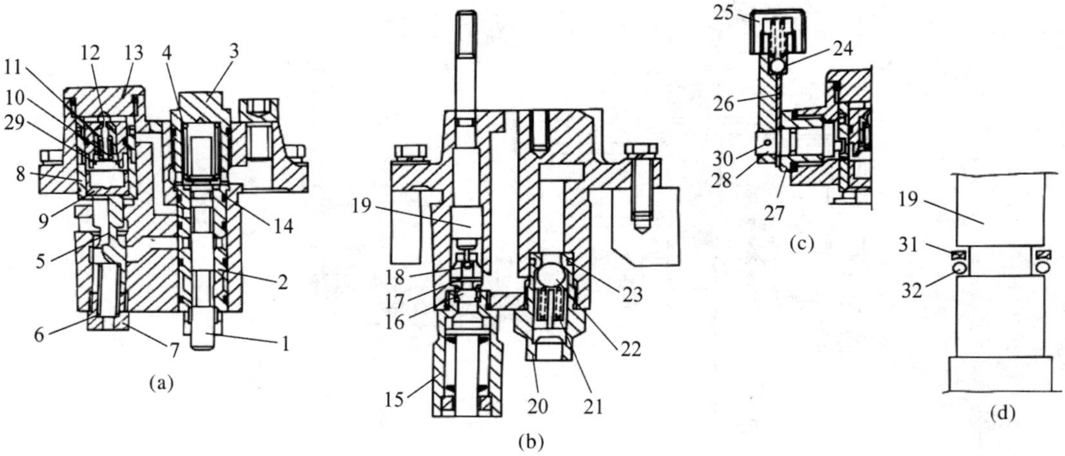

1—主控制阀；2—阀套；3、7、13、27—螺塞；4—回位弹簧；5—回油阀；6—回油阀弹簧；8—活塞套；9—活塞；10—回位弹簧座；11—灵敏度控制阀弹簧；12—灵敏度控制阀；14—环；15—油缸安全阀；16—下降速度控制阀弹簧；17—下降速度控制阀；18—球阀；19—下降速度控制阀调节杆；20—油管接头；21—单向阀弹簧；22—单向阀；23—单向阀阀座；24—定位钢球；25—调节手柄；26—扇形扳；28—调节轴；29—卡环；30—卷簧销；31—挡圈；32—O 形圈

图 9-23　分配器的具体构造

(一)拆卸

(1)拆下油缸安全阀 15、下降速度控制阀 17 和下降速度控制阀调节杆 19；

(2)拆下油管接头 20、单向阀 22、单向阀阀座 23；

(3)拆下螺塞 3、主控制阀 1、阀套 2、回位弹簧 4 和环 14；

(4)拆下螺塞 13 和 7、回油阀 5、回油阀弹簧 6、活塞 9 和活塞套 8；

(5)拆下卡环 29 和回位弹簧座 10、灵敏度控制阀弹簧 11、灵敏度控制阀 12，松开螺塞 27，将卷簧销 30 打出，拆下调节轴 28。

(二)检查

(1)仔细检查各个密封件，必要时进行更换；

(2)检查各阀与阀套之间的磨损情况；

(3)按有关规定检查油缸安全阀和系统安全阀的开启压力。

(三)装配

装配时，按与拆卸相反的顺序进行。装配挡圈 31 时，要先将挡圈 31 在油中加热到 50℃，并使用保护器进行安装。安装时，应将挡圈 31 平面端向上，曲面端朝向 O 形圈 32(参见图 9-23)。

在重新装配分配器总成之后，必须检查系统安全阀、油缸安全阀的开启压力和主控制阀的密封性能。系统安全阀(装在提升器壳体右侧或者多路阀上)的开启压力可以在试验台或拖拉机上进行检查,而油缸安全阀的开启压力和主控制阀的密封性能则只能在试验台上进行检查。

五、半分置式液压悬挂系统的常见故障及其排除方法

半分置式液压悬挂系统常见故障的产生原因和排除方法见表 9-1。

表 9-1　半分置式液压悬挂系统常见故障的产生原因和排除方法

故障现象	产生原因	排除方法
农机具不能被提升	分配器回油阀卡在开启位置	清洗回油阀和灵敏度控制阀
	吸油管路堵塞	清洗或更换滤油器
	吸油管路进气	检查管路连接处是否漏气
	油泵失效	更换油泵
	油面过低	添加液压传动两用油
	快速升降操纵软轴调整不正,固定在下降位置	重新调整快速升降操纵软轴
农机具在提升过程中抖动,提升缓慢	滤油器堵塞	清洗滤油器
	吸油管路进气	检查接头处是否漏气
	油泵失效	更换油泵
	油面过低	添加液压传动两用油
农机具被提升后频繁抖动,发动机熄火后静沉降快	分配器主阀套的 O 形圈漏油	更换 O 形圈
	主阀磨损漏油	更换主阀
	单向阀漏油	修复或更换单向阀
	油缸安全阀漏油	修复或更换油缸安全阀
	油缸活塞的 O 形圈处漏油	更换 O 形圈
轻负荷时农机具能被提升,重负荷时农机具不能被提升	系统安全阀调整不当	重新调整或更换系统安全阀
	进油路吸空或进气	检查进油路的密封性
	油缸安全阀调整不当	重新调整或更换油缸安全阀
农机具不能下降	主控制阀卡滞	清洗主控制阀
	下降速度控制旋钮关闭	拧开下降速度控制旋钮
	快速升降操纵软轴调整不当,固定在提升位置	重新调整快速升降操纵软轴
	力调节传感器调整不当	重新调整力调节传感器

思考练习题

1.试说明拖拉机液压悬挂系统的组成。

2.试说明分配器的结构与工作原理。

3.试说明拖拉机液压悬挂系统的工作过程。

4.拖拉机在运输状态时,如何确保农机具不自行下落?

5.试说明常用拖拉机如何控制农机具的下落速度。

项目十　联合收获机液压操纵系统检修

联合收获机液压操纵系统一般用于控制联合收获机收割台、拨禾轮的升降和行走无级变速(由单作用液压缸推动V型带轮来改变V型带轮的直径)等动作。下面以常用的JL-1075型和JL-3080型联合收获机为例,说明液压操纵系统的检修过程。

任务一　JL-1075型联合收获机液压操纵系统检修

JL-1075型联合收获机液压操纵系统主要用于操纵收割台升降、拨禾轮升降、水平调节、卸粮搅龙摆动、行走无级变速、拨禾轮无级变速和滚筒无级变速。整个液压操纵系统由液压泵、组合式多路换向阀、液压缸、油箱等组成。

一、组合式多路换向阀的结构与工作原理

JL-1075型联合收获机的控制阀采用组合式多路换向阀,也叫叠加阀。它有七套外接管路,所以还被称作七路阀。七路阀属于液压操纵系统中的控制元件,其作用是控制液压系统中油液的压力、流量和流动方向,以保证执行元件实现预期的动作,执行其功能。七路阀的结构包括四部分:手动换向阀、液控单向阀(也叫液压锁)、安全阀和节流阀。这种阀的突出特点是阀体是整体铸造式的,在其内部有铸造加工的油路通道,阻力小,管路连接简单。

(一)手动换向阀和液控单向阀的工作原理

1.中立位置的油液走向

如图10-1所示,油液在控制阀中的流向为:当控制阀的所有阀芯均在中立位置时,由液压泵输送的油液进入进口V,然后经过控制阀的Z字形油道,流到出口Z,再流回油箱。七路阀的滑阀下端设有回位弹簧,而驾驶室中的操纵杆下部也设有回位弹簧,用于保证滑阀和操纵杆返回到中立位置,并在中立位置固定。

油液在单作用液压缸中的流向为:换向阀阀芯3在中立位置,关闭流入控制活塞2的压力油。单向阀阀芯1被液压缸中的压力油(由割台、拨禾轮自重或无级变速中的弹簧所产生的压力油)牢牢地压在阀座上,使液压缸和单向阀阀芯1之间的困油不能内泄。由于液体是不可压缩的,割台、拨禾轮或无级变速盘便停在固定位置。由液压泵送来的压力油通过控制阀的Z字形油道流回油箱。

油液在双作用液压缸中的流向为:当换向阀阀芯3在中立位置时,两个单向阀阀芯1和4被压向其阀座,油液被封闭在液压缸中。液压泵送来的压力油通过控制阀的Z字形油道流回油箱。

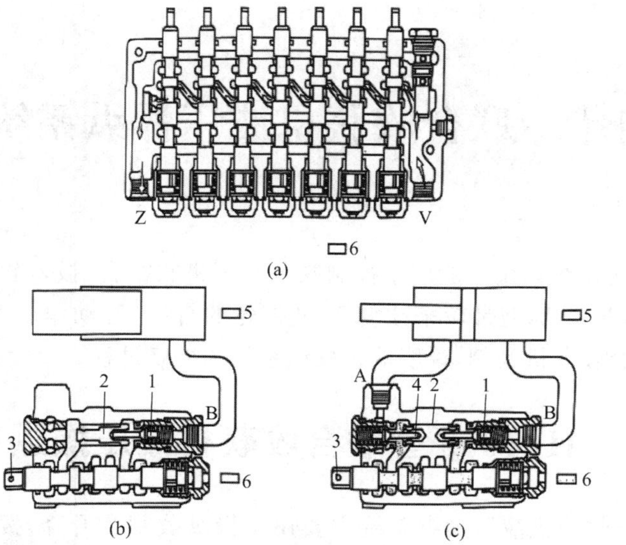

1、4—单向阀阀芯；2—控制活塞；3—换向阀阀芯；5—封闭油；6—无压力油；

A—油腔；B—油孔；V—进口（来自液压泵）；Z—出口（通往油箱）

图 10-1　换向阀阀芯都处在中立位置

2. 液压缸伸出时的油液走向

(1)单作用液压缸中的油液走向：如图 10-2 所示，把换向阀阀芯 3 移动到“伸出”(提升)位置，关闭 Z 字形油道。来自液压泵的压力油流向单向阀阀芯 1 和控制活塞 2，控制活塞 2 被推回原位，单向阀阀芯 1 从其阀座上被推开，压力油流向油孔 B 并使液压缸伸出。

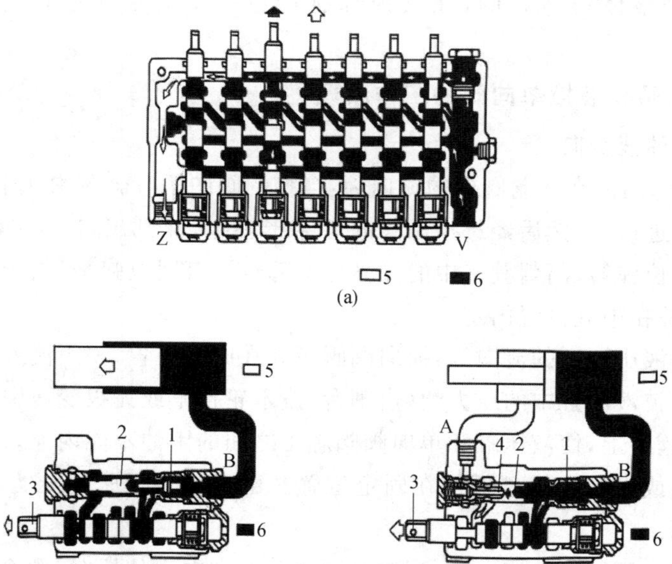

1、4—单向阀阀芯；2—控制活塞；3—换向阀阀芯；5—封闭油路；6—无压力油路；

A—油腔；B—油孔；V—进口（来自液压泵）；Z—出口（通往油箱）

图 10-2　液压缸伸出状态

(2)双作用液压缸中的油液走向:换向阀阀芯3被提升,Z字形油道被关闭,来自液压泵的压力油流向控制活塞2和单向阀阀芯1之间。一方面压力油顶开单向阀阀芯1进入油孔B中,另一方面压力油也同时推动控制活塞2向左顶开单向阀阀芯4,使A腔中的困油得到回流,从而使液压缸伸出。

3. 液压缸缩回时的油液走向

(1)单作用液压缸中的油液走向:如图10-3所示,换向阀阀芯3被移到"缩回"(下降)位置,Z字形油道被关闭。压力油直接进到控制活塞2的后面,推动控制活塞2向右顶开单向阀阀芯1,液压缸和单向阀阀芯1之间的困油便可流回油箱,使收割台、拨禾轮下降或无级变速减速。然而,液压泵送来的油量比控制活塞2所需要的油量要多。因此,控制活塞2上设有特殊的油孔(槽),使多余的压力油从两个油孔(槽)泄到回油路。

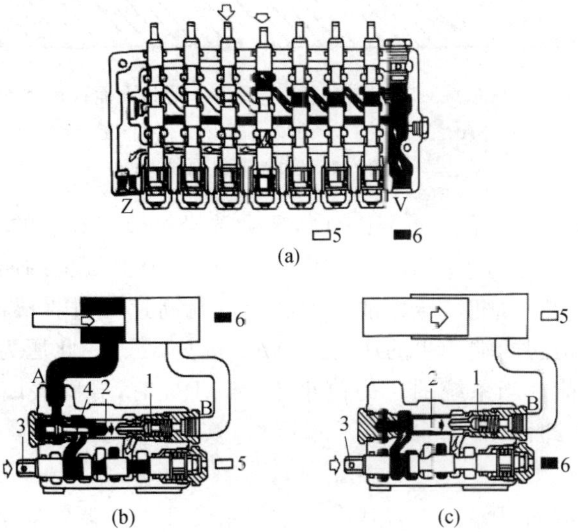

1、4—单向阀阀芯;2—控制活塞;3—换向阀阀芯;5—封闭油路;6—无压力油路;

A—油腔;B—油孔;V—进口(来自液压泵);Z—出口(通往油箱)

图10-3　液压缸缩回状态

(2)双作用液压缸中的油液走向:当换向阀阀芯3在"缩回"位置时,Z字形油道被关闭,来自液压泵的压力油直接流向控制活塞2和单向阀阀芯4之间。一方面压力油推动控制活塞2向右顶开单向阀阀芯1,使回油路打开;另一方面压力油向左顶开单向阀阀芯4,进入油腔A,液压缸缩回。

(二)安全阀的结构与工作原理

七路阀上安装的是先导式插装安全阀。

1. 安全阀的结构

安全阀剖面图如图10-4所示。安全阀主要由导阀和主阀两部分组成。

2. 安全阀的工作原理

直动式安全阀和先导式安全阀的区别在于:直动式安全阀的液压力是直接和弹簧弹力相平衡的,如果系统的压力高,相应弹簧的刚度就大,从而使压力的波动大,而先导式安全阀克服了这个缺点。它采用节流孔,使主阀的两边产生压力差Δp(Δp不是很大)与主阀软弹簧的弹力相平衡。这样就降低了阀的压力波动,从而使阀开启平稳。先导式安全阀有两个弹簧:一个是导阀压力弹簧,用于限制系统的压力;另一个是主阀平衡弹簧。

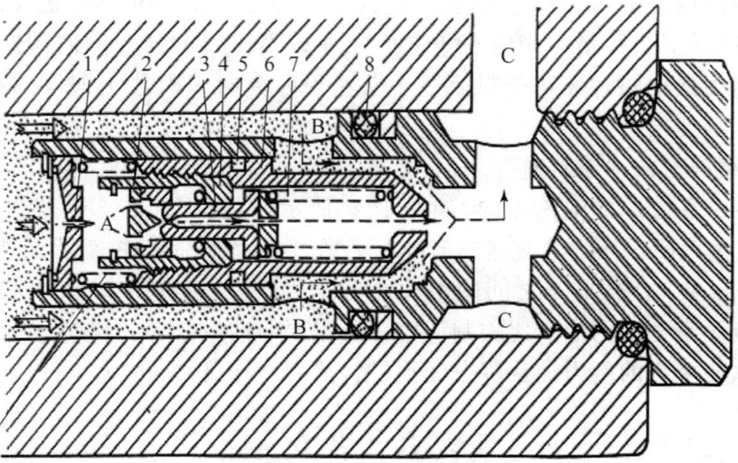

1—节流孔；2—提升阀（导阀阀芯）；3、5—孔；4—O 形圈；6—阀芯锥面；7—密封圈；8—锥形主阀阀芯；
A—进油腔；B—压力油腔；C—回油腔

图 10-4　安全阀剖面图

当系统的压力值小于安全值（14 MPa）时，压力油经过节流阀上的节流孔 1 到提升阀 2 处被截止。当系统的压力值超过 14 MPa 时，压力油通过提升阀 2 上的两个节流孔迫使阀芯（导管）压缩弹簧，导阀被打开。此时，压力油从中心节流孔高速穿过。根据压力油流经节流孔必然产生压力降的原则，主阀两端产生的压力差 $\Delta p = p_B - p_A$。在此压力差的作用下，主阀阀芯压缩平衡弹簧，开启卸荷。当系统的压力值小于 14 MPa 时，导阀关闭，主阀两侧的压力差消失，主阀关闭，安全阀不卸荷。

3. 安全阀的调整

向内拧螺套，压力增加；反之，压力减小。建议由专业人员调整安全阀。

（三）节流阀的工作原理

为了限制油缸的运动速度，常采用节流片（节流阀的一种形式）进行调节。节流片安装在与七路阀相连接的油管接头内，其工作原理是当油液将节流片冲向阀体时，节流片圆周的出油口通道被封闭，仅剩下节流片中间的节流孔排油，因通流面积小而使油缸的运动速度变慢；反之，当油液将节流片冲向油管接头时，除从节流片中间的节流孔流出油液外，节流片四周的切口处都可以流出油液，因通流面积变大而使油缸的运动速度变快。节流片分为单向和双向两种，而且各节流片的形状、大小和阻尼孔的尺寸不尽相同，以适应不同油缸运动速度的要求。安装时，各节流片不可互换，方向不可装反。

二、JL-1075 型联合收获机液压操纵系统的工作原理

图 10-5 所示为 JL-1075 型联合收获机的液压操纵系统。JL-1075 型联合收获机液压操纵系统的工作状态包括所有换向阀均处于中立位置时各液压缸的进、出油口均被阻断的系统卸荷状态、液压缸进油的提升状态和液压缸活塞回落的下降状态。在这些液压缸中，拨禾轮驱动液压缸单独由液压泵供油，与其他液压缸互不干扰。

（一）收割台升降液压系统的工作原理

液压操纵系统中的液压缸由多路阀中的五组滑阀分别控制，每一组滑阀的工作原理基本

相同,工作时分别有中立、提升、下降三个位置。下面就以收割台升降为例予以说明。

1. 中立位置

如图 10-5 所示,换向阀 13 处于中立位置,此时双联液压泵 10 的来油被断开,液压缸内无液压油进入。同时,液压缸的油液由于受液控单向阀 12 的作用不能回油,因此活塞保持在原有的工作状态。

2. 提升位置

如图 10-5 所示,当换向阀 13 被扳到提升位置时,阀芯下移,此时收割台提升的油路途径为:油箱 1→双联液压泵 10→换向阀 13(上位)→液控单向阀 12→收割台升降液压缸 23。

此时,收割台升降液压缸活塞杆处于提升状态。该液压缸为单作用液压缸,因此不能回油。

3. 下降位置

如图 10-5 所示,扳动换向阀 13 的手柄使之处于下降位置,即阀芯上移,此时来自液压泵的压力油通过换向阀 13 使液控单向阀 12 打开,液压缸的油液流回油箱。收割台下降的油路途径为:

(1)进油路:油箱 1→双联液压泵 10→换向阀 13(下位)→液控单向阀 12(只打开单向阀)。

(2)回油路:收割台升降液压缸 23→液控单向阀 12→换向阀 13(下位)→滤油器 9→油箱 1。

此时,活塞杆在重力的作用下回落,工作装置处于下降状态。

(二)卸粮搅龙摆动液压装置的工作原理

在七路阀控制的液压操纵系统中,卸粮搅龙摆动液压装置的液压缸属于双作用液压缸。除中立状态外,其提升和下降的工作原理与收割台升降的工作原理稍有区别,在此进行单独介绍。

1. 提升位置

如图 10-5 所示,扳动换向阀 15 的手柄至提升位置,其油路途径为:

(1)进油路:油箱 1→双联液压泵 10→换向阀 15(上位)→液控单向阀 16→卸粮搅龙摆动液压缸 21 下腔。

(2)回油路:卸粮搅龙摆动液压缸 21 上腔→液控单向阀 16→换向阀 15(上位)→滤油器 9→油箱 1。

此时,卸粮搅龙摆动液压装置在油液的作用下摆动。

2. 下降位置

扳动换向阀 15 的手柄至下降位置,其油路途径为:

(1)进油路:油箱 1→双联液压泵 10→换向阀 15(下位)→液控单向阀 16→卸粮搅龙摆动液压缸 21 上腔。

(2)回油路:卸粮搅龙摆动液压缸 21 下腔→液控单向阀 16→换向阀 15(下位)→滤油器 9→油箱 1。

(三)拨禾轮驱动系统的工作原理

如图 10-5 所示,拨禾轮驱动系统由油箱 2、液压泵 3、调速阀 4、液压马达 5、溢流阀 6、滤油器 7、压力控制阀 8 等组成。驱动时,松开调速阀 4,其油路为:

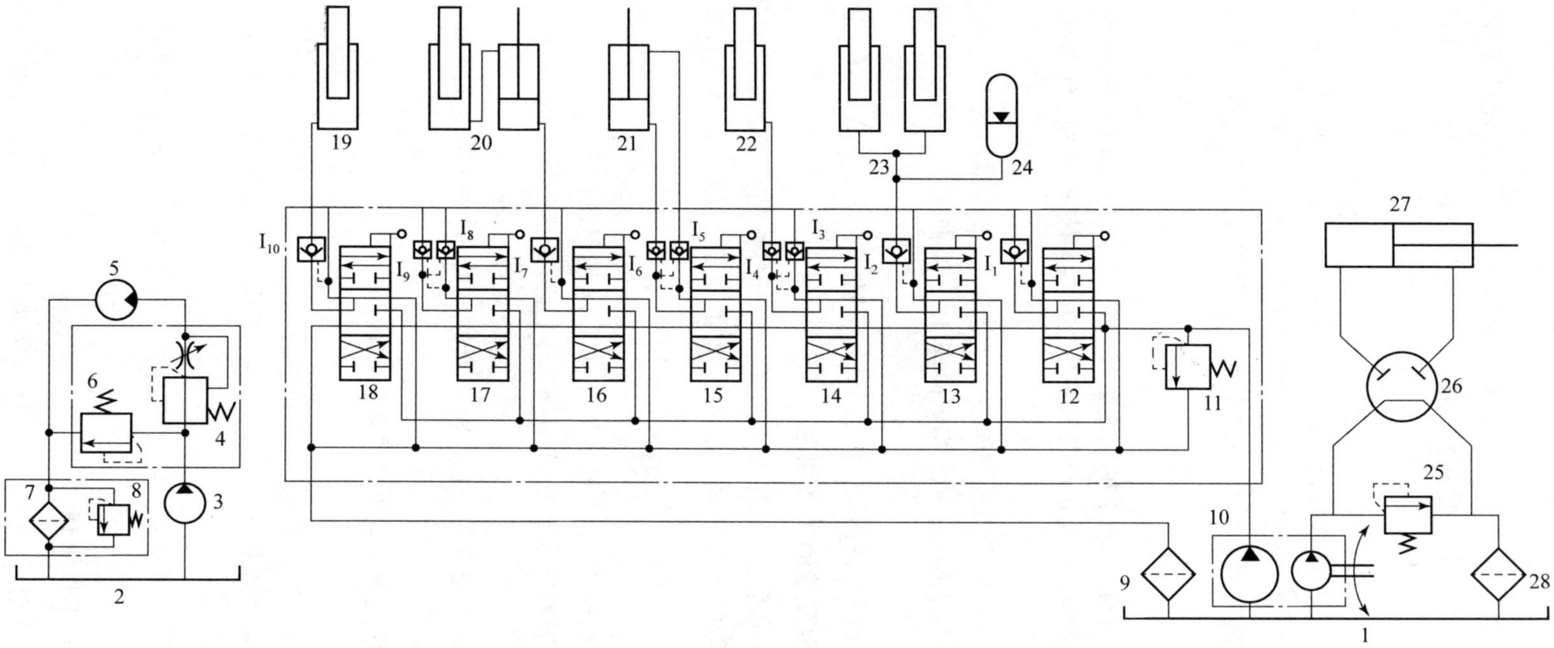

1、2—油箱；3—液压泵；4—调速阀；5—液压马达；6—溢流阀；7、9、28—滤油器；8、25—压力控制阀；10—双联液压泵；11—安全溢流阀；12、16—液控单向阀；13、14、15、17、18—换向阀；19—滚筒无级变速液压缸；20—拔禾轮升降液压缸；21—卸粮搅龙摆动液压缸；22—行走无级变速液压缸；23—收割台升降液压缸；24—蓄能器；26—方向器；27—转向液压缸

图 10-5　JL-1075 型联合收获机的液压操纵系统

(1)进油路:油箱 2→液压泵 3→调速阀 4→液压马达 5。

(2)回油路:液压马达 5→滤油器 7→油箱 1。

拨禾轮驱动系统通过将调速阀 4 串接在液压马达 5 的进油路上,形成进油节流调速回路,来改变其驱动速度。溢流阀用于控制系统压力,压力控制阀主要用于防止因滤油器堵塞而造成的油路不通。

三、JL-1075 型联合收获机液压操纵系统的特点

由以上分析可知,JL-1075 型联合收获机液压操纵系统由定量泵、压力控制阀组成了调压回路,当系统压力高于一定值时,由压力控制阀工作以保持系统的工作压力。另外,当七路阀中的所有手柄均处于中立位置时,形成卸荷回路。当各工作装置的液压缸中均无液压油进出时,系统卸荷,减轻了液压泵的工作负荷,以保证系统在低压下卸荷。但当有一组换向阀处于非中立位置时,系统不再卸荷,以保证该系统的正常工作,而其他系统仍处于中立位置。除此之外,该系统还具备以下特点:

(1)转向系统和操纵系统分别为独立系统,采用双联齿轮泵供油,液压泵传动装置的结构得到简化。

(2)组合式多路换向阀是同一壳体上装有七组滑阀的七路阀,简化了油路的连接,压力损失小。七路阀是由七个六位六通 Y 型机能的滑阀并联形成的多路阀,其中有二路阀备用。

(3)液压缸锁紧油路采用液控单向阀进行控制,工作可靠。

(4)收割台升降油路并联了蓄能器,可以起到缓冲和保压的作用。

(5)拨禾轮升降液压缸采用串联同步回路,同步精度高。当发现拨禾轮两边高度不同时,用手操纵换向阀,使拨禾轮升到极限位置,向封闭油路充油,以补充油液的不足。

(6)拨禾轮驱动系统是由定量泵、定量马达和调速阀组成的进油节流调速回路。调速阀由安设在驾驶室内的开关来调节。

任务二　JL-3080 型联合收获机液压操纵系统检修

一、JL-3080 型联合收获机液压操纵系统的组成及作用

如图 10-6 所示,JL-3080 型联合收获机液压操纵系统由齿轮泵 1、控制阀 3、行走无级变速液压缸 4、拨禾轮升降液压缸 5、收割台升降液压缸 6、冷却器 9、油箱 10 等组成,主要用于控制收割台的升降、拨禾轮的升降和行走无级变速。

二、JL-3080 型联合收获机液压操纵系统的工作原理

(一)控制阀处于中立位置

齿轮泵 1 由柴油机正时齿轮室中的齿轮驱动,从油箱 10 中吸油;液压油进入齿轮泵 1 后,排出一定的液压油流向控制阀 3;通过控制阀 3 的液压油通过冷却器 9 流回油箱 10;各个液压缸中的液压油封闭,液压缸所控制的部位维持原有的状态。

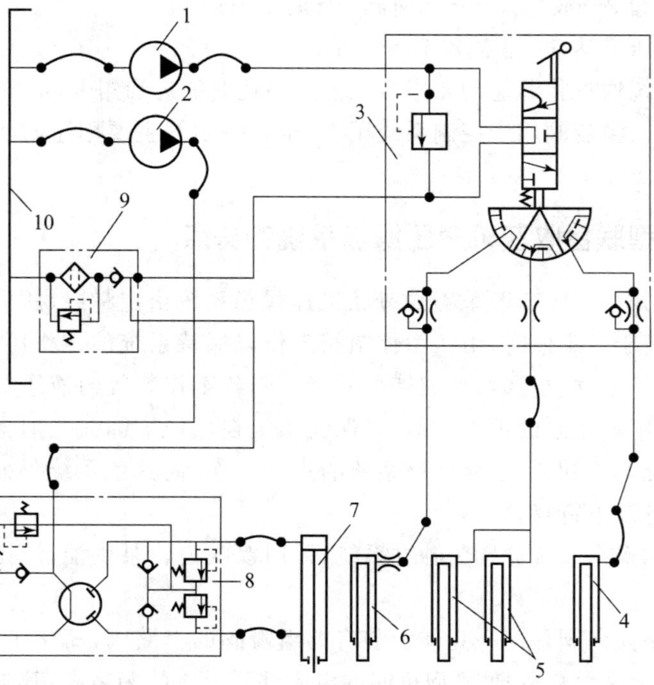

1、2—齿轮泵；3—控制阀；4—行走无级变速液压缸；5—拨禾轮升降液压缸；6—收割台升降液压缸；
7—液压缸；8—转向器；9—冷却器；10—油箱

图 10-6 JL-3080 型联合收获机液压操纵系统

(二)控制阀处于提升位置

如果要使收割台和拨禾轮升起，或使行走速度得到提升，需要将操作手柄转向该控制部位的提升位置，进入控制阀 3 中的液压油就流入控制该部位动作的液压缸中，完成预期的动作。当这一控制部位的油缸升到极限位置，系统压力达 14 MPa 时，控制阀 3 上的安全阀被打开，系统卸荷。液压油经冷却器 9 流回油箱 10，进入控制阀 3 中的液压油不能进入其余两处控制部位的液压缸，这两处控制部位维持原有的状态。

(三)控制阀处于下降位置

当操纵手柄处于某一控制部位的下降位置时，进入控制阀 3 中的液压油和这一控制部位液压缸中返回的液压油一起经冷却器 9 流回油箱 10，会使收割台、拨禾轮降落，行走速度降低。其他控制部位液压缸中的液压油封闭，相应的控制部位维持原状。

任务三　拆装七路阀

七路阀是联合收获机液压操纵系统中很复杂的液压元件，它的检修比较复杂。

一、手动换向阀的拆装

(一)拆装要点

(1)阀芯和阀体为研磨配合，拆装时要做好标记，不能互换；

(2)紧固螺栓(钉)要拧紧；

(3)卡簧必须卡到位;

(4)螺塞不得松动。

(二)拆装顺序

拆卸顺序如下:

(1)拆下下部螺塞;

(2)卸下紧固螺栓(有的机型为卡簧限位);

(3)取下垫片,取下回位弹簧及限位套;

(4)从下端抽出阀芯(如需拆卸密封圈,可先取出衬套)。

装配顺序与上述的拆卸顺序相反。

二、液控单(双)向阀的拆装

(一)拆装要点

(1)为限制液压缸的运动速度,采用节流片进行调节。节流片安装在油管与七路阀相连接的油管接头内,拆卸时注意不可丢失。

(2)各组液控单(双)向阀在原则上是不能互换的,但在应急条件下,相同的元件可以互换或代用。例如,单作用控制活塞的第二路(收割台升降)和第五路(拨禾轮升降)可以代用,但和第七路(滚筒无级变速)不同,不能互换。

由于第二路尼龙提升阀芯(收割台升降)性质特殊,它不能与其他阀的阀芯通用,但其他各尼龙阀芯可以互换。将弹簧改成锥形弹簧(只有第七路是柱形弹簧),缓冲性能好,可以互换。阀座可以互换,双作用控制活塞可以互换。

(3)控制活塞应活动自如,不可卡滞。安装阀座时,不要损坏上面的O形圈。

(4)第一路和第六路为双液压锁,分别供过桥反吐装置和拨禾轮水平调整装置使用。如果第四路卸粮筒回转液压阀损坏,可以整体启用这两路阀,但需将节流片一同换上。另外,若单向液压锁损坏,可以用双向液压锁代用(将另一个油口堵死),但节流片必须按单向液压锁的要求进行安装。需要说明的是,以上所说的各种代用,可作短时应急之用,若长时间使用,会造成不良后果。

(二)拆装顺序

拆卸顺序如下:

(1)拆下油管接头;

(2)取出节流片(不要掉落);

(3)拆下阀体接头套(不要损坏O形圈和挡圈),倒出或用适当工具钩出间隔套,取出弹簧和提升阀阀芯;

(4)拆卸阀座(注意O形圈);

(5)取出控制活塞。

注意:若为双向液压锁,可从两头同时进行拆卸。

装配顺序与上述的拆卸顺序相反。

任务四　联合收获机液压操纵系统常见故障诊断与排除

一、拨禾轮的上升高度不够

当收割台升起时，拨禾轮不能升起，变速器也不能变速。其原因主要是油箱中的油太少，油路中的油压不足。应及时检查油箱的油位，不足时予以补充；若油管漏油或有脏物堵塞了油管，应更换、疏通油管。

二、收割台跳跃上升

造成收割台跳跃上升的主要原因是液压系统的油路中有空气。排出空气的方法是松开油管接头，把油管接头的外套螺母拧出 1.5～2.0 圈来向外放油，直到流出的油中无气泡为止，然后将外套螺母拧紧。

三、收割台上升迟缓

(1)油温过高，使液压油的黏度降低，油压下降，收割台上升迟缓。应更换标准的液压油，切不可用一般的机油代替。

(2)连接收割台的液压缸的油管被压损变形，使通过油管的油量减少，收割台升降缓慢。在这种情况下，应修复油管，使之恢复原状或更换新管。

(3)安全阀的密封性不好。原因是安全阀漏油或调整螺母调整不当，使高压油路的油压不足。检查时，可将安全阀拆开，用手锤垫上冲子轻轻打击阀珠，使阀珠与阀座紧贴、密封良好。当压力不够时，可以用专用扳手松开锁紧螺母，拧动调整螺母，使压力升高。一般应在试验台上进行调整。

(4)分配阀阀孔未对正。应检查分配阀阀杆轴向和径向的位置，并进行适当的调整。

(5)分配阀磨损，不能回位或回位不够，致使油液流动不畅通。当发现这种故障时，只要动一下分配阀手柄，使槽子对正，问题即可得到解决。

(6)齿轮泵壳体内腔磨损，间隙增大，或密封圈损坏，漏油严重，造成油路油压不足。排除方法是更换密封圈或齿轮泵。液压泵传动带太松也会引起泵的油量不足，使收割台上升缓慢，此时需将带轮张紧度加大。

四、收割台升起后不能下降或自动下降

收割台升起后不能下降的故障主要是因为操纵软轴的长度调整不当，使操纵杆位于中立位置而滑阀却位于下降位置，或者是因为七路阀中的收割台一路尼龙阀芯被烧损(发生油温过高故障)，卡在阀座上。收割台升起后自动下降，可能是因为操纵软轴的长度调整不当或单向阀(七路阀)尼龙阀芯被烧损，或单向阀(五路阀)钢球与阀座封闭不严。单向阀阀座上的 O 形圈损坏，也会造成收割台升起后自动下降。

五、拨禾轮故障

1. 拨禾轮转速不平稳

无级变速器内进入了空气。松开液压缸接头，排出空气，转速即可平稳。

2.拨禾轮不能升降

(1)液压缸和柱塞严重变形,造成拨禾轮不能升降,或因柱塞杆被油污卡住不能上升或下降。应成套地更换变形件或进行相关保养。

(2)拨禾轮支架被涂料层粘住(新车),或滑动支架被玉坏、变形而卡滞,不能滑行。应校正支架并对运动关节进行润滑。

六、JL-3080型联合收获机行走时自动降速

JL-3080型联合收获机行走时自动降速的可能原因及处理方法如下:

(1)当外部油管、接头及液压缸无泄漏时,可能是由于单向阀上的油封损坏造成控制阀内泄,应更换油封。分配器外表面上有三个罩帽,对着驾驶员一侧的是行走无级变速系统的单向阀罩帽;朝下方的是控制拨禾轮升降的单向阀罩帽;另一个在外侧的是控制收割台升降的单向阀罩帽。用扳手卸下行走无级变速系统的单向阀罩帽,取出弹簧及弹簧座,再用钳子夹出单向阀,便可更换油封。注意:不要丢失单向阀与转阀间的钢球。

(2)单向阀的锥面与分配器阀体锥面间有间隙。可将单向阀装入阀体后,用手锤向里打击单向阀,然后用钳子夹住单向阀沿顺时针和逆时针各旋转两周,最后拔出单向阀,检查单向阀锥面。如果锥面中部有研磨发亮的痕迹,说明单向阀与阀体间接触良好,不会造成泄漏。

(3)液压缸缸头漏油也是JL-3080型联合收获机行走自动降速的可能原因。液压缸缸头漏油可能是由于油封损坏造成的。更换该油封的方法是先将液压控制阀操纵手柄搬到行走无级变速的最低速位置(这样液压缸中的油不会溅出伤人),将液压缸缸头从无级变速中间盘的液压缸上卸下来。这时可以看见液压缸缸头与无级变速中间盘接触的端面上有一个卡簧,用卡簧钳卸下卡簧,取出间隔套,便可看到损坏的油封。用小钩子或针将油封挑出来,更换上新油封。注意:油封槽面应向外安装。

思考练习题

1. JL-1075型联合收获机液压操纵系统的作用是什么?它由哪几部分组成?
2. JL-3080型联合收获机液压操纵系统的作用是什么?它由哪几部分组成?
3. 简述JL-1075型联合收获机收割台升降液压系统的工作原理。
4. JL-1075型联合收获机的七路阀由哪几部分组成?
5. 拆装JL-1075型联合收获机的七路阀时,应注意哪些问题?
6. 当联合收获机收割台上升迟缓时,应该如何处理?
7. 当收割台升起后不能下降或自动下降时,应该如何处理?
8. 简述JL-1075型联合收获机七路阀中安全阀的工作过程。
9. 简述JL-3080型联合收获机液压操纵系统的工作原理。

项目十一　液压转向系统检修

在拖拉机、自走式收获机等轮式农业机械上，为了减小驾驶员操作方向盘所需要的力，广泛采用了液压转向系统。对于安装了液压转向系统的农业机械，驾驶员操纵方向盘的力只用于克服移动阀的阻力，而推动车轮克服转向阻力(车轮偏转的动力)则是由油泵供给压力油来实现的。因此，当驾驶员操纵方向盘时，用比较小的力就可以灵活地使重型车辆及大型的拖拉机、自走式收获机实现转向。液压转向系统可分为全液压转向系统和半液压转向系统。全液压转向系统一般是指采用全液压转向器的液压转向系统，半液压转向系统一般是指采用转向助力器的液压转向系统。全液压转向系统操作轻便，部件布置合理，转向可靠，被广泛应用在大中型轮式拖拉机上。

任务一　全液压转向系统

图 11-1 所示为上海纽荷兰 SNH800 拖拉机的全液压转向系统，它主要由转向油缸 1、方向盘 2、液压转向器 3(转向控制阀)、储油罐 4、转向油泵 5 等组成。液压转向器 3 与方向盘 2 连接在一起，转向油缸 1 与转向臂相连。液压转向器 3 连接四根油管，其中 A、B 油口(图 11-1 中未标示)两根油管的另一端按转向要求与转向油缸相应的油口相连，O(或 T)油口(图 11-1 中未标示)油管的另一端与油箱相连，P 油口(图 11-1 中未标示)油管的另一端与转向油泵的出油口相连。转向油泵进口与油箱间连有一根油管。根据工作的需要，一般由两个后轮驱动的拖拉机多采用单油缸型式，而由四轮驱动的拖拉机多采用双油缸型式。

1—转向油缸；2—方向盘；3—液压转向器；4—储油罐；5—转向油泵

图 11-1　上海纽荷兰 SNH800 拖拉机的全液压转向系统

任务二　全液压转向器

一、全液压转向器的结构

全液压转向器用于控制转向油缸的动作，实现液压转向；当转向油泵停止供油时，实现手动转向。全液压转向器通过螺钉固定在转向支架上，由转向阀和摆线齿轮马达组成。全液压转向器零件分解轴测图如图 11-2 所示，全液压转向器的结构如图 11-3 所示。

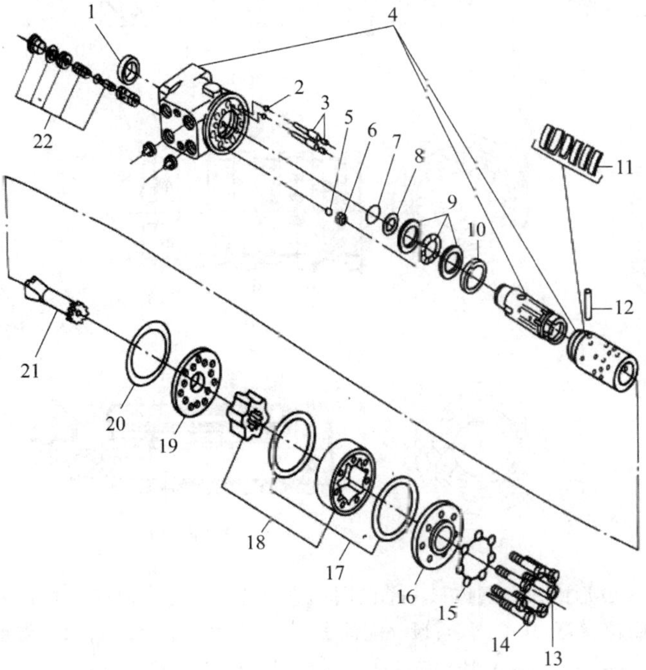

1—防尘圈；2—回流阀球；3—回流阀销；4—阀体、阀芯和阀套；5—单向阀球；6—单向阀螺塞；7、17、20—O 形圈；8—密封支撑环；9—止推轴承零部件；10—回位弹簧固定环；11—回位弹簧；12—轴销；13—端盖固定螺栓；14—单向阀定位螺钉；15—垫圈；16—端盖；18—定子和转子；19—配油盘；21—传动轴；22—安全阀组件

图 11-2　全液压转向器零件分解轴测图

(一)转向阀

转向阀包括阀体、阀套、阀芯、钢片式回位弹簧等。阀体上有四个油口，在进油口和回油口之间装有单向阀。阀体内圆沿圆周均布七个油孔[图 11-3(e)]，并分别通往摆线齿轮马达的七个工作腔。

阀套外表面上有四个凸肩和四个环槽。环槽[图 11-3(i)]上的六个孔 f 与阀体上的回油口相通。环槽[图 11-3(e)]上有两排(每排六个)12 个孔 e，始终与阀体上的油口 B 相通。环槽[图 11-3(f)]上有两排(每排六个)12 个孔 d，始终与阀体上的油口 A 相通。最下面环槽上有六个孔 b 和两排密集小孔 a，始终与阀体上的进油口 P 相通。凸肩上的 12 个孔 c 按排列顺序可分为单数孔与双数孔，如果单数孔中有几个孔与摆线齿轮马达的进油腔相通，则双数孔中便有几个孔与摆线齿轮马达的排油腔相通。

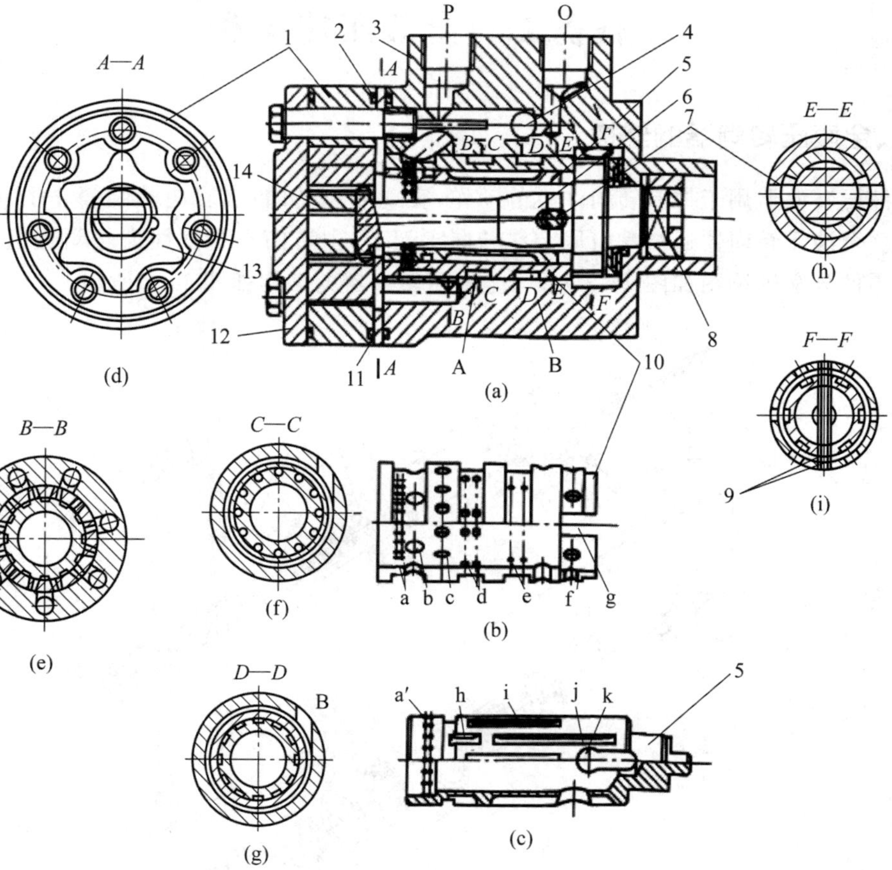

1—定子；2—O形圈；3—阀体；4—单向阀；5—阀芯；6—传动轴；7—轴销；8—连接块；
9—回位弹簧；10—阀套；11—配油盘；12—端盖；13—转子；14—支承套；
A、B—油口；P—进油口；O—回油口；
a—阀套双排小孔；a′—阀芯双排小孔；b—阀套6个大孔（与阀体h孔相通）；c—阀套12个孔；
d—阀套6个双排孔（与c的双号孔对应）；e—阀套6个双排孔（与c的单号孔对应）；
f—阀套6个孔（与阀体上的回油口相通）；g—阀套横向切槽；h—阀芯6条短轴向切槽；
i—阀芯6条中间轴向切槽；j—阀芯6条长轴向切槽；k—阀芯轴销孔

图11-3　全液压转向器的结构

阀芯上有短轴向、中间轴向和长轴向三种轴向切槽，每种槽各有六条。端部圆周上有两排密集小孔a′与阀芯的内腔相通。

当阀芯处于中间位置时，其上的三种切槽均被阀套封闭，端部两排的小孔a′与阀套上的两排小孔a对应重合。当阀芯处于左或右转向工作时，槽h将阀套孔b和孔c的单数孔或双数孔沟通；槽i将阀套的双排孔d或e与孔c的双数孔或单数孔沟通；槽j将阀套的双排孔e或d与孔f沟通；孔k将其中心孔与回路油口沟通。

阀套与阀芯相配合装在阀体内，二者用轴销连接，将钢片回位弹簧组穿入阀芯的长孔和阀套的横向切槽中，以保证中间位置。

（二）摆线齿轮马达

摆线齿轮马达包括定子、转子、配油盘、端盖、传动轴等。定子、配油盘及端盖用螺钉固定在转向阀体上，转子装在定子内。传动轴的一端和转子相连，另一端通过轴销和阀套相连。

定子内圆上有七个内齿，转子外圆上有六个外齿，转子以偏心距为半径围绕定子中心转动。由于二者相差一个齿，由图 11-4 可以看出，当转子以图 11-4(a)所示的位置为始点，绕着定子的轴线顺时针沿定子的各个齿转动一周时，转子同时绕自身轴线沿逆时针方向转过一个齿[见图 11-4(b)中带黑点的齿的运动规律]。如果转子绕定子轴线转六周，则转子绕自身轴线以相反的方向转过六个齿，即转子绕自身轴线旋转一周。把转子围绕定子轴线的转动叫作公转，绕自身轴线的转动叫作自转，则其运动规律是转子自转一周的同时绕定子公转六周，即转子的公转转速是其自转转速的 6 倍，且二者的旋转方向相反。

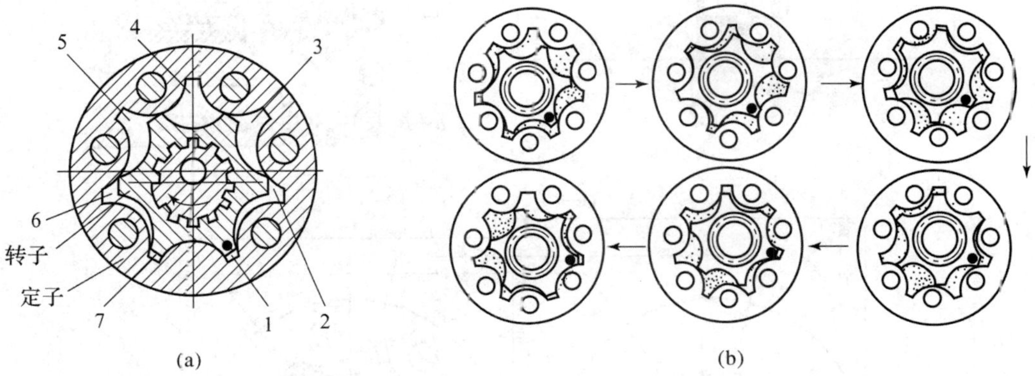

1、2、3、4、5、6、7—摆线齿轮马达的 7 个油腔，分别与阀体上的 7 个油道相通

图 11-4 摆线齿轮马达的工作原理

摆线齿轮马达的齿面形状保证转子轴线上的每一点均可成为啮合点，因而定子与转子之间在任何时候都可形成七个相互隔开的油腔，这七个油腔的容积随着转子的转动而变化。转子公转一周，从七个油腔中各排出一次油液；转子自转一周，则从 6×7＝42 个油腔中排油。因此，这种马达单位体积的排量大，以适应手动转向供油。

摆线齿轮马达的配油是通过配油盘和阀体上均布的七个油孔及阀套上的油孔来实现的。当压力油通过配油盘进入摆线齿轮马达七个腔中的某几个油腔时，另外几个油腔向外排油。

摆线齿轮马达转子的自转轴线是不固定的，因此和它相连接的传动轴的一端被制成圆弧形渐开线花键，插在转子的花键孔中；另一端通过缺口和轴销相连。当转子转动时，通过传动轴和轴销带动阀套一齐转动。

二、全液压转向器的工作原理

(一)中立位置

方向盘不动，阀芯和阀套在钢片弹簧的作用下处于图 11-5 所示的相对位置。由转向泵来的压力油从阀体上的油口 P 依次经阀套和阀芯相互重合的孔 a 和 a′、阀芯中心、阀芯孔 k、阀套孔 f、槽 g、阀体油口 O 流回油箱。此时，阀套上的 12 个孔 c 均被封闭，也无工作油流动，因而转向油缸不动作，转向轮保持直线行驶或某个转弯半径的行驶状态。

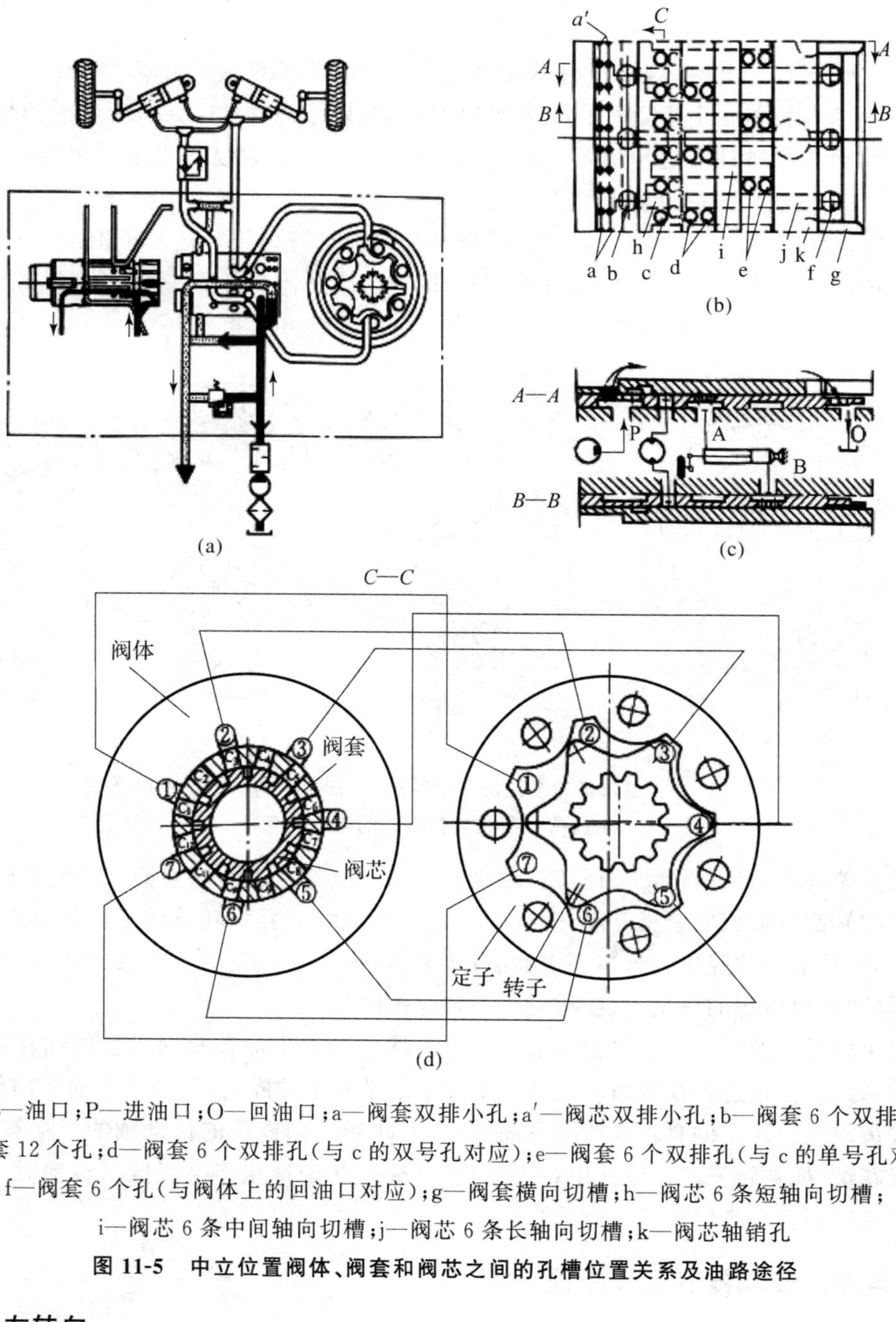

A、B—油口；P—进油口；O—回油口；a—阀套双排小孔；a′—阀芯双排小孔；b—阀套 6 个双排孔；c—阀套 12 个孔；d—阀套 6 个双排孔（与 c 的双号孔对应）；e—阀套 6 个双排孔（与 c 的单号孔对应）；f—阀套 6 个孔（与阀体上的回油口对应）；g—阀套横向切槽；h—阀芯 6 条短轴向切槽；i—阀芯 6 条中间轴向切槽；j—阀芯 6 条长轴向切槽；k—阀芯轴销孔

图 11-5　中立位置阀体、阀套和阀芯之间的孔槽位置关系及油路途径

（二）左转向

方向盘向左转动，阀芯随方向盘作逆时针旋转，阀套因和摆线齿轮马达的转子相连而暂时不转动。左转向时阀体、阀套和阀芯之间孔槽的位置关系如图 11-6 所示。阀套和阀芯的孔 a 和 a′错开，截断通往阀芯中心的压力油。由转向泵来的压力油从阀体上的进油口 P 依次经阀套上的孔 b、阀芯上的槽 h、阀套上的双号孔 c_2、c_4、c_6、c_8、c_{10}、c_{12} 中相邻的两个或三个孔、阀体上七个孔中相邻的两个或三个孔、配油盘上与阀体对应的两个或三个孔进入摆线齿轮马达相邻的两个或三个油腔。此时，这两个或三个油腔为进油腔。摆线齿轮马达另外两个或三个油

腔的油，依次经与配油盘对应的两个或三个孔、阀体上对应的两个或三个孔、阀套上的单号孔 c_1、c_3、c_5、c_7、c_9、c_{11} 中相邻的两个或三个孔、阀芯槽 i、阀套双排孔 c、阀体油口 B 进入转向油缸无杆腔，推动活塞，使车轮向左偏转。从转向油缸有杆腔回来的油依次经阀体油口 A、阀套双排孔 d、阀芯槽 j 和回油口 O 回到油箱。

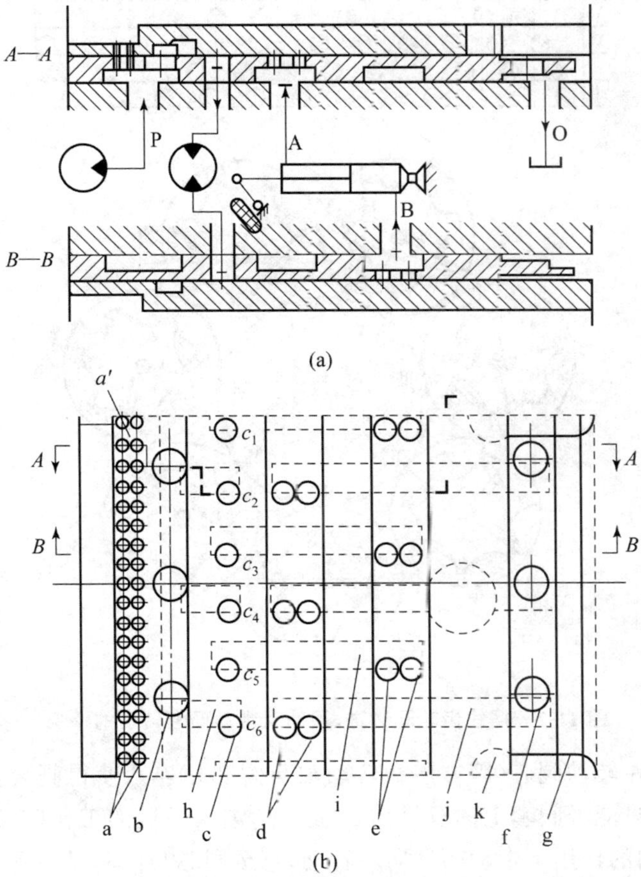

A、B—油口；P—进油口；O—回油口；a—阀套双排小孔；a′—阀芯双排小孔；b—阀套 6 个双排孔；c—阀套 12 个孔；d—阀套 6 个双排孔（与 c 的双号孔对应）；e—阀套 6 个双排孔（与 c 的单号孔对应）；f—阀套 6 个孔（与阀体上的回油口对应）；g—阀套横向切槽；h—阀芯 6 条短轴向切槽；i—阀芯 6 条中间轴向切槽；j—阀芯 6 条长轴向切槽；k—阀芯轴销孔

图 11-6　左转向时阀体、阀套和阀芯之间孔槽的位置关系

当向左转动方向盘时，阀芯的转动使阀套上的双号孔 c_2、c_4、c_6、c_8、c_{10}、c_{12} 通高压油，摆线齿轮马达在此高压油的作用下转动。摆线齿轮马达的转动又通过传动轴和轴销使阀套转动，其转动情况如图 11-7 所示。图 11-7(a)所示为阀套上的 $c_1 \sim c_{12}$ 孔所在剖面的展开图，图 11-7(b)所示为摆线齿轮马达的轴向投影图。图 11-7(a)中的Ⅰ～Ⅶ表示当方向盘（或马达转子）在连续不同的转动角度下，阀体上（与摆线齿轮马达各腔相通）的七个孔与阀套上 $c_1 \sim c_{12}$ 孔的连通情况。上部阀体七个孔的号码与下部摆线齿轮马达各腔的号码一一对应；在阀套上的 $c_1 \sim c_{12}$ 孔中，带线状剖面者与阀体的进油口 P 相通，带点状剖面者与油缸相通。

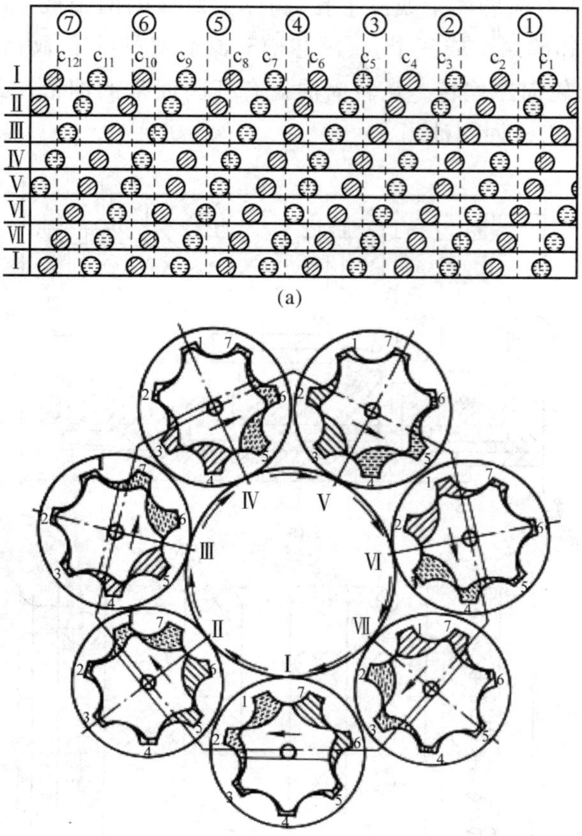

(a)

(b)

图 11-7　摆线齿轮马达进、回油及带动阀套转动的情况

在位置Ⅰ时，向左转动阀芯（因方向盘转动轴与阀芯相连），使得阀套上的双号孔 c_2～c_{12} 通高压油，但高压油只能经阀套上的双号孔 c_8、c_{10}、c_{12} 进入马达的工作腔 5、6、7。马达转子便在 5、6、7 腔中高压油的作用下带动阀套向左转动，直至阀芯与阀套又回到中立状态时（如前所述，中立位置时高压油不能进入 c 孔）的位置Ⅱ。此时，若继续向左转动阀芯，仍会使阀套上的双号孔 c_2～c_{12} 通高压油，并只能经 c_6、c_8、c_{10} 进入马达的工作腔 4、5、6。马达转子在 4、5、6 腔中高压油的作用下继续带动阀套转至位置Ⅲ。如此连续转动，从位置Ⅰ→Ⅱ→Ⅲ→…→位置Ⅰ时，马达转子转过一个齿即 1/6 周，阀套转过两个孔，也是 1/6 周。在摆线齿轮马达转动的过程中，排油腔[图 11-7(a)中点状剖面的油腔]中的油液经单号孔 c_1～c_{11} 进入油缸。方向盘每转过一个角度，转子、阀套都转过一个相应的角度，进入摆线齿轮马达和从摆线齿轮马达排出的油液体积也是一定的，从而保证了流进转向油缸的油液流量与方向盘的转角成正比。

（三）右转向

右转向时阀体、阀套和阀芯之间的孔槽位置关系及油路途径如图 11-8 所示。转向过程与左转向时的情形相同，只是油液流动的方向不同。转向油缸与马达进、出口油液的流动方向正好与图 11-6 所示的方向相反，其油路途径不再叙述。

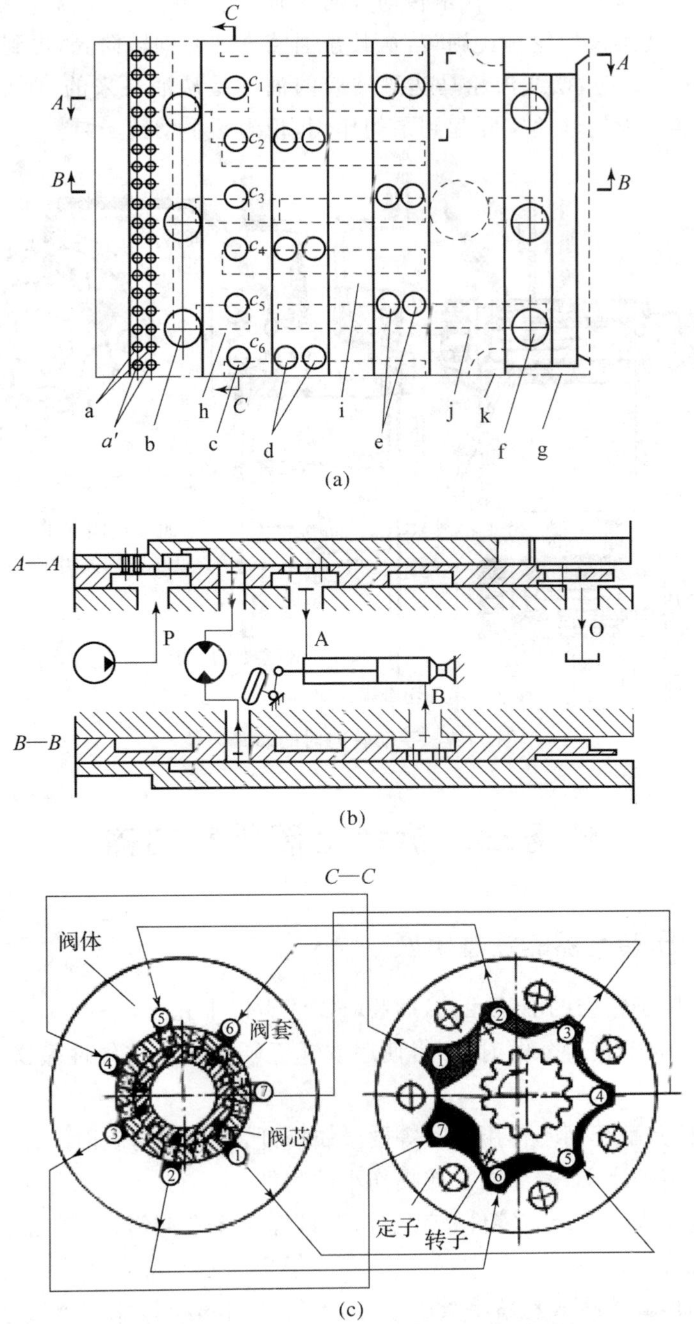

A、B—油口；P—进油口；O—回油口；a—阀套双排小孔；a′—阀芯双排小孔；b—阀套 6 个双排孔；c—阀套 12 个孔；d—阀套 6 个双排孔(与 c 的双号孔对应)；e—阀套 6 个双排孔(与 c 的单号孔对应)；f—阀套 6 个孔(与阀体上的回油口对应)；g—阀套横向切槽；h—阀芯 6 条短轴向切槽；i—阀芯 6 条中间轴向切槽；j—阀芯 6 条长轴向切槽；k—阀芯轴销孔

图 11-8　右转向时阀体、阀套和阀芯之间的孔槽位置关系及油路途径

(四)手动转向(紧急转向)

当发动机因故障不能工作或转向泵损坏时，因转向系统未设辅助油泵而没有压力油源，这

时可进行手动转向。手动转向的过程是转动方向盘时通过连接块使阀芯转动，阀芯通过轴销、阀套、传动轴直接带动摆线齿轮马达旋转，从其排油腔排油回到转向阀，再到转向油缸，其油路途径如图 11-9 所示。此时，摆线齿轮马达进油腔的油不是从油泵来的，而是从回油口经单向阀补来的。显然，摆线齿轮马达实际起到泵的作用，相当于手动转子泵。

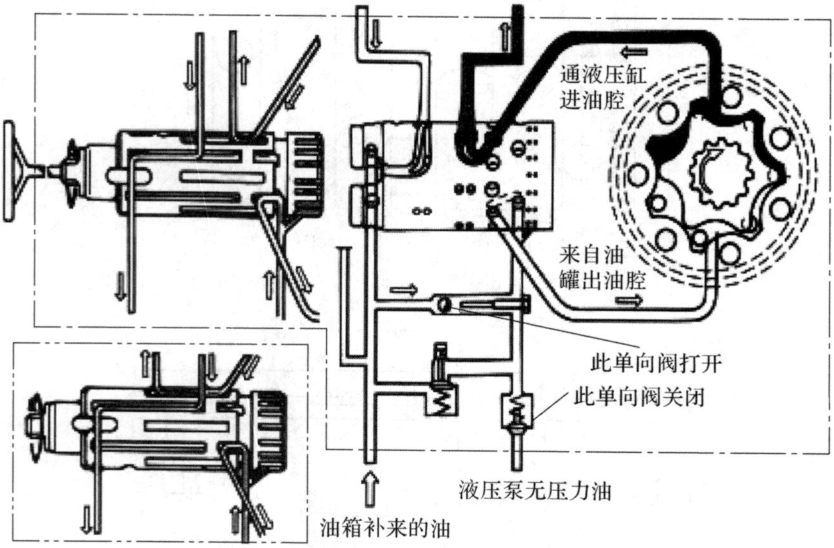

图 11-9　手动转向时的油路途径

任务三　拆装全液压转向器

一、拆装全液压转向器的注意事项

全液压转向器属于精密的液压元件，拆装时需注意以下几点：

(1)将全液压转向器进行分解时，不得使用铁锤等硬金属物件硬性敲击，应使用铜棒或橡胶锤轻轻敲击。

(2)密封面或精密配合面不得用起子等硬金属撬开，以免划伤表面。

(3)拆装时，要格外小心，避免弄丢或损伤小的物件。

(4)装配前，应彻底清洗所有零件；装配时，密封件应涂上润滑油，精密配合件可用手直接推入，不得硬性敲击。

(5)装配时，不得戴棉线等易落毛渣的手套，不得使用棉纱等抹布擦拭密封或精密配合表面，不得在灰尘密布的环境下进行装配。

二、在车上拆下全液压转向器

在车上拆下全液压转向器的步骤如下：

(1)将工具箱与其相关的支架分开。

(2)拆下仪表板上的左侧板和右侧板，如图 11-10 所示。

(3)拆下转向机柱筒，如图 11-11 所示。

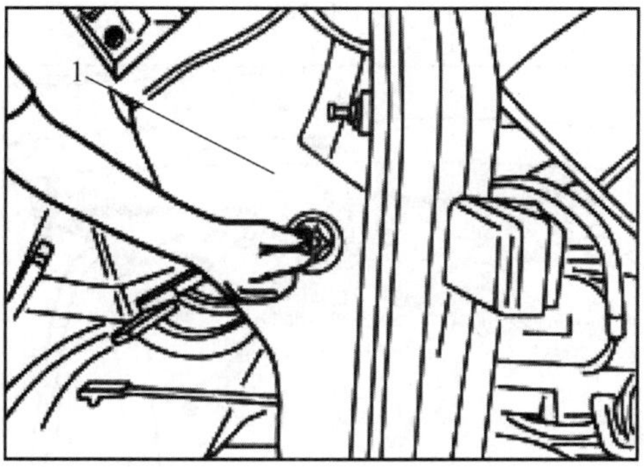

1—左侧板和右侧板

图 11-10　拆下仪表板上的左侧板和右侧板

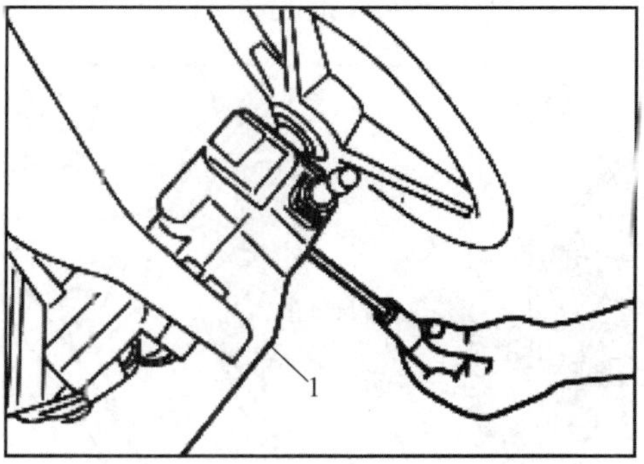

1—转向机柱筒

图 11-11　拆下转向机柱筒

(4)旋开将灯组固定到转向柱上的固定螺栓，如图 11-12 所示。

(5)断开拖拉机启动装置上的线束插头，如图 11-13 所示。

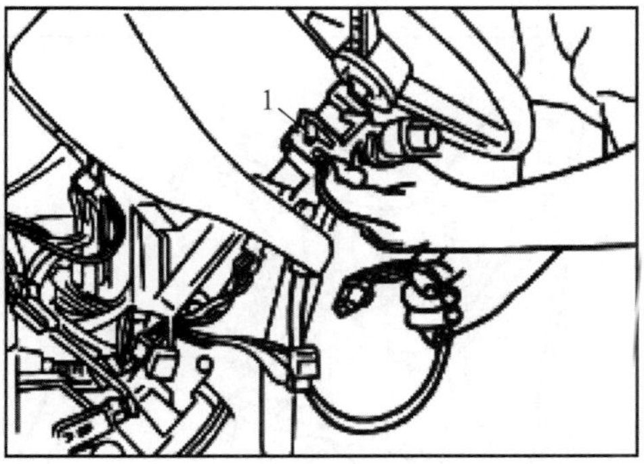

1—灯组固定螺栓

图 11-12　旋开灯组固定螺栓

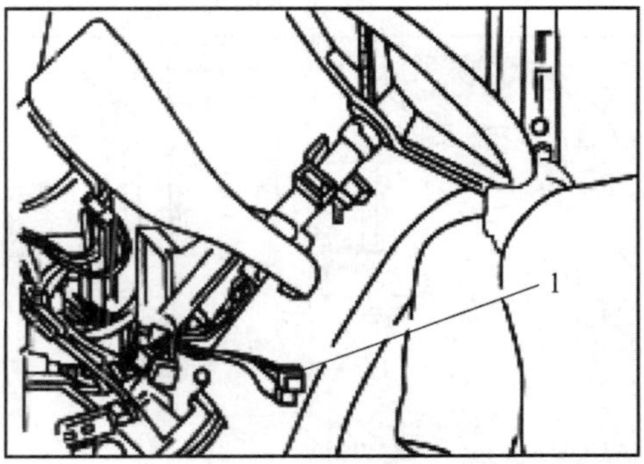

1—线束插头

图 11-13　断开线束插头

(6)从全液压转向器内拔出转向机柱轴锁定销，并旋开四个控制阀固定螺栓，如图 11-14 所示。

(7)旋开转向机柱固定螺栓，如图 11-15 所示。

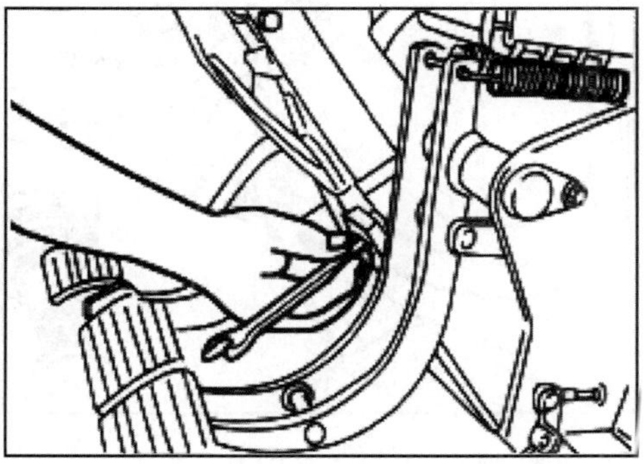

图 11-14　旋开四个控制阀固定螺栓

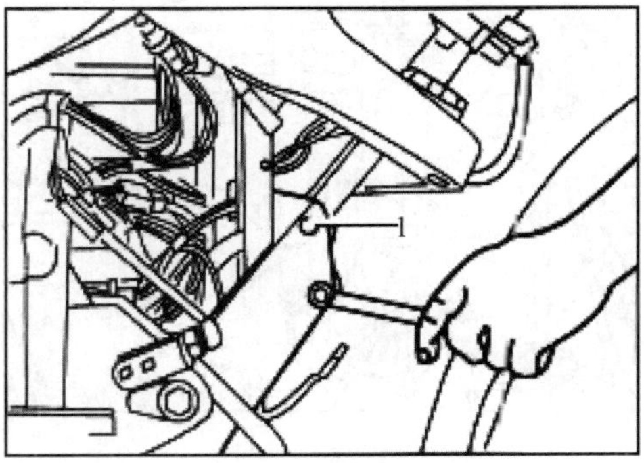

1—转向机柱固定螺栓

图 11-15　旋开转向机柱固定螺栓

(8)拆下转向机柱，为拆除全液压转向器创造更多的空间，如图 11-16 所示。

(9)拆下排气管,抬起机盖并断开前大灯的线束插头,如图 11-17 所示。

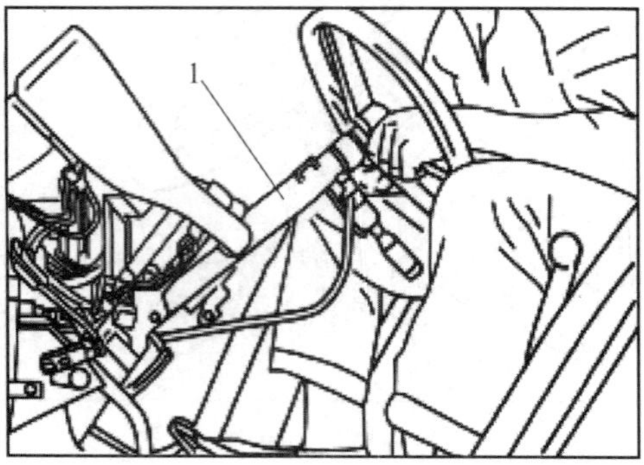

1—转向机柱

图 11-16　拆下转向机柱

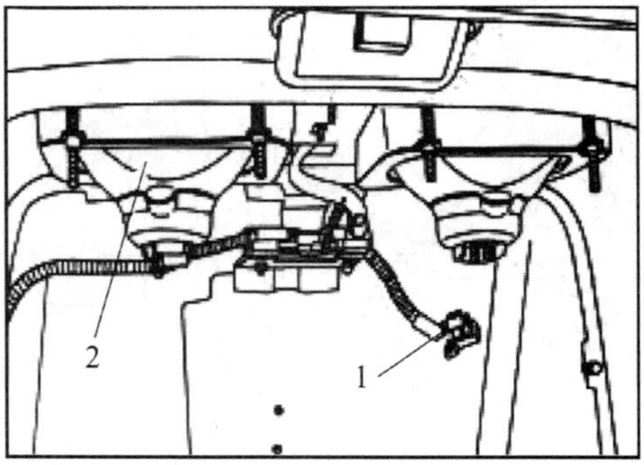

1—线束插头;2—前大灯

图 11-17　断开前大灯的线束插头

(10)将气弹簧从机盖上分离,如图 11-18 所示。

(11)旋开四个枢轴螺栓,并拆下机盖,如图 11-19 所示。

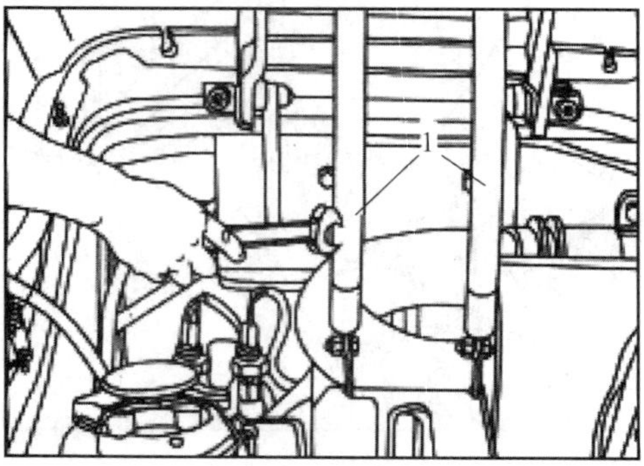

1—气弹簧

图 11-18　将气弹簧从机盖上分离

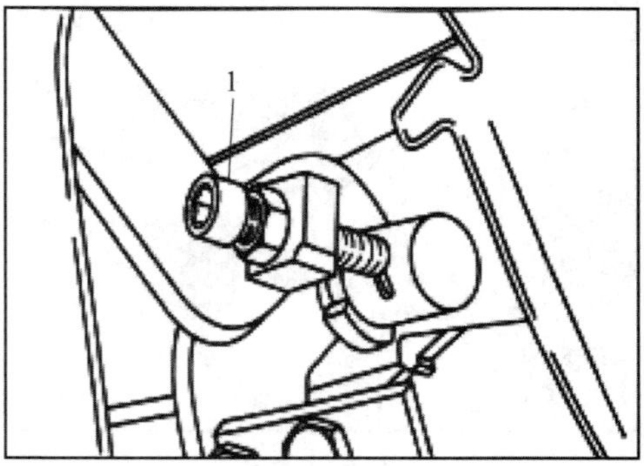

1—枢轴螺栓

图 11-19　拆下机盖

(12)分离机盖底座的后支架,如图 11-20 所示。

(13)断开进、回油管与液压转向油缸的连接,分离夹钳,如图 11-21 所示。

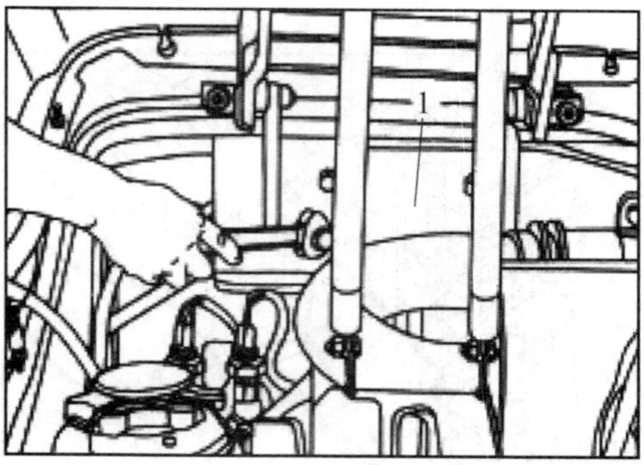

1—后支架

图 11-20　分离机盖底座的后支架

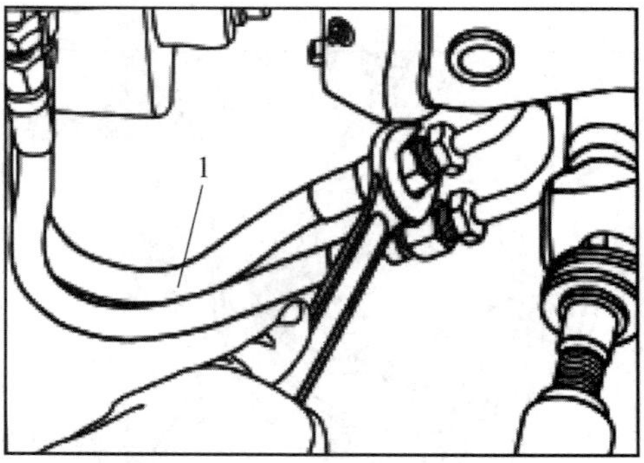

1—进、回油管

图 11-21　断开液压转向油缸的连接油管

(14)抬起驾驶室地板,旋开两个将驾驶室固定到相应底座的螺栓(一边一个),如图 11-22 所示。

(15)从前面将驾驶室抬起大约 6 cm,如图 11-23 所示。

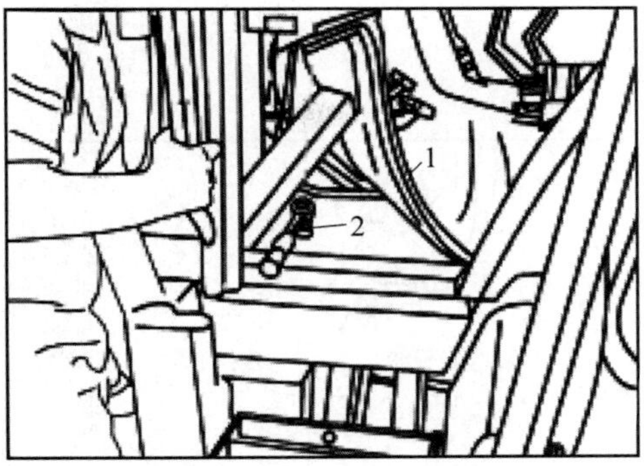

1—驾驶室地板;2—连接螺栓

图 11-22　旋开驾驶室与底座的连接螺栓

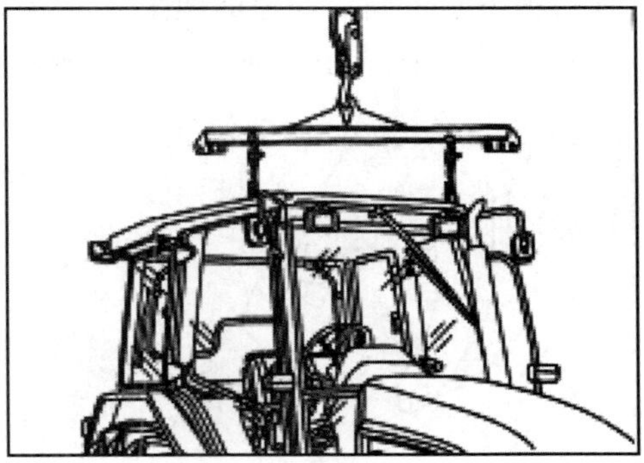

图 11-23　吊起驾驶室

(16)从前面拆下全液压转向器总成,如图 11-24 所示。

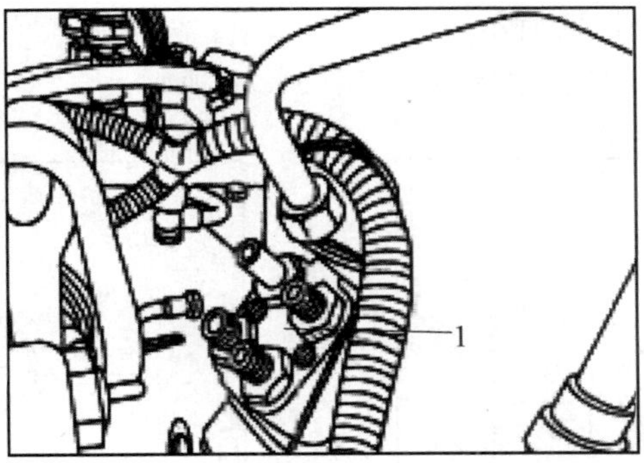

1—全液压转向器

图 11-24　拆下全液压转向器总成

三、全液压转向器的拆卸

拆卸全液压转向器的步骤如下:

(1)拆下盖固定螺栓,如图 11-25 所示。

(2)将盖滑向一侧取下,如图 11-26 所示。

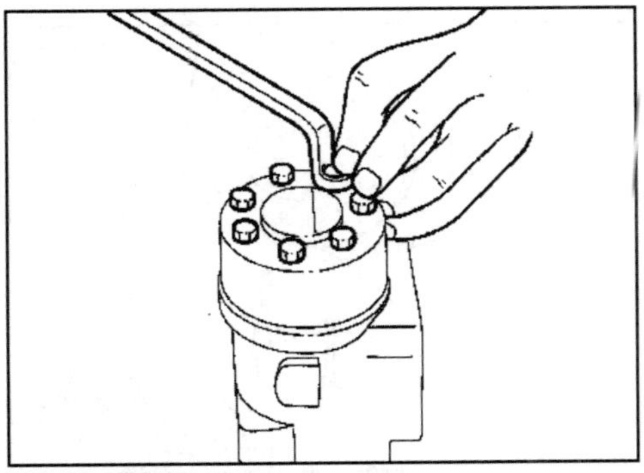

图 11-25　拆下盖固定螺栓

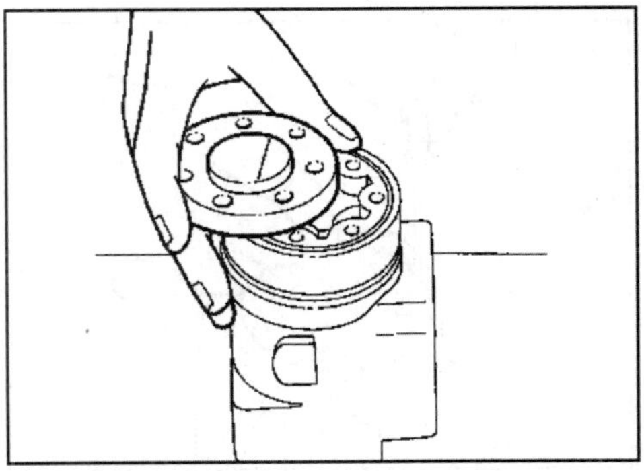

图 11-26　将盖取下

（3）拆下定子、转子和内垫片，如图 11-27 所示。

（4）拆下转子固定环上的两个 O 形圈。

（5）拔出转子传动轴，如图 11-28 所示。

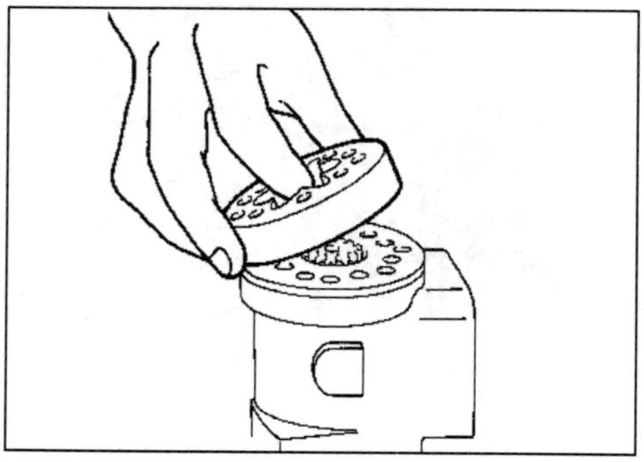

图 11-27　拆下定子、转子和内垫片

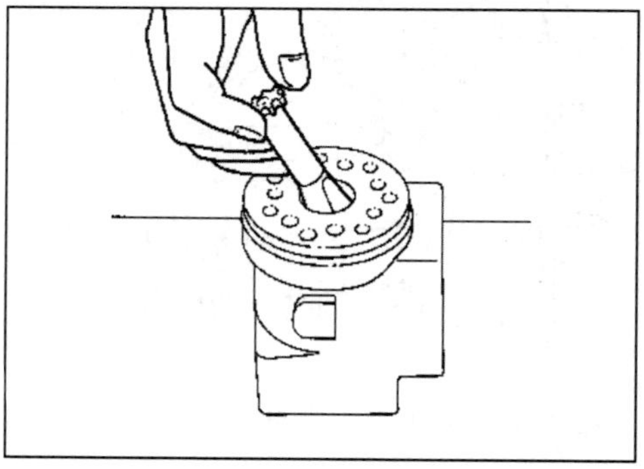

图 11-28　拔出转子传动轴

（6）取下配油盘，如图 11-29 所示。

（7）用起子拆下单向阀阀座上的螺塞，如图 11-30 所示。

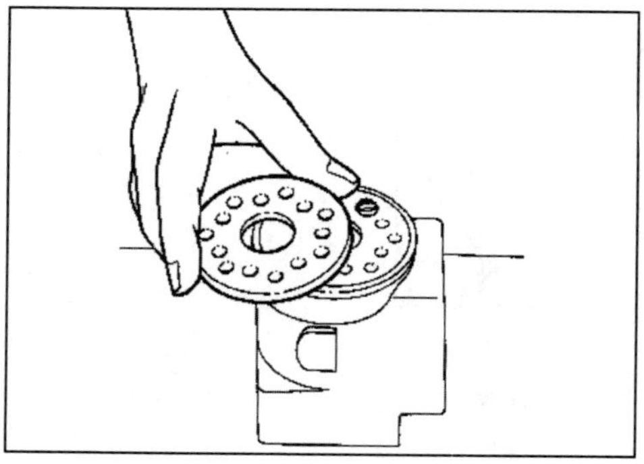

图 11-29　取下配油盘

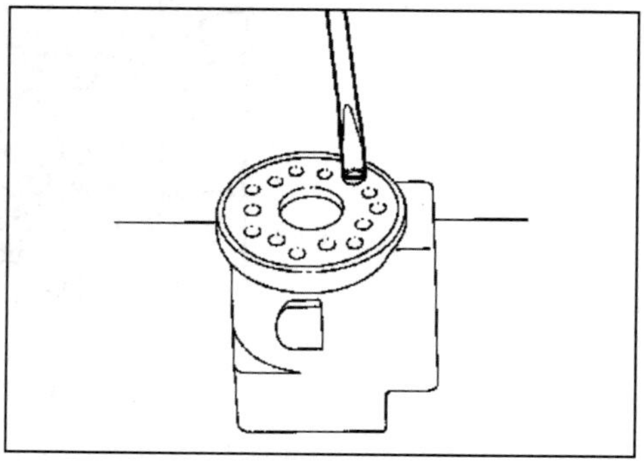

图 11-30　拆下单向阀阀座上的螺塞

（8）从阀体上拔出 O 形圈，如图 11-31 所示。

（9）旋转控制阀体，并取出单向阀的钢球和两个带有相应销、钢球、弹簧的回流阀，如图 11-32 所示。

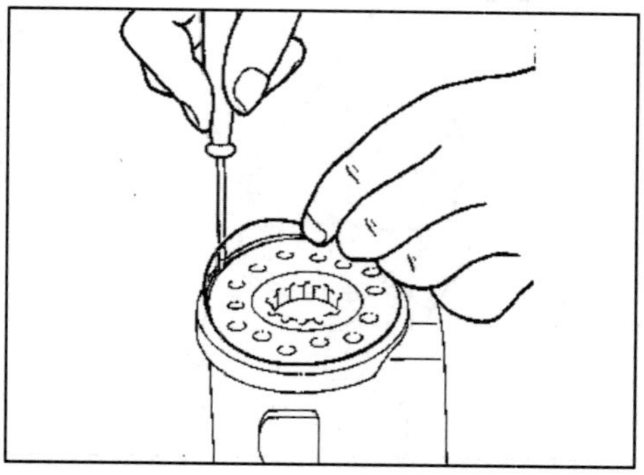

图 11-31　拔出 O 形圈

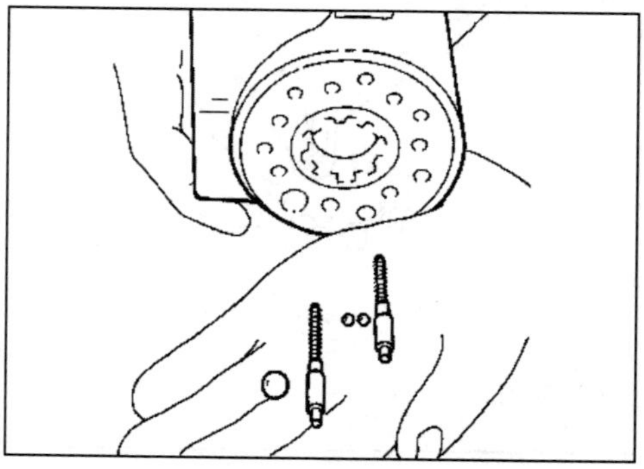

图 11-32　取出单向阀的钢球和回流阀

(10)定位阀体和转子传动轴,以使阀套上的轴销位于水平位置,如图 11-33 所示。

(11)向内推动转阀,以使阀芯、阀套和止推轴承可以从阀体中被拔出。

(12)从转阀中拔出止推轴承连同两个外部环,从阀套上拆下钢片弹簧固定环,如图 11-34 所示。

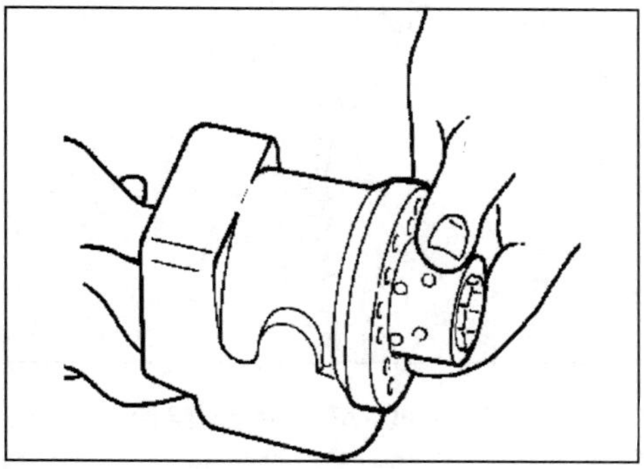

图 11-33　定位阀体于水平位置

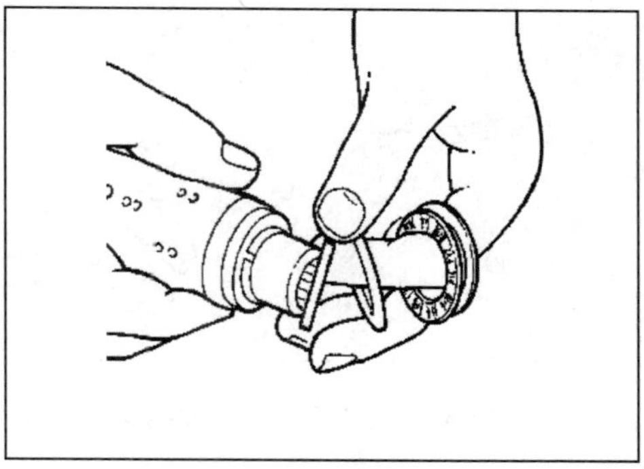

图 11-34　从转阀中拔出止推轴承连同两个外部环

(13)从阀套上拆下轴销,如图 11-35 所示。

(14)从阀套上拔出阀芯,如图 11-36 所示。

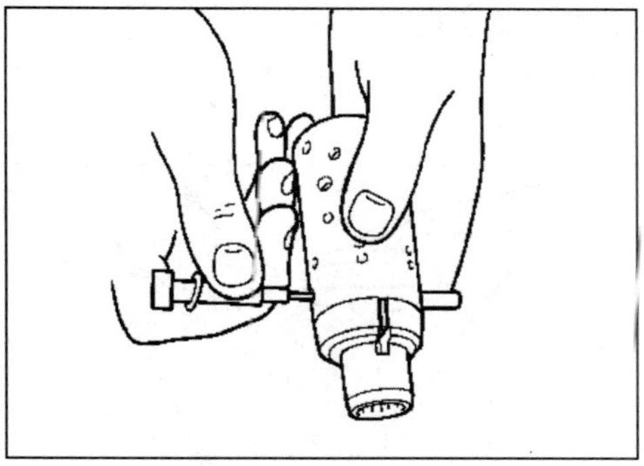

图 11-35　拆下轴销

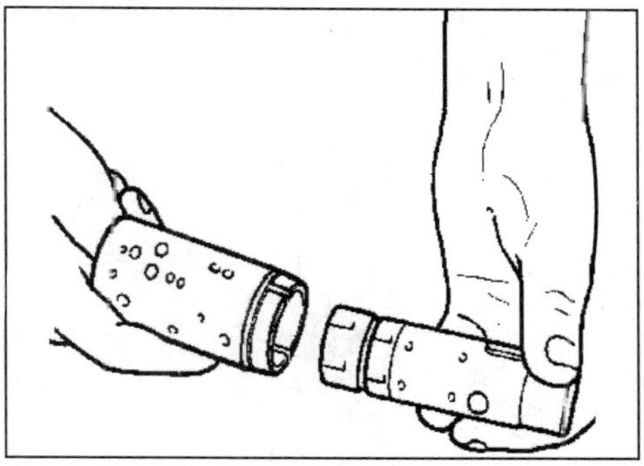

图 11-36　拔出阀芯

(15)拆下钢片弹簧,并将它们从底座上拔出,如图 11-37 所示。

(16)在阀体的底座上拆下防尘密封圈和 O 形圈,如图 11-38 所示。

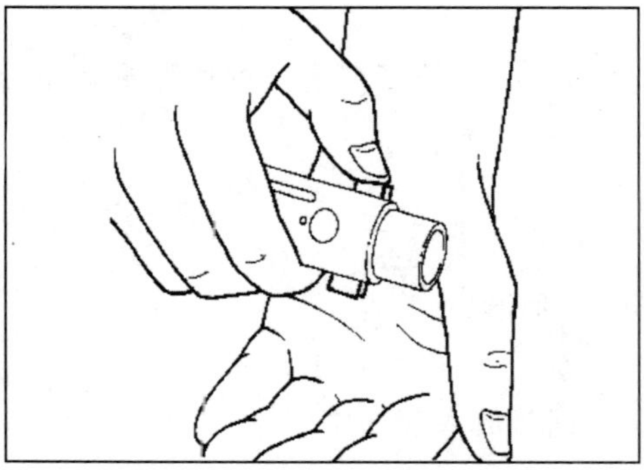

图 11-37　拆下钢片弹簧

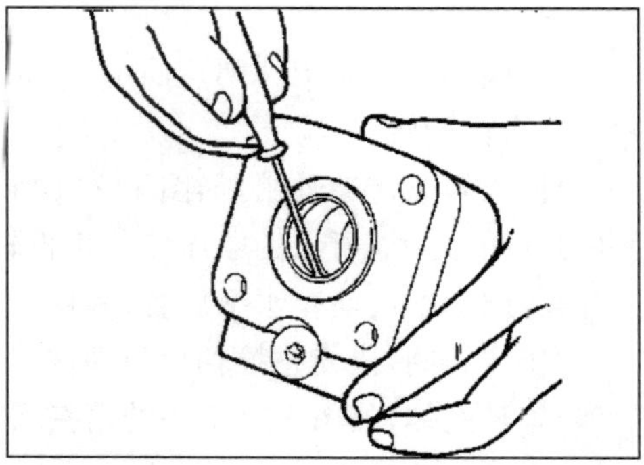

图 11-38　拆下防尘密封圈和 O 形圈

(17)拆下安全阀上的螺塞,并拔出密封垫圈,如图 11-39 所示。

(18)拆下安全阀调节螺钉,取出安全阀组件,如图 11-40 所示。

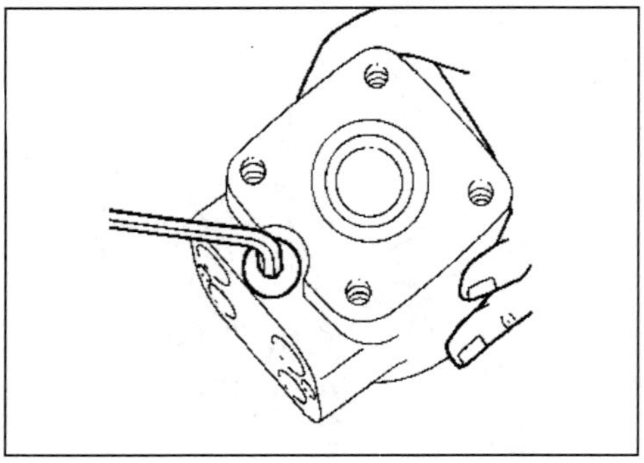

图 11-39　拆下安全阀上的螺塞

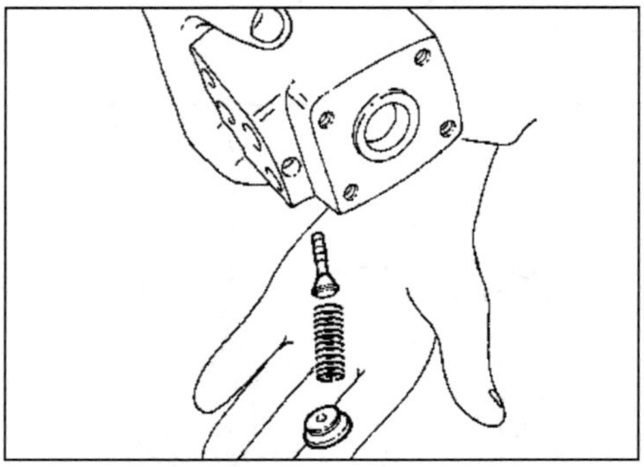

图 11-40　取出安全阀组件

四、全液压转向器的装配

装配全液压转向器的步骤如下:

(1)将阀芯安装到阀套内,检查与图 11-41 所示相同的参照标记。

(2)在底座内插入钢片弹簧,使钢片弹簧排列并居中,如图 11-42 所示。

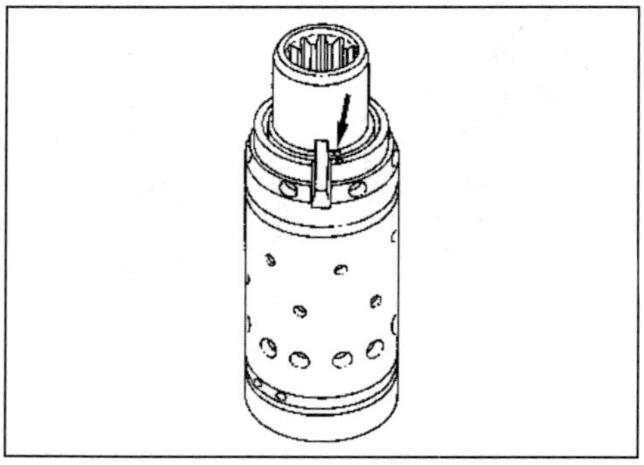

图 11-41　将阀芯安装到阀套内

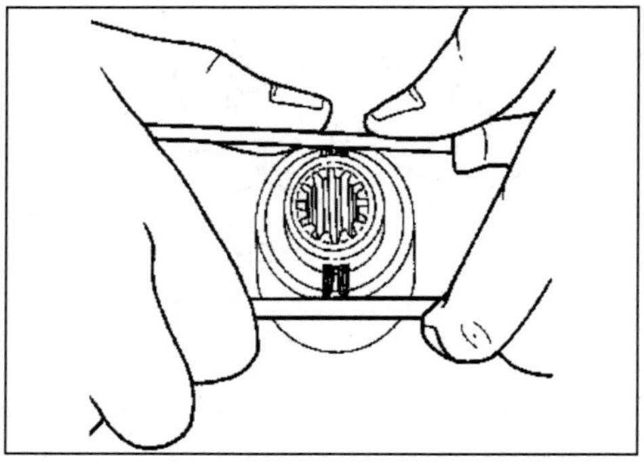

图 11-42　安装钢片弹簧

(3)在阀套上安装钢片弹簧固定环,如图 11-43 所示。固定环需在不被钢片弹簧阻止的情况下可以自由旋转。

(4)插入转子传动轴销,如图 11-44 所示。

(5)按图 11-45 所示的顺序安装止推轴承。

(6)将阀套上的底座水平放置,利用专用工具安装 O 形圈。

(7)压住转阀,以使止推轴承与阀体接触,同时挤出专用工具,如图 11-46 所示。

(8)旋转阀体,如图 11-47 中的箭头所示,将单向阀钢球放入底座中。

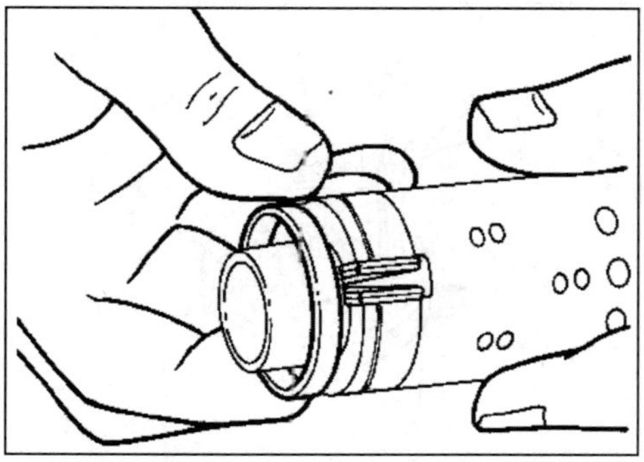

图 11-43 安装钢片弹簧固定环

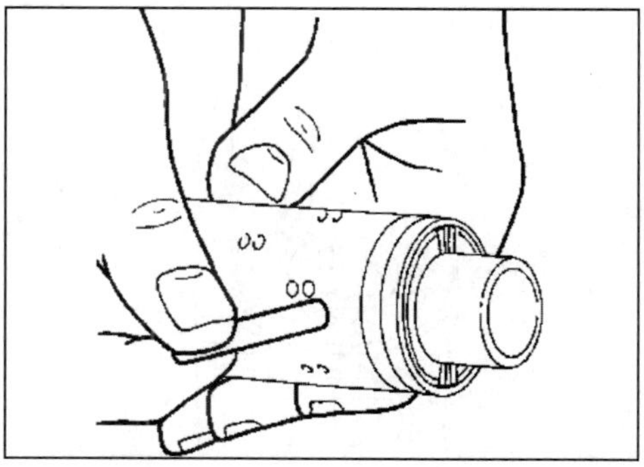

图 11-44 插入转子传动轴销

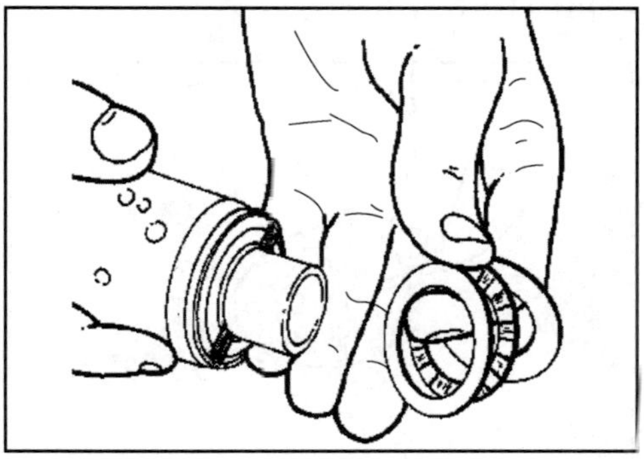

(a)

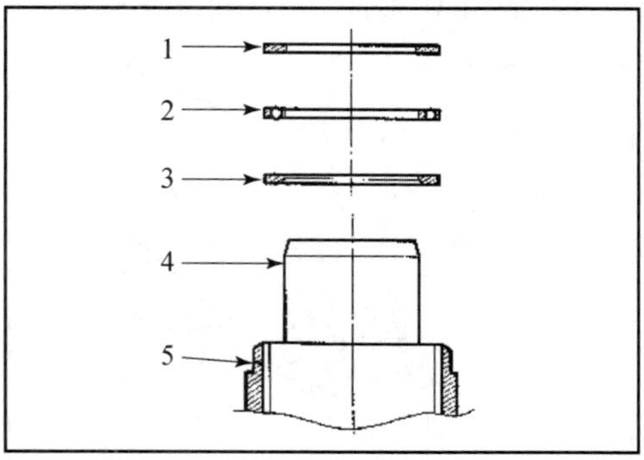

(b)

1—轴承外环;2—止推轴承;3—轴承内环;4—阀芯;5—阀套

图 11-45 安装止推轴承

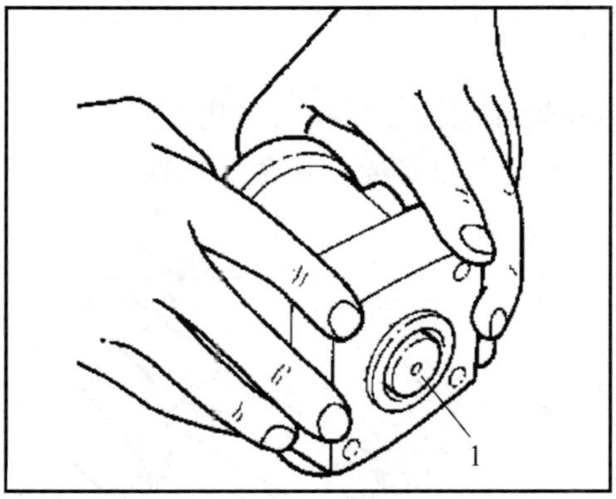

1—专用导向工具

图 11-46 挤出专用导向工具

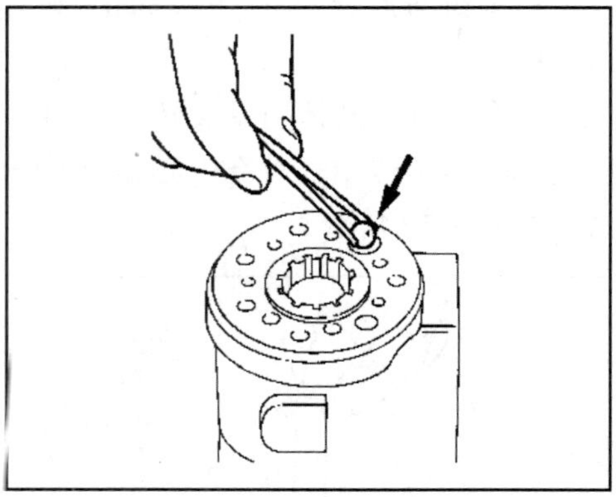

图 11-47 放入单向阀钢球

(9)将单向阀螺塞拧在单向阀阀座上,直到其上表面在阀体的表面之下,如图 11-48 所示。

(10)如图 11-49 中的箭头所示,将回流阀钢球放入两个阀座中。

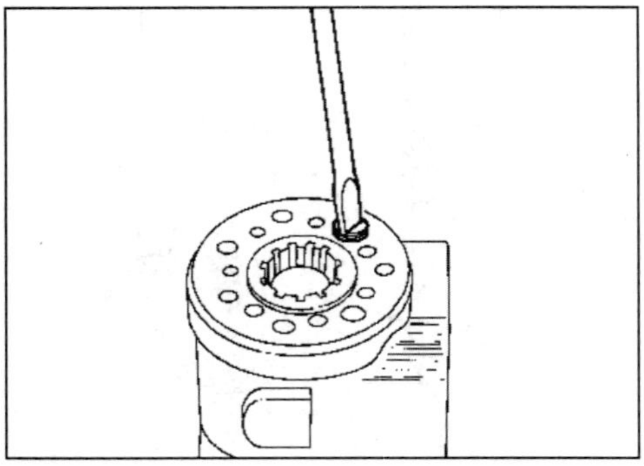

图 11-48 拧入单向阀螺塞

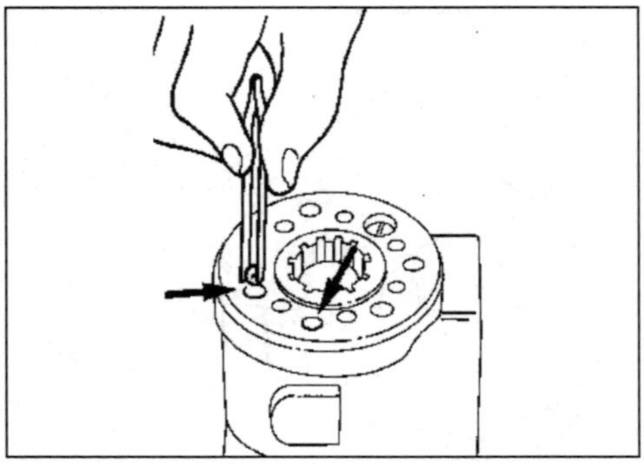

图 11-49 放入回流阀钢球

(11)将回流阀销和弹簧装入回流阀阀座内,如图 11-50 所示。

(12)润滑 O 形圈,并将其放入阀体上的阀座内,如图 11-51 所示。

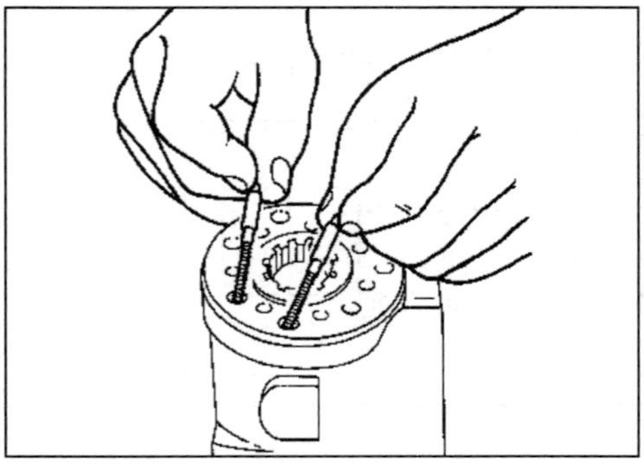

图 11-50 安装回流阀销

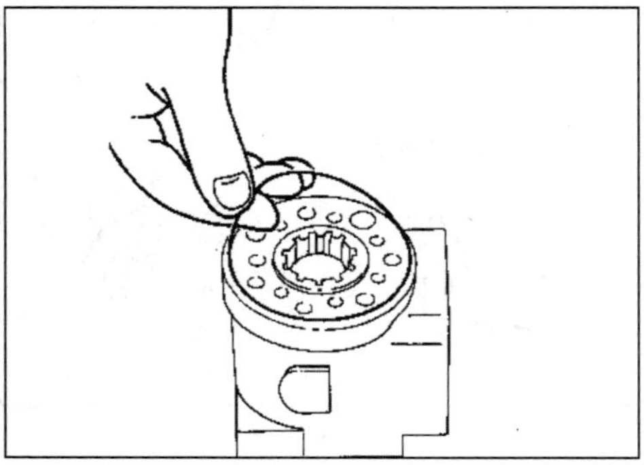

图 11-51 安装 O 形圈

(13)安装配油盘,并使配油盘上的孔与阀体上的孔对正。

(14)按齿与底槽上的参照标记,确定转子传动轴与阀套轴销的连接位置,如图 11-52 所示。

(15)在控制阀阀体上安装转子传动轴,在转子传动轴和配油盘间插入专用工具,将专用工具固定并将转子传动轴对准中心,旋转转子传动轴,以使底座和安装在阀套上的轴销间的配合容易,如图 11-53 所示。

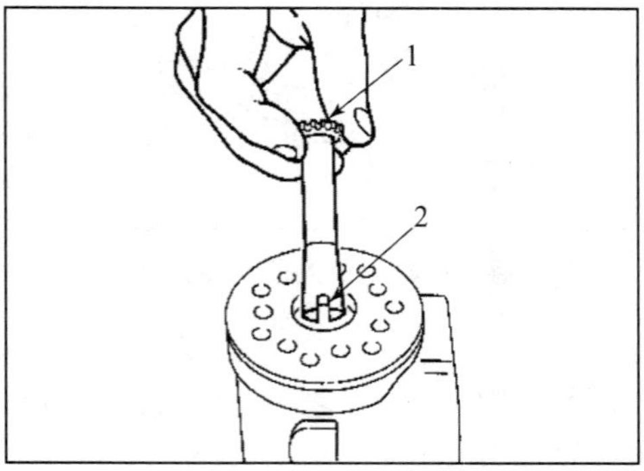

1—齿上所做的参照标记;2—底槽对应的位置

图 11-52 安装转子传动轴

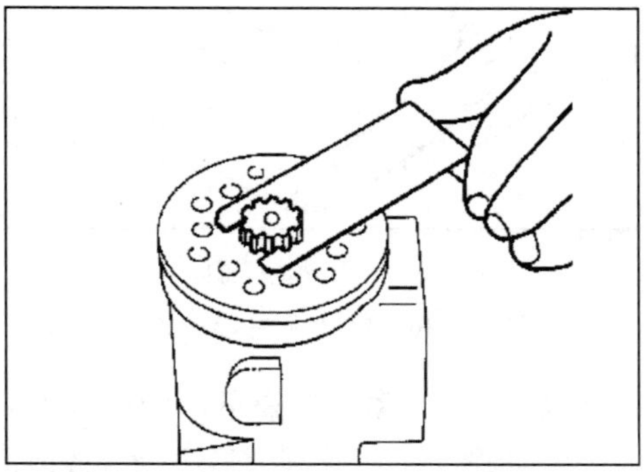

图 11-53 用专用工具定位转子传动轴

(16)将转子传动轴安装到转子上，记住：正确的正时是由对准转子传动轴底槽切边平面上的齿获得的，应与转子上一个室的中心线对齐，如图 11-54 所示。

(17)将两个 O 形圈安装在底座上，并对准配油盘上的固定孔，如图 11-55 所示。

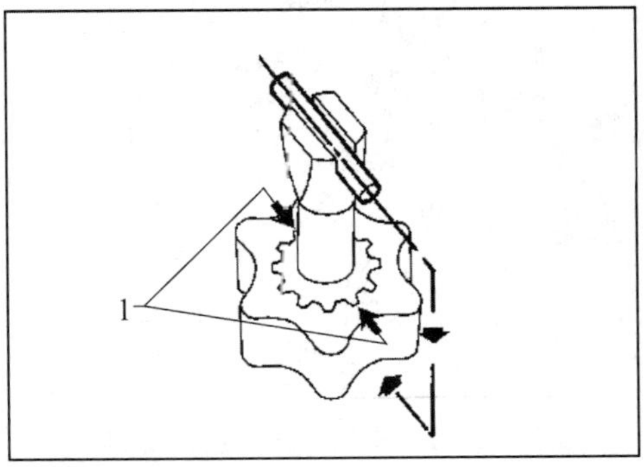

1—转子传动轴齿上的对正记号

图 11-54　将转子传动轴安装到转子上

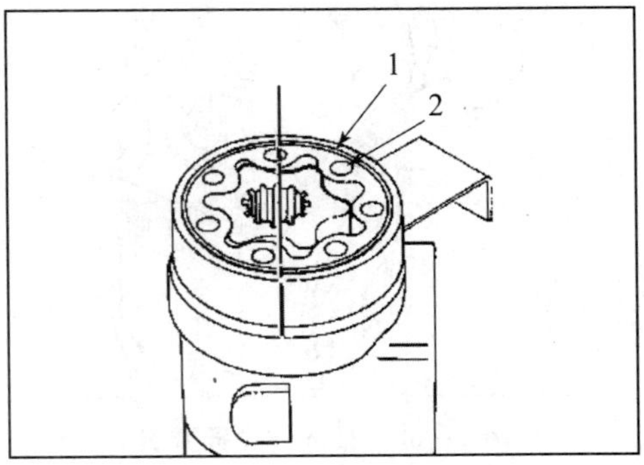

1—O 形圈；2—配油盘上的固定孔

图 11-55　安装两个 O 形圈

(18)安装转向器底盖，使其对准转子固定环上的固定孔，如图 11-56 所示。

(19)拆下固定工具，在回流阀阀座上安装螺钉和垫圈，如图 11-57 所示。

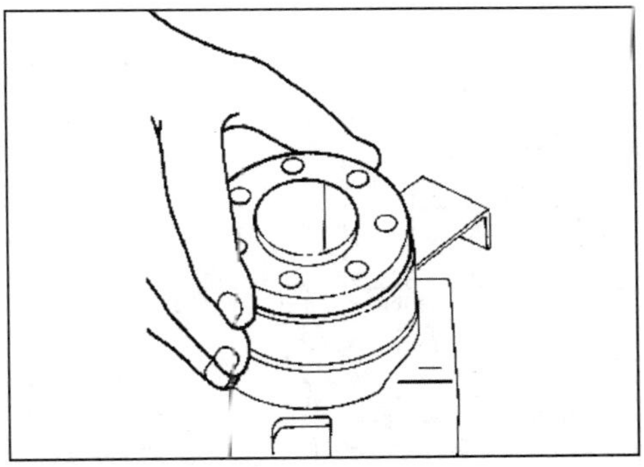

图 11-56　安装转向器底盖

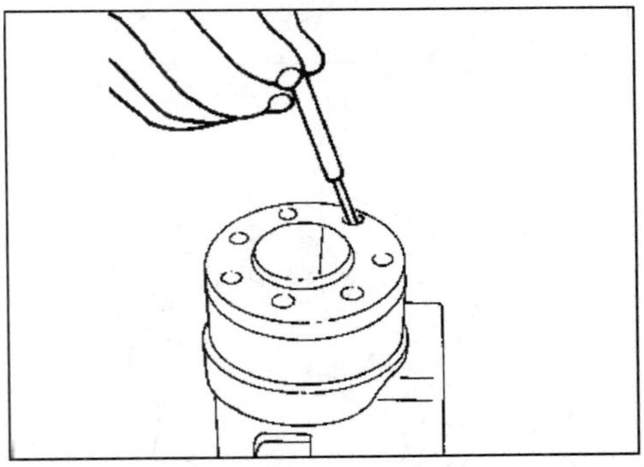

图 11-57　安装回流阀的螺钉和垫圈

(20)安装底盖上其他六个带有垫圈的固定螺栓，以对角顺序拧紧至规定扭矩值，如图 11-58 所示。

(21)翻转阀体，并在阀座内插入安全阀活塞，如图 11-59 所示。

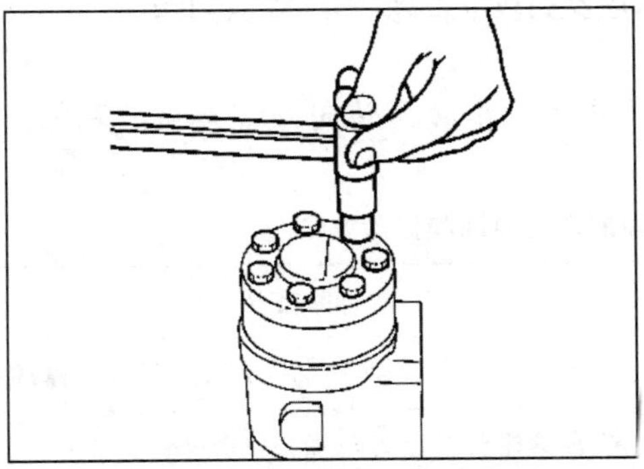

图 11-58　安装底盖上的固定螺栓

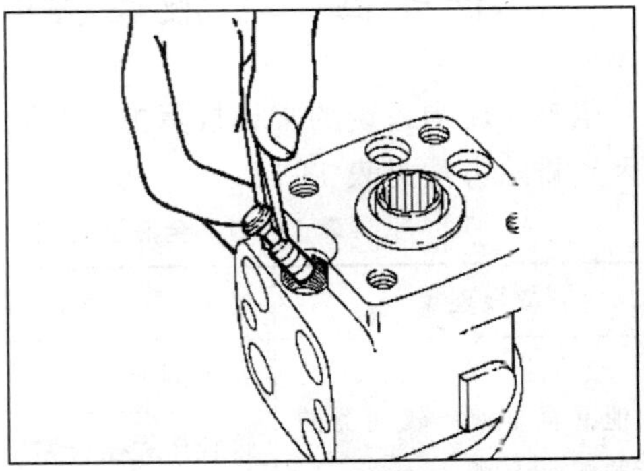

图 11-59　安装安全阀活塞

(22)插入安全阀弹簧,如图 11-60 所示。

(23)安装安全阀校准螺钉,如图 11-61 所示。

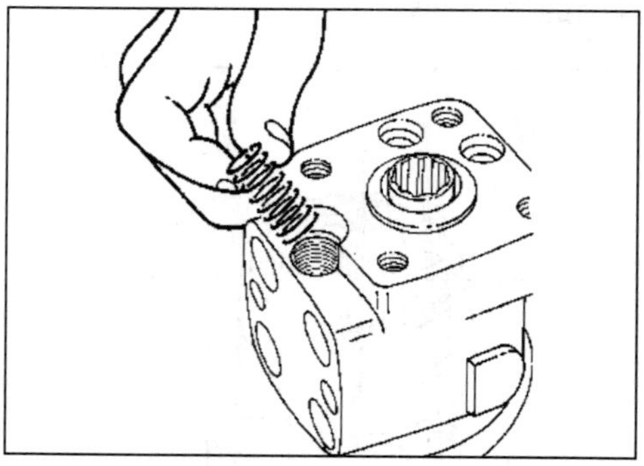

图 11-60　插入安全阀弹簧

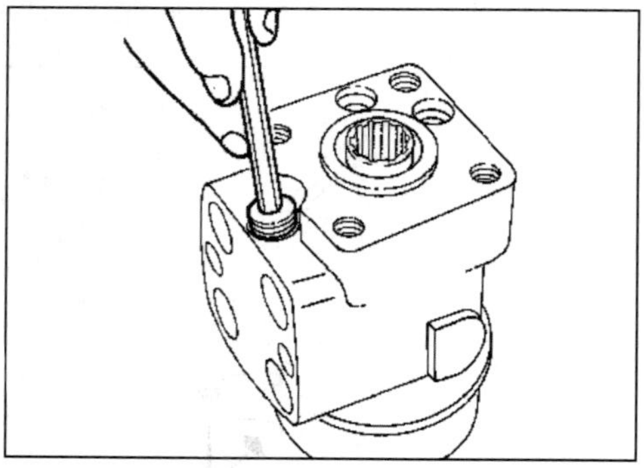

图 11-61　安装安全阀校准螺钉

(24)拧紧螺塞及其相关密封,并将螺塞及密封拧紧至规定的力矩值(40～60 N·m),如图 11-62 所示。

(25)安装防尘盖密封和试验工具,如图 11-63 所示。在工作台或者拖拉机上进行校准试验。

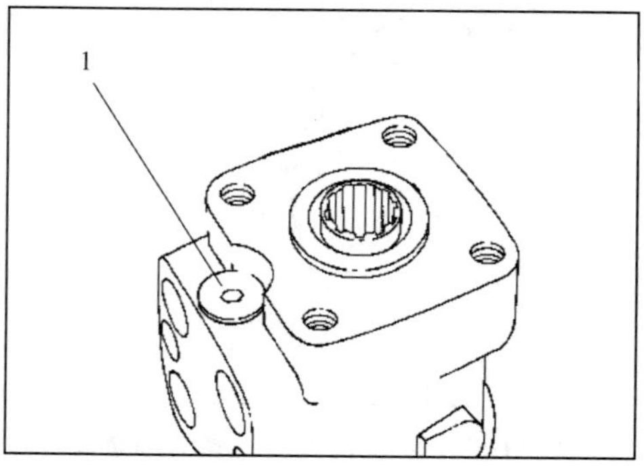

1—安全阀螺塞

图 11-62　拧紧安全阀螺塞

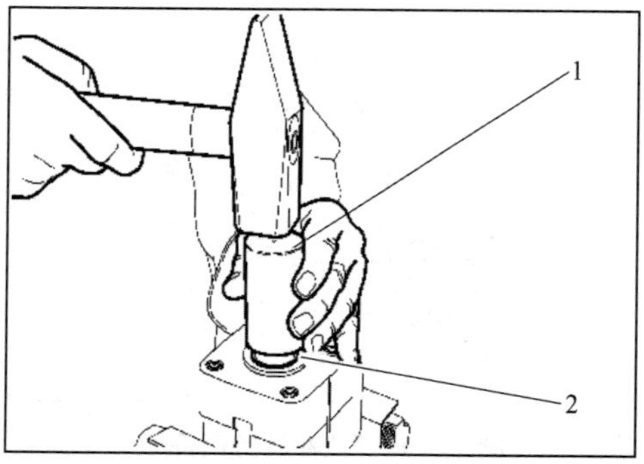

1—试验工具;2—防尘盖密封

图 11-63　安装试验工具

任务四　全液压转向系统常见故障诊断与排除

全液压转向系统的常见故障主要有泄漏、转向沉重等。全液压转向系统常见故障的产生原因和排除方法见表 11-1。

表 11—1　全液压转向系统常见故障的产生原因和排除方法

故障现象	产生原因	排除方法
油泄漏至全液压转向器的控制侧或盖侧	密封圈损坏	使用专用工具更换密封圈及相关密封支撑环
	螺栓未完全拧紧	拧紧螺栓至指定力矩(24～36 N·m)
	密封垫圈或者 O 形圈损坏	更换密封垫圈或 O 形圈

续表 11-1

故障现象	产生原因	排除方法
方向盘操作费力	转向油泵故障	修理或更换转向油泵
	由于异物或者缺少球，止回阀保持开启	消除异物并清洗滤清器，在底座内放入新球（若缺失）
	安全阀设置不正确	正确校准安全阀
	由于异物，安全阀阻塞或者保持开启	消除异物并清洗滤清器
	由于生锈、卡住等原因，转向机柱在轴衬上的活动变得困难	消除产生问题的原因
方向盘游隙过大	转向机柱和回转阀间的游隙过大	更换磨损的部件
	传动轴和切边销间的偶合游隙过大	更换磨损的部件
	传动轴和转子间的花键偶合游隙过大	更换磨损的部件
	以上所述游隙过大的组合	更换过度磨损的部件
	回位弹簧损坏或者疲劳	更换回位弹簧
方向盘正常转动，但是转向缓慢或无效	转向油缸活塞密封不良	更换密封圈
	活塞杆损坏	更换损坏的零件
	转子传动轴或者轴销损坏	更换损坏的零件
发动机熄火后，不转动车轮时方向盘也可被转动	转子和回位弹簧固定环过度磨损	更换磨损件
	止回阀损坏	更换止回阀
方向盘摇晃，转向不可控制，将车轮操纵在相反的方向才能达到希望的方向	液压转向同步不正确	使液压转向正确同步
	连接到油缸的管路被逆转	正确连接管路
车轮不能保持在所需位置，并需要持续使用方向盘进行校正	转向油缸活塞的密封被损坏	更换密封
	回流阀因异物或损坏而保持开启	清除异物并清洗滤清器或者更换回流阀
	控制阀机械磨损	更换控制阀

续表 11-1

故障现象	产生原因	排除方法
液压转向不能进入空挡阶段	回位弹簧损坏或者疲劳	更换回位弹簧组件
	由于异物出现，套筒和回转阀被锁定在输送位置	清除异物，清洗滤清器
	由于压力过高，阀套在回转阀上被压碎	检查安全阀并校准安全阀组件
前轮振动(晃动)	转向油缸内有空气	排气，并消除产生渗透的原因
	转向杆机械接头磨损	更换磨损零件
	回流阀因异物或损坏而保持开启	清除异物并清洗滤清器或者更换回流阀
	控制阀内部严重泄漏	更换控制阀

思考练习题

1. 简述全液压转向系统的组成及各部分的连接方式。
2. 简述全液压转向器的组成及各部分的作用。
3. 拆装全液压转向器时的注意事项有哪些？
4. 说明全液压转向系统动力转向时的油液流动过程。
5. 说明全液压转向系统人力转向时的油液流动过程。

项目十二　液压系统的使用与维护

一个设计良好的液压系统与和它复杂程度大致相同的机械式、电气式机构相比，故障发生率较低，但如果使用和维护不当，也会出现各种故障，以致严重影响生产。因此，要保证液压设备的正常运行，就必须正确合理地使用和维护液压系统，从而达到延长液压系统使用寿命的目的。

任务一　正确使用液压系统

一、保持液压油清洁，防止杂质和污物进入液压系统

液压系统是以油液为介质传递动力的，应按要求选用合适牌号的液压油。在正确选用液压油后，还应特别注意在使用中保持油液的清洁，防止混入杂质和污物，否则就会使液压系统发生各种故障。在生产中，这一点往往容易被忽视。

液压系统中所采用的泵、阀、缸或马达等液压元件，其相对运动副间都有很好的配合表面，加工精度和表面光洁度高；另外，在液压元件中有许多小孔道、节流缝隙、阻尼小孔，如果油液中混入杂质和污物，就会划伤孔道表面，加剧元件的磨损，使泄漏量增加。杂质可将阀芯卡死，使之不能正常移动，出现阀芯动作失灵的现象；杂质可使节流孔或阻尼小孔堵塞，油液不能畅通，使液压元件不能正常工作；杂质会使油箱滤清器很快堵塞，使其失去滤清作用，发生油泵吸空或系统超载的故障。污物会使油液很快变质，失去应有的良好性能。

实践已经证明，液压系统发生的故障多数是由油液中的杂质和污物造成的。因此，经常保持用油清洁是维护好液压系统、保证液压系统正常工作、延长其使用寿命的重要措施。

为保持液压油的清洁，可采取以下措施：

(1)在保管和加油时，要注意清洁。液压油应放在干净的地方进行保管；所用的加油工具，如油桶、漏斗等，应保持清洁，使用前应将工具擦洗干净。

(2)保持液压元件的清洁，特别是应保持油箱周围的清洁。为了防止灰尘落入油液中，油箱应加盖密封，油箱通气孔应装滤清器，使油箱保持畅通。

(3)液压系统的油液应定期进行更换。在换油时，应彻底清洗油箱及滤清器。在向油箱中加油时，应通过加油口滤网，防止机械杂质混入油箱中。

(4)不要随便拆卸液压元件。如果必须拆卸液压元件，应将零件外表面清洗干净，在干净的室内进行组装。在装配时，要防止金属屑、棉纱等杂质混入液压元件内部。

二、防止液压系统油温过高

(1)油温过高会使油液黏度降低，液压元件及系统内、外泄漏量增加，这样会使容积效率降低，油缸或马达的运动速度变慢。同时，黏度降低会使相对运动表面间的润滑性能变坏，增加磨损。

(2)油温过高将使油液的氧化过程加快,导致油液变质,缩短油液的使用寿命。油液中析出的沥青等沉淀物还会堵塞小孔和缝隙,影响系统的正常工作。

(3)油温过高将使元件受热膨胀,可能使配合间隙减小,因而影响阀芯的移动,甚至使阀芯被卡住。

(4)油温过高会使密封圈迅速老化变质,丧失密封性能。

要防止油温过高,应注意以下几点:

(1)经常使油箱中的油面处于所要求的高度,使油液有足够的循环冷却条件。

(2)正确选用液压油的黏度:黏度过高,增加油液流动时的能量消耗,油泵吸油不充分;黏度过低,泄漏量增加。

(3)当发现液压系统的油温过高时,应停止工作,查找原因并及时予以排除。

三、防止液压系统油温过低

在北方地区的冬季进行室外作业的机械,由于气温低,其液压油的黏度增加,使正常工作受到影响,或产生一系列故障,如油泵吸空或吸油不充分,加速运动副间的磨损;阀门动作失灵;油液流动的阻力增加,液压损失增加,易形成油塞现象等。为此,应注意以下几点:

(1)选用黏度适合的液压油。

(2)在开始工作前,应进行液压系统预热,当油温超过 20 ℃时,再开始工作。预热时,不得用明火直接加热液压系统,否则易损坏橡胶件。

四、防止空气进入液压系统

液压油的可压缩性很小,在一般液压系统的工作压力下可忽略不计。但空气的可压缩性很大,约为油液的 10 000 倍,因此即使液压系统中含有少量的空气,它的影响也会很大。液压系统中进入空气后,液压系统会失灵,油液会迅速变质。液压油中的空气在低压管道中膨胀,产生空穴现象,使油液不连续;在高压管道中,在压力油的冲击下,空气受到急剧压缩,使液压系统产生噪声。同时,气体突然受到压缩会释放出大量热量,引起局部过热,使液压元件损坏或油液变质,缩短液压系统的使用寿命。因此,必须防止空气进入液压系统中。

(1)空气从油箱进入液压系统的机会较多,如果油箱的油量不足、油面太低,油泵吸油管浸入油中太短,在吸油过程中,吸油口处形成漩涡,空气就有可能随油液进入液压系统中。当回油管在油面以上、没有浸在油液内时,回油冲击在油面或油箱壁上,使空气与油液混合在一起,空气也容易被油液带入液压系统中。因此,必须经常注意油箱内的油面高度,保持油箱内有足够的油量。

(2)应特别注意油泵至油箱吸油管路的密封。液压系统的吸油管路经常在低压情况下工作,形成部分真空现象。如果液压系统中的密封元件性能不好,管接头以及液压元件接合面处的螺钉没有拧紧,空气就会从这些地方进入液压系统中。因此,应注意管道及液压元件的密封,失效的密封装置应及时进行更换;应及时拧紧管接头螺帽及各接合面的紧固螺钉。

空气进入液压系统后,要及时将其排出。在工作开始前,应打开排气螺塞,排出空气。在更换油液后,使油缸往复运动数次,以便排除空气。排气后,要再次检查油箱中的油面高度,当油液不足时,应添加油液到要求的油位。

五、防止水进入液压系统

水混入液压系统中会使油液产生乳化，降低油液的润滑性能，增加油液酸值，从而缩短了液压元件及油液的使用寿命。

六、液压系统不应在超载情况下工作

液压系统中的安全阀起到安全保护的作用，但是当液压系统超负荷工作时，安全阀经常处于开启状态，易使油温升高，产生不良影响。

油泵在启动、停止时不要带负荷，否则会加速油泵的磨损。

七、正确操纵换向阀手柄

操纵换向阀手柄时，应当动作敏捷，轻击快推，不准在过渡位置上停留，否则滑阀将把从油泵来的油路封闭，使油压升高。当把换向阀手柄扳到预定位置后，应立即放手。

任务二　液压系统常见故障诊断与排除

液压系统的故障是各种各样的，而产生故障的原因也是多种多样的。因此，当机械设备上的液压系统出现了故障时，不可能将所有元件都拆下来检查，也不能盲目地乱拆乱查，而是要根据故障现象，采用一定的方法，分析故障产生的原因，有针对性地采取措施来排除故障。

一、液压系统故障的特点

(一)故障的多样性和复杂性

液压设备出现的故障是多种多样的，通常又是几个故障同时出现。例如，当液压系统的压力不稳定时，常常伴有振动和噪声等故障。另外，引起液压系统同一故障的原因可能有多个，而同一原因又可引发多种故障。例如，液压泵、溢流阀、液压油的黏度以及系统泄漏等，都会引起液压系统的压力达不到要求；同样是系统吸入空气，严重时会使液压泵吸不上油，较轻时则会引起流量、压力波动等。

(二)故障的隐蔽性

液压元件的内部结构和工作状态不能从外表直接观察到，压力油又是在液压系统的管道内，这就使液压系统的故障具有隐蔽性，不易观察和被发现。

(三)故障产生的偶然性与必然性

系统中的故障有时是偶然发生的，如油液中的污物偶然卡死溢流阀的阻尼孔或换向阀的阀芯，使系统突然失压或不能换向。有时是必然发生的，如油液黏度低，引起系统泄漏；液压泵内部间隙大，内泄漏量增加，导致泵的容积效率下降等。

(四)故障产生与使用条件的密切相关性

例如，若环境温度低，液压油的黏度会增大，引起液压泵吸油困难；若环境温度高，液压油的黏度会下降，引发泄漏和压力不足等故障。

(五)故障难于分析判断而易于处理

当液压系统出现故障时,与机械传动和电气传动相比,故障的分析判断比较困难。一旦故障部位被确定,造成原因被查明,排除和处理故障相对来说是容易的。

二、液压系统故障分析的一般方法

(一)观察诊断法

观察诊断法就是将人五官的感觉与日常经验结合起来,分析液压设备是否存在故障、故障产生的部位及原因的一种最初、最直观的诊断方法,具体概括如下:

1. 看

用视觉来判断液压系统的工作是否正常,即看执行机构的运动速度有无变化,看液压系统各测压点的压力有无波动现象,看油液是否变质、油量是否充足,看管接头、接合面、液压泵轴伸出处和液压缸活塞杆伸出处是否存在泄漏,看运动部件有无爬行现象和组成元件有无振动现象,看加工出的产品质量等。

2. 听

用听觉来判断液压系统的工作是否正常。听液压泵和系统工作时的噪声是否过大、溢流阀等元件是否有尖叫声,听液压缸换向时的冲击声是否过大,听油路板或集成块内是否有微细而连续不断的泄漏声等。

3. 摸

用触觉来判断液压系统的工作是否正常。摸液压泵、油箱和阀体等的温度是否过高,摸运动部件和管路有无振动及低速运动时有无爬行,用手检查挡铁、微动开关等的松紧程度等。

4. 嗅

闻一闻油液是否有变质的异味。

5. 阅

查阅技术资料、有关故障分析与修理记录和保养记录等。

6. 问

询问设备操作者,了解设备平时的工作状况。

(二)逻辑分析法

逻辑分析法主要是根据液压系统工作的基本原理进行逻辑推理的方法,也是掌握故障判断技术及排除故障的最主要的基本方法。它是根据该设备液压系统组成中各回路内的所有液压元件有可能出现的问题,导致执行元件发生故障的一种逼近的推理查处法。

采用逻辑分析法诊断液压系统故障通常有两个出发点:一是从主机故障出发,主机故障是指液压系统执行机构的工作不正常;二是从系统本身的故障出发,有时系统故障在短时间内并不影响主机,如油温变化、噪声增大等。

(三)对比替换检查法

对比替换检查法是一种在缺乏测试仪器时检查液压系统故障的有效方法,有时应结合替换法进行。一种情况是用两台型号、性能、参数相同的机械进行对比试验,从中查找故障。试验过程中,可先对机械的可疑元件用新件或完好机械的元件进行替换,再开机试验,如果性能变好,则故障点即被找到,否则,可继续用同样的方法或其他方法检查其余的部件。另一种情况是针对许多大中型机械的液压系统中采用的双泵供油或多泵双回路系统，采用对比替换检查法更为方便，而且现在许多系统采用高压软管连接，为替换法的实施提供了更为便利的条件。当遇到可疑元件，要更换另一回路的完好元件时，不需拆卸元件，只要更换相应的软管即可。

当然，由于结构配置、元件储备、拆卸不便等原因，用对比替换检查法检查故障，从操作上来说是比较复杂的。但对于阀类等体积小、易拆装的元件，采用此法较为方便。

在具体实施对比替换检查法的过程中，一定要注意连接正确，不要损坏周围的其他元件，这样才能既有助于正确判断故障，又能避免出现人为故障。在没有搞清具体故障所在的部位前，应避免盲目拆卸液压元件总成，否则会造成其性能上的降低，甚至出现新的故障。因此，在检查过程中，要充分用好对比替换检查法。

(四)仪器诊断法

仪器诊断法是检测液压系统故障最为准确的方法，主要是通过对系统各部分液压油的压力、流量、油温的测量来判断故障点。其中，压力测量的应用较为普遍，而流量大小可通过执行元件动作的快慢做出粗略的判断(但元件内泄漏只能通过流量测量来判断)。液压系统压力测量一般是在整个液压系统中选择几个关键点(如泵的出口、执行元件的入口、故障可疑元件的入口等部位)来进行，将所测数据与液压系统原理图上标注的相应点的数据进行对照，就可以判定所测点前后油路上的故障情况。在测量中，是通过压力还是流量来判断故障，以及如何确定测量点，要灵活地运用液压传动的两个工作特性来确定，即力(或力矩)是靠液体压力来传递的；负载运动速度仅与流量有关而与压力无关，且二者之间具有独立性。

仪器诊断法虽然可以测知相关点的准确数据，但也存在操作烦琐的问题，主要原因是液压系统所设的测压接头很少，要测量某个点的压力或流量，一般都要制作相应的测压接头。另外，液压系统原理图上给出的数据也较少。因此，要想顺利地利用仪器诊断法进行故障检查，必须做好以下几方面工作：一是对所测系统各关键点的压力值要有明确的了解，一般在液压系统图上会给出几个关键点的数据；对于没有标出的点，在测量前也要通过计算或分析得出其大概的数值。二是要准备几个不同量程的压力表，以提高测量的准确性。压力表的量程过大，则测量不准；量程过小，则会损坏压力表。三是平时多准备几种常用的测压接头，主要考虑与系统中元件、油管接口连接的需要。四是要注意对有些执行元件回油压力的检查。由于回油压力油路堵塞等原因造成回油压力升高，以致执行元件入口与出口的压力差减小，而使执行元件工作无力的现象经常会发生。

三、处理液压系统故障的步骤

(一)熟悉设备性能和液压系统的工作原理

在查找故障之前，要先了解设备的性能，仔细研究液压系统的工作原理，不但要弄清各液压元件的性能和在液压系统中的作用，还要弄清它们之间的相互联系，以及型号、生产厂家和出厂日期等。

(二)搞清全部故障征象

先到现场观察故障现象，要向操作者询问设备发生故障前后的状况、故障的大概部位和故障现象。如果还能动作，应启动设备，查找故障部位，观察液压系统的压力变化和工作情况，并摸清与故障有关的其他因素以及故障的特点等。

(三)判断故障的根本原因

首先,应注意外界因素对系统的影响,在查明确实不是外界因素引起故障的情况下,再集中注意力在系统内部查找原因。其次,分析判断故障产生的原因时,一定要把机械、电气、液压三个方面联系在一起考虑,不能单纯地只考虑液压系统。如果确实是液压系统的故障,判断故障产生的根本原因是流量方面、压力方面还是方向方面的。

(四)分析造成故障根本原因的可能因素

依据故障分析原则"搞清征象,结合构造,联系原理,具体分析",列出与故障相关的元件清单,进行逐个分析。进行这一步时,一要充分利用判断力;二要注意绝不可遗漏对故障有重大影响的元件。此时应牢记:一个故障现象可能是由两种或两种以上的原因导致的。例如,执行元件速度降低,可能是由于泵件磨损,也可能是由于缸的内泄漏量增大;再如,油温过高,可能是由于油箱内的油量不够或油液污染堵塞了散热面,也可能是由于溢流阀的压力调节得过高。

(五)拟定故障检查顺序,对元件进行检查,确定故障部位

依据故障检查原则"从简到繁,由表及里;先查两头,后查中间",对清单所列元件进行排序。必要时,列出重点检查的元件和元件的重点检查部位。检查时,应判断以下问题:元件的使用和装配是否合适,元件的测量装置、仪器和测试方法是否合适,元件的外部信号是否合适,对外部信号是否有响应等。特别注意某些元件的故障先兆,如温度过高、噪声、振动和外泄漏等。同时,准备测量器具等。

(六)对发生故障的元件进行修复或更换

确定故障部位后,对故障元件进行修复或更换。将故障排除后,在重新启动系统前,必须先认真考虑一下这次故障的原因和结果。例如,故障是由污染和油液温度过高引起的,则应预测到另外的元件也有出现故障的可能性,并应对隐患采取相应的补救措施。又如,由于铁屑进入泵内引起泵的故障,在换新泵之前,应对系统进行彻底的清洗。

故障处理完毕后,应认真地进行定性、定量分析总结,从而提高处理故障的能力,防止以后同类故障的再次发生。

思考练习题

1. 使用液压系统时,应注意哪几方面的问题?
2. 使用液压系统时,要防止油温过高,应注意哪些问题?
3. 空气进入液压系统中会对系统造成哪些危害?如何预防?
4. 液压系统故障分析的一般方法有哪些?各有何特点?
5. 简述处理液压系统故障的步骤。

参考文献

[1] 罗洪波.液压与气动系统组建与维修[M].北京:北京理工大学出版社,2021.
[2] 胡海清,徐岳清,邸静妍.气压与液压传动控制技术[M].6版.北京:北京理工大学出版社,2022.
[3] 曹建东,龚肖新.液压传动与气动技术[M].4版.北京:北京大学出版社,2022.
[4] 刘建明,孙杰.液压与气压传动[M].5版.北京:机械工业出版社,2024.
[5] 陆望龙.陆工谈液压维修[M].北京:化学工业出版社,2013.
[6] 张勤,徐钢涛.液压与气压传动技术[M].北京:高等教育出版社,2009.
[7] 张宏友.液压与气动技术[M].4版.大连:大连理工大学出版社,2014.
[8] 姜继海,张健,张彪.液压传动[M].6版.哈尔滨:哈尔滨工业大学出版社,2020.
[9] 时彦林,袁健路,李爽.液压传动[M].4版.北京:化学工业出版社,2021.
[10] 吴卫荣.气动技术[M].北京:中国轻工业出版社,2023.
[11] 张群生.液压与气压传动[M].4版.北京:机械工业出版社,2023.
[12] 邓英剑,刘忠伟.液压与气压传动[M].3版.北京:化学工业出版社,2020.
[13] 王积伟,章宏甲,黄谊.液压传动[M].2版.北京:机械工业出版社,2017.
[14] 季明善.液气压传动[M].2版.北京:机械工业出版社,2012.
[15] 陆望龙.实用液压机械故障排除与修理大全[M].长沙:湖南科学技术出版社,2006.
[16] 邢鸿雁,张磊.实用液压技术300题[M].3版.北京:机械工业出版社,2006.
[17] 左健民.液压与气动技术[M].3版.北京:机械工业出版社,2017.
[18] 陆一心.液压与气动技术[M].北京:化学工业出版社,2004.
[19] 张雅琴,姜佩东.液压与气动技术[M].3版.北京:高等教育出版社,2014.
[20] 朱新才,周秋沙.液压与气动技术[M].重庆:重庆大学出版社,2003.
[21] 李登万.液压与气压传动(修订本)[M].南京:东南大学出版社,2004.
[22] 杜德昌.农机液压与气动技术(农业机械化专业)[M].北京:高等教育出版社,2002.
[23] 朱洪涛.液压与气压传动[M].北京:清华大学出版社,2005.
[24] 安永东,齐晓杰,王强.汽车液压与气压传动[M].4版.北京:机械工业出版社,2024.
[25] 赵波,王宏元,吴哲.液压与气动技术[M].6版.北京:机械工业出版社,2024.
[26] 刘会清,李芝.液压传动[M].3版.北京:机械工业出版社,2020.